博士后文库
中国博士后科学基金资助出版

豆粕中抗营养因子的研究

王忠艳 等 编著

科学出版社
北京

内 容 简 介

本书介绍了豆粕中脲酶、胰蛋白酶抑制因子、大豆凝集素、植酸及大豆抗原等主要抗营养因子的结构、性质、抗营养机制及分析测定方法等，同时全面分析了豆粕中致甲状腺肿素产生的机制及其对动物的抗营养作用与大豆中不同提取异黄酮的工艺对其产生的影响；系统地论述了豆粕中主要抗营养因子的灭活方法；重点介绍了对豆粕进行系列干热和湿热处理后脲酶活性、胰蛋白酶抑制因子、大豆凝集素、噁唑烷硫酮等抗营养因子的灭活及蛋白质溶解度的变化情况，从中找到了豆粕的最佳处理方法，为豆粕及提取异黄酮豆粕的科学合理应用提供基础研究数据。同时，通过对主要抗营养因子系列分析方法的研究，利用 Excel 实现了用简单实用的抗营养因子分析方法对标准测定方法所得数据的估测；通过系列试验分析了从大豆提取异黄酮过程中抗营养因子噁唑烷硫酮的产生及蛋白质溶解度的变化规律，优化出抗营养因子产生量最少的提取异黄酮生产工艺。最后介绍了对用优化出的抗营养因子最佳灭活方法所得样本进行动物试验，展示了其优良的生产性能。

本书适合于从事动物饲料行业、动物生产领域及食品加工行业人员用书，也可作为上述相关学科的本科生及研究生参考用书。

图书在版编目（CIP）数据

豆粕中抗营养因子的研究/王忠艳等编著. —北京：科学出版社, 2017.1
（博士后文库）
ISBN 978-7-03-050196-7

Ⅰ. ①豆… Ⅱ. ①王… Ⅲ. ①大豆–食品营养–研究 Ⅳ. ①R151.3

中国版本图书馆 CIP 数据核字(2016)第 246321 号

责任编辑：张会格 岳漫宇 / 责任校对：李 影
责任印制：张 伟 / 封面设计：刘新新

科学出版社 出版
北京东黄城根北街 16 号
邮政编码: 100717
http://www.sciencep.com

北京京华虎彩印刷有限公司 印刷
科学出版社发行 各地新华书店经销
*
2017 年 1 月第 一 版 开本：B5 (720×1000)
2017 年 2 月第二次印刷 印张：12
字数：242 000

定价：85.00 元

(如有印装质量问题，我社负责调换)

《博士后文库》编委会名单

《豆粕中抗营养因子的研究》编著者名单

主 要 编 著 者　王忠艳

参与编著人员　展　昕　卢晓凌　郭宏雷

《博士后文库》序言

博士后制度已有一百多年的历史。世界上普遍认为，博士后研究经历不仅是博士们在取得博士学位后找到理想工作前的过渡阶段，而且也被看成是未来科学家职业生涯中必要的准备阶段。中国的博士后制度虽然起步晚，但已形成独具特色和相对独立、完善的人才培养和使用机制，成为造就高水平人才的重要途径，它已经并将继续为推进中国的科技教育事业和经济发展发挥越来越重要的作用。

中国博士后制度实施之初，国家就设立了博士后科学基金，专门资助博士后研究人员开展创新探索。与其他基金主要资助“项目”不同，博士后科学基金的资助目标是“人”，也就是通过评价博士后研究人员的创新能力给予基金资助。博士后科学基金针对博士后研究人员处于科研创新“黄金时期”的成长特点，通过竞争申请、独立使用基金，使博士后研究人员树立科研自信心，塑造独立科研人格。经过 30 年的发展，截至 2015 年年底，博士后科学基金资助总额约 26.5 亿元人民币，资助博士后研究人员五万三千余人，约占博士后招收人数的 1/3。截至 2014 年年底，在我国具有博士后经历的院士中，博士后科学基金资助获得者占 72.5%。博士后科学基金已成为激发博士后研究人员成才的一颗“金种子”。

在博士后科学基金的资助下，博士后研究人员取得了众多前沿的科研成果。将这些科研成果出版成书，既是对博士后研究人员创新能力的肯定，也可以激发在站博士后研究人员开展创新研究的热情，同时也可以使博士后科研成果在更广范围内传播，更好地为社会所利用，进一步提高博士后科学基金的资助效益。

中国博士后科学基金会从 2013 年起实施博士后优秀学术专著出版资助工作。经专家评审，评选出博士后优秀学术著作，中国博士后科学基金会资助出版费用。专著由科学出版社出版，统一命名为《博士后文库》。

资助出版工作是中国博士后科学基金会“十二五”期间进行基金资助改革的一项重要举措，虽然刚刚起步，但是我们对它寄予厚望。希望通过这项工作，使博士后研究人员的创新成果能够更好地服务于国家创新驱动发展战略，服务于创新型国家的建设，也希望更多的博士后研究人员借助这颗“金种子”迅速成长为国家需要的创新型、复合型、战略型人才。

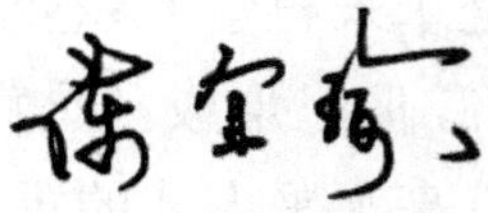

中国博士后科学基金会理事长

前　言

当我们在历史的长河中回眸那久远的风霜，映入眼帘的或许就是那远古的大豆。中国是大豆的故乡，大豆是中国的特产，早在新石器时代中国就开始栽培，古时称大豆为“菽”，它由我国勤劳而智慧的先人以野生大豆经过漫长驯化而成，我国种植大豆已有四五千年的历史。大约 2500 年前大豆从中国传入朝鲜，2000 年前传入日本，300 年前于亚洲普及，在 1739 年传入法国，继而在欧洲种植，美国于 1804 年开始种植大豆。我国辽阔而富饶的松嫩平原和三江平原为大豆的主产区。我有幸生长在这片黑土地上，并为能为豆粕的合理使用尽绵薄之力感到非常自豪。我国虽为大豆古国，可令人感到悲哀的是我国逐渐由大豆出口国变为大豆进口国，主要是由于我国长久以来一直种植优质的传统大豆，而其与美国转基因大豆相比，不仅产油率低，而且生产成本较高，因此在国际市场上我们的传统大豆不再具有优势，特别是国内还有部分不法商贩为牟取暴利，直接将进口大豆用作食品豆，而大豆播种面积逐年缩减更是雪上加霜！

大豆营养丰富，素有“豆中之王”之称，被称为“植物肉”、“绿色奶”。大豆是我们人类的优质食品，因此其在世界上许多国家和地区的饮食结构中占有重要的地位。大豆的蛋白质含量居五谷之首，且各种必需氨基酸齐全、比例合适，同时富含亚油酸，可促进儿童神经发育，特别是对降低人类血液中胆固醇具有重要作用。因此，常食大豆可预防高血压、冠心病及冠状动脉硬化，另外大豆也含有钙、磷、铁等矿物质及各种维生素。除营养物质外，大豆中还富含大豆异黄酮、大豆甾醇、大豆磷脂、皂苷、低聚糖、多肽等生物活性物质，如大豆多肽就是人们非常关注的一种极具开发潜力的功能性食品基料，将成为 21 世纪人类的健康食品；广泛应用于医疗和食品工业中的大豆核酸也具有较好的抗病能力；大豆皂苷具有抗高血压和抗肿瘤等活性。因此，大豆以其健脑益智、养颜护肤、高效抗癌、降三高、预防心脑血管疾病、抗氧化、防衰老、预防骨质疏松、缓解更年期综合征及调整大肠微生物种群助消化等方面功效卓著而被国人所喜食。祖国传统医学认为：大豆味甘，性平，具有润燥生津、清热解毒及益脾养中之效，更是夏季消暑清热之佳品。服食黄豆可令人长肌肤、益颜色、填精髓、增力气、补虚开胃，是适宜者使用的补益食品，具有益气养血，健脾宽中，健身宁心，下利大肠，润燥消水的功效。有益于疳积泻痢、腹胀、羸瘦、妊娠中毒、疮疖肿毒、外伤出血等的治疗。

豆粕为大豆取油后的副产品，也称脱脂大豆，是动物最重要的植物性蛋白质饲料原料，而脱脂大豆更是人类优质的健康食物。在国内外大豆总产量中，取油为大豆最为主要的使用形式，而豆粕为大豆最主要的副产品，因此合理使用豆粕具有十分重要的意义。

但事物都是一分为二的，当我们盛赞大豆优点时，也不应回避其缺陷，这便是大豆中的抗营养因子。抗营养因子伴随着营养因子一直就存在着，只是我们对其认识时间较短而已，但抗营养因子对植物来说是一种保护。你可以想象在生物界的生存斗争中，处于食物链顶端的食肉动物有强健的爪、齿等捕食利器，食草动物有敏锐的感官而能迅速避敌，那么植物如何在自然界中得以生存呢？那就是其所含有的抗营养因子，是众多的抗营养因子使其抗倒伏、抗病虫害，甚至是抵抗动物及人类的蚕食而使其种族得以延续。同样，除豆粕外其他的饲料原料、人类食品也都存在着这样或那样的抗营养因子，尽管在这方面我们研究得较少，认识不全面，但其实仅从祖先留给我们的如食物的不宜、禁忌及食物之间的相克等饮食经验便可感知其中有些就是由抗营养因子的存在、抗营养因子的生成所致，只不过当时我们还不认识，也不知道抗营养因子的存在，只知现象而不知其本质而已。

我们可以坚信，畅游在知识的海洋中，既可以感受到顺风顺水的助力，又有感到茫然不知所措、困顿无助的时候，这就是我们人类认知的过程，并且这个过程是永无休止的，因此没有哪种知识是我们认识的终点，也没有哪个结论是最终的结论，人类历史没有结束，认识如何可以结束！在苍茫大海中一个水滴太微不足道，同样一个水滴的力量更是不足以托起哪怕是最小的一叶小舟，可是若每滴水都积极参与形成大海的过程，便可形成气势磅礴的潮起潮落，托起巨轮抵达彼岸。我便愿为那滴水，不一定能起到多大的助力，但我愿积极参与，更愿奋不顾身地奉献！

在此非常感谢中国博士后科学基金会资助本书出版！也非常感谢科学出版社人员的真诚奉献和无私付出！感谢本书引用和参考资料的作者，他们的劳动成果是本项目的研究基础和前提！

在本项目的开展过程中，由于受到研究者知识水平、操作能力及项目研究时间所限，以及在本书编写过程中作者水平所限，书中难免会有欠妥、疏漏及偏颇之处，敬请广大读者及同仁提出批评和修改意见，以便再版时加以修正。

王忠艳

2016 年 2 月

目　　录

第一部分　大豆营养及抗营养概论

第二部分　豆粕中抗营养因子系列研究及试验

第一部分　大豆营养及抗营养概论

1 绪　　论

大豆［*Glycine max*（L.）］是豆科（Fabaceae）、蝶形花亚科（Faboideae）、大豆属（*Glycine*）植物。我国是大豆（soybean）的故乡，早在我国古书籍《黄帝内经》中就有大豆的记载，古时称大豆为“菽”，它曾经是我国传统的农作物之一，而当今大豆与小麦、水稻及玉米一起成为世界四大支柱农作物，大豆被广泛地栽培到世界各地。在已有农作物中，大豆因其较高的蛋白质含量、较好的蛋白质品质而被人们所喜爱。因为蛋白质是人及动物维持生命及生长发育所需的重要营养素之一，它不仅是机体重要的组成成分，还是机体所需活性物质及机体组织修复所需养分，在特别情况下也是机体重要的能量来源，所以，大豆及其副产品是重要的蛋白质饲料原料，同时也是饲料组分中较昂贵的成分之一。

在成熟的大豆籽粒中，平均蛋白质含量在40%左右，具体含量常因种植品种的不同及栽培条件的不同而在27%～50%波动，其中蛋白质含量最高达56%以上，这样的大豆其营养价值可与牛肉、猪瘦肉及鸡肉等媲美。不仅蛋白质含量高，大豆中蛋白质还含有人体所需各种必需氨基酸，且其含量和比例与人类需要相吻合。因此，其营养价值远高于其他豆类及常规油料作物，大豆中除半胱氨酸和蛋氨酸等含硫氨基酸较少外，其他各种营养均衡，且易于被人体所吸收。我们知道大豆中的脂肪为黄色液体，是一种半干性油，人及动物对豆油的可消化性与葵花籽油相近，消化率都较高。豆油中脂肪酸甘油酯占95%左右，其中80%～90%为不饱和脂肪酸，并且大豆油中基本没有胆固醇。大豆中富含人体所需的多种矿物质，矿物质总量占4.5%～6.8%，常见的矿物质有钙、镁、磷、硫、钾、钠及铁、硒等。其中，硒可有效防止致癌物质与细胞中脱氧核糖核酸相结合，从而起到防癌作用。大豆品种不同其所含有的维生素种类不同，其中以水溶性维生素为主，而脂溶性维生素含量较少，主要含有胡萝卜素、维生素 B_1、维生素 B_2、烟酸、泛酸、维生素 B_6、维生素C、维生素E及肌醇等。大豆中仅含有22%～35%的碳水化合物，且碳水化合物组成复杂，既含有我们称为膳食纤维的不溶性碳水化合物，又包括可溶性的碳水化合物，如棉籽糖和水苏糖等低聚糖类，也有像阿拉伯半乳糖等多糖类。

1.1　大豆中抗营养因子与食品和饲料安全的关系

抗营养因子（anti-nutritional factor，ANF）广泛存在于植物界中，它们是植物经过漫长进化过程进行自然选择的结果。优点是抗营养因子可以有效地使植株及种子在生长过程中免受像霉菌、细菌、病毒及各种昆虫和鸟类的侵袭，使其种族得以延续。缺点是大豆中的抗营养因子可严重地影响采食动物对其营养物质的消化和吸收，并且大豆中这样的抗营养因子种类较多，如果某种抗营养因子的含量超过了动物的可耐受范围，则抗营养因子就会对动物健康及其生产性能造成影响。根据抗营养因子作用的不同，可把大豆的抗营养因子分为以下几类。

（1）可抑制动物对饲料中蛋白质进行消化和利用的物质，常见的如胰蛋白酶抑制因子、胰凝乳蛋白酶抑制因子及大豆凝集素、各种多酚类及皂角苷等。

（2）对机体能量物质的消化起抑制作用的物质，常见的有淀粉酶抑制剂、各种酚类化合物及胃肠胀气因子等。

（3）可降低常量及微量矿物质元素溶解度和利用率的一些物质，如植酸、草酸及硫葡萄糖苷等。

（4）可引起动物对某些维生素需要量增加的物质或维生素拮抗物，如双香豆素、硫胺素酶、VA 脂氧化酶类及抗 VB_6 因子等。

（5）刺激免疫系统的抗营养因子，如抗原蛋白等。

（6）其他抗营养物质。

由于各种抗营养因子在动物饲料中的含量不同及抗营养活性不同，因此它们对机体的抗营养重要程度也不相同。胰蛋白酶抑制因子、大豆脲酶及凝集素等的活性或含量较高，在动物营养中这些抗营养因子起到重要的抗营养作用；而另一些抗营养因子，如维生素拮抗物及皂角苷等仅具有次要的抗营养作用。

大豆抗营养因子又可根据其自身的耐热性分为热稳定性抗营养因子和热不稳定性抗营养因子。其中热不稳定性抗营养因子包括胰蛋白酶抑制因子、大豆凝集素、抗维生素因子、致甲状腺肿因子及脲酶等；而热稳定性抗营养因子主要包括大豆抗原蛋白、胀气因子、植酸及单宁等。

大豆因其蛋白质含量较高且所含各种氨基酸均衡而成为人类和动物优质的植物性蛋白质。随着科技的不断进步和养殖业的快速发展，大豆及其副产品在世界饲料原料贸易市场上占据着重要地位。特别是在我国，近年来市场对大豆的需求量迅猛增加，我国已由当年大豆主产国一跃成为最大的大豆进口国。遗憾的是，大豆中胰蛋白酶抑制因子、凝集素、抗原蛋白、抗维生素因子、单宁、皂苷、脲酶、硫葡萄糖苷及生物碱等抗营养因子严重地干扰了饲料原料中营养物质的消化和吸收，同时破坏了机体正常的新陈代谢，甚至引起动物各种不良的生理反应，特别是在生产中可严重地影响幼年动物的生长发育，这使得大豆及其副产品在动物生产中的应用受到了一定的限制。因此，在当下饲料蛋白质资源紧缺的形势下，加大其研究力度，拓展其研究深度和广度，以便在生产实践中尽可能地减少大豆中抗营养因子的一些负面影响，从而提高大豆及其副产品的有效利用效率是我们必须解决的一个重大研究课题。其实自从人类发现大豆抗营养因子以来，我们曾经努力通过动物营养学、微生物学、分子生物学、组织学及动物生物化学等研究方法来解释其抗营养机制及灭活方法，经过多年的努力，已经对一些抗营养因子的作用机制有所了解，因此把一部分研究成果展现给大家也是非常必要的。

1.2　大豆中主要的生物活性物质

大豆所含有的生物活性物质很多，到目前我们研究得比较清楚的有大豆异黄酮、大豆低聚糖、大豆皂苷和大豆磷脂等。

1.2.1　大豆异黄酮

大豆中备受人们青睐的功能活性物质就是大豆异黄酮，它是大豆在其生长过程中所形成的次生代谢产物，在大豆中的含量为 0.04%～0.6%。由于大豆品种不同，异黄酮含量具有较大的差异。到目前为止，我们已发现大豆异黄酮是由 12 种主要化合物所组成，它们分别是 9 种葡萄糖苷及相应的 3 种配糖体，其存在形式分别为染料木素（genistein）、黄豆黄素（glycitein）及大豆黄素（daidzein）等。在自然状态下，大豆异黄酮主要以 β-葡萄糖苷的形式存在，它具有类雌激素样的作用。大量研究证实：大豆异黄酮能有效预防人类骨质疏松、改善妇女更年期综合征症状、降低某些癌症发病率，特别是对像乳腺癌、前列腺癌这样的癌症具有显著功效。同时，大豆异黄酮可有效降低血液中的胆固醇水平，因此它在一定程度上可起到预防心血管疾病的作用。大量试验研究及美国食品药品管理局（FDA）都证实了大豆异黄酮是 21 世纪食品行业中最具潜力的功能性食品。由于在大豆取油过程中，大豆异黄酮主要存在于豆粕中，因此我们可以对豆粕进行系列综合开发。大豆异黄酮的主要生理功能如下。

1.2.1.1　抗氧化作用

染料木素即金雀异黄素（genistein），它在碳 5、7、4 位含有三个酚羟基，而大豆苷元则在碳 7、4 位含两个酚羟基。酚羟基作为供氧体，能与自由基反应而生成相应的离子或分子，从而清除体内的自由基而终止自由基链式反应，防止自由基的氧化，达到预防衰老的目的。大豆异黄酮对体内酶类及动物增长因子都具有抑制作用，研究发现其提取物能明显地抑制阿霉素所引起的小鼠过氧化水平提高和抗氧化酶活性降低。

1.2.1.2　雌激素样作用

异黄酮是典型的植物雌激素，大豆异黄酮既能代替雌激素与雌激素受体（ER）结合发挥雌激素样作用，又能干扰雌激素与雌激素受体结合，表现为抗雌激素样作用。大豆异黄酮显示雌激素活性或抗雌激素活性主要取决于受试对象本身的激素代谢状况。当雌激素水平较高时，如年轻动物和雌激素化的动物及年轻妇女，则显示抗雌激素活性；当雌激素水平较低，如幼小动物、去卵巢动物、绝经的妇女等，则显示雌激素活性，这种雌激素样作用对老年妇女患的许多和激素消退相关的病症，如血脂升高、动脉粥样硬化和骨质疏松等都有一定的预防和治疗作用。

1.2.1.3 对心血管系统的作用

大豆异黄酮能通过不同的途径改善心肌缺血症状，扩张血管，抑制血小板凝聚，降低血中胆固醇和三酰甘油含量，并能抗心率失常。另外，有的异黄酮化合物还能影响骨的再吸收，因而可用于骨病治疗。

1.2.1.4 防癌和抗癌作用

大量的流行病学研究表明：日本人及中国人乳腺癌、结肠癌及前列腺癌的发病率都较低，可能的原因是与膳食中大豆作为染料木素的唯一来源有关，日本人血浆中总异黄酮水平比西方人高 7～100 倍。研究发现，染料木素在体外可有效地抑制内皮细胞的增生及血管的生成，所以异黄酮可用来治疗多种慢性新生血管类疾病。

1.2.2 大豆低聚糖

大豆低聚糖也称为寡糖（oligosaccharide），是大豆中含有的所有低聚糖的总称，它们是由葡萄糖的 α-1,6 糖苷键连接半乳糖而成，其主要成分为棉籽糖及水苏糖，大豆低聚糖含量为大豆籽实的 10%左右，经不同的制油工艺取油后，低聚糖在豆粕中的含量有所提高，甚至可高达 30%，但是低聚糖的甜度较低，仅为蔗糖的 70%。虽然它们不能被动物所消化，但是水苏糖和棉籽糖是大肠中有益的双歧杆菌的增殖因子，因此它们可有效地改善大肠内菌群的构成，从而抑制其中腐败物质产生，特别是可抑制致癌物质所生成的酶-偶氮还原酶等有害酶类，从而可增进健康。同时，大豆低聚糖对热较稳定，这样它们可被广泛地应用于清凉饮料、保健品及乳酸菌类饮料生产中。另外，大豆低聚糖可以抑制淀粉的老化，因此把它应用于面包类食品中可起到较好的保鲜效果，确实是一类具有较好保健功效的食品添加剂。大豆低聚糖主要生理功能如下。

1.2.2.1 增进双歧杆菌的繁殖

在人类及动物的大肠中，有益的双歧杆菌可以分解大豆低聚糖，生成乙酸和乳酸，从而降低肠道中 pH 及电位。同时双歧杆菌可有效地提高淋巴细胞及微噬体的活性，从而抑制肠道中一些有害菌群的繁殖及生长。此外双歧杆菌自身通过磷脂酸可以与肠黏膜上皮细胞相互作用而紧密配合，并且与其他厌氧菌共同占据肠黏膜表面，从而发挥一种占位效应，这样便形成了一道具有保护作用的生物膜屏障，这道屏障可有效地阻止有害菌群对机体的入侵与定植，起到了有效抑制有害菌生长、保护肠道、改善肠内菌群生存环境及增加肠道营养的作用。

1.2.2.2 改善排便状况

在人体的代谢过程中，如果大肠内堆积大量不能够被消化掉的低聚糖类，则会出现腹胀及便秘。但是如果肠道内有益的双歧杆菌大量存在，它们可分解低聚糖，从而产生大量乙酸及乳酸等短链脂肪酸，这些酸可刺激肠道以增强其蠕动。同时，双歧杆菌可以增加粪便的湿度使其保持一定渗透压，这些都可有效地缓解或防止便秘的发生。

1.2.2.3 影响肠内酶代谢的活性

通过大量试验验证，当我们摄入适量的大豆低聚糖时，随着肠道中双歧杆菌数量的增加，肠道内有害细菌及其所分泌的酶的活性就会大大降低，而这可以有效地抑制腐败物质在肠道中的产生，从而改善肠道内环境，改善人体健康状况。

1.2.2.4 提高机体免疫力及抗癌能力

大量试验证明，双歧杆菌能杀灭强烈的致癌物质即*N*-亚硝酸胺。双歧杆菌及其代谢产物能通过诱导产生干扰素和促进细胞分裂来活化自然杀伤细胞（NK cell），并促进免疫球蛋白抗体的产生，从而活化巨噬细胞，提高机体免疫力，增加对癌细胞的抵抗能力。

1.2.2.5 可降低血压及血清中胆固醇含量

大豆低聚糖可选择性地对舒张压产生不同程度的降压作用。这主要是由于包括双歧杆菌在内的大量乳酸菌及其发酵产品都可降低总的血清胆固醇含量，这样当女性摄入大豆低聚糖时，可使其血清中高密度脂蛋白胆固醇与血清中总胆固醇的比例提高，从而使冠心病的发病率显著降低。另外，大豆低聚糖很难或基本不能被人体所消化、吸收，因此其产生的热量很低甚至根本不产生热量，所以它是肥胖患者、糖尿病患者及低血糖患者良好的保健品。

1.2.3 大豆皂苷

大豆皂苷（soybean saponin）是一类广泛存在于豆科植物中、微量的、具有生物活性的化学物质，是由大豆精醇的羟基与低分子糖的羟基脱水形成的一种五环三萜烯类物质，占大豆籽实的 0.22%～0.47%。综合对大豆中活性成分的分析研究，近年来已分离出 18 种不同的大豆皂苷，并已确定了它们的结构，同时证实了大豆皂苷类对人类的有益作用。大豆皂苷具有抗氧化、抗体内自由基等生理功效，它们可有效地降低人体血液中胆固醇及三酰甘油的含量，具有抑制肿瘤细胞及艾滋病病毒生长的作用，同时对被感染的细胞具有一定的保护作用。此外，大豆皂苷对人类的高血压、高血脂及动脉硬化等疾病都具有较好的疗效，并且大豆皂苷还可控制血清中谷丙转氨酶（GDT、GPT）及非脂化脂肪酸（FFA）的含量，从而发挥其护肝及抵抗肝损伤的作用。通过大量动物试验证明，大豆皂苷可有效地抑制小鼠血液中胰岛素、脂质及肝中脂肪含量的升高，这都可减少体内脂肪含量，因而具有减肥的效果。而这些功效完全满足了时下流行的保健、瘦身及强体要求，也是对大豆皂苷不断进行深入药学研究及其在各领域不断被开发和利用的主要原因。其主要生理功效简述如下。

（1）可有效地降低血中胆固醇和三酰甘油的含量，抑制血清中脂类的氧化，有效地防止脂质过氧化。

（2）具有抗氧化、抗自由基作用，能增加过氧化物歧化酶的含量，降低过氧化脂质含量，消除自由基，从而防止过氧化脂质对肝细胞和自由基对机体的损伤，达到保护健康、防止衰老的作用。

（3）抑制凝血酶，使凝血酶失活，阻止血小板凝聚和血栓纤维蛋白的形成，提高胰岛素水平，防止血栓形成。

（4）抑制肿瘤细胞生长，增强机体的免疫力。

（5）可抗病毒，对人类艾滋病病毒的感染及细胞生物活性有抑制作用，并对一些被病毒感染的细胞具有保护作用等。

1.2.4 大豆磷脂

大豆磷脂具有很高的营养价值和生理学活性，是天然乳化剂。大豆磷脂能降低人类血脂、预防心脑血管疾病；具有促进肝脱毒、修补肝受损组织的功能；还可提高人体免疫系统的识别能力。随着人们对大豆磷脂生理功能的不断认识，磷脂的应用领域越来越广泛，同时人们对磷脂的质量提出了越来越高的要求。目前大豆磷脂已被广泛地应用于食品、医药、饲料及其他工业领域。

1.2.4.1 增强大脑和神经系统的功能

大豆磷脂能维持脑细胞的正常功能，为神经细胞提供充足的原料，可加快脑神经之间的信息传递速度，提高大脑活力，有效地消除大脑疲劳，提高学习和工作效率及修复损伤的脑细胞。

1.2.4.2 乳化及分解油脂

大豆磷脂能将附着在血管壁上的胆固醇、中性脂肪乳化成微粒子，溶解于血液中并运回肝而被代谢，从而改善血脂状况，清除过氧化物，降低血液黏度，减少循环阻力，增进血液循环。

1.2.4.3 促进脂肪代谢

大豆磷脂可显著地防止肝内脂肪聚集，有助于肝细胞的再生，同时促进脂肪降解，有抗脂肪肝、预防和治疗肝硬化的功能。

1.2.4.4 增强免疫力

大豆磷脂能明显地促进吞噬细胞的吞噬功能，增强机体的免疫力。

1.3 大豆中主要的抗营养因子

大豆中抗营养因子研究的主要意义在于进一步明确在大豆中营养物质的消化、吸收及代谢和转化过程中抗营养因子所起的作用；通过改进饲料加工工艺来提高加工处理有效性；最大限度地节约饲料原料。另外，抗营养因子的研究对丰富动物营养调控理论具有重要意义。

1.3.1 脲酶

脲酶（urease）又名尿素酰胺水解酶，能催化非肽键构成的直链酰胺的 C—N 键水解，一般脲酶并没有毒性，但在一定温度和 pH 条件下，生大豆中的脲酶遇到水后迅速将含氮化合物分解为氨，从而降低蛋白氮的利用率，还可引起动物氨中毒。脲酶活性常被用来判断大豆受热的程度及用来作为评估胰蛋白酶抑制因子活性的指标。

1.3.2 胰蛋白酶抑制因子

大豆中最主要的抗营养因子就是大豆胰蛋白酶抑制因子，其为相对分子质量在 7975～21 500 的多肽类或蛋白质，具有生物活性，其在大豆中含量约为 2%。大豆中的胰蛋白酶抑制因子（TI）有 7～10 种。胰蛋白酶抑制因子的主要抗营养机制是与胰蛋白酶和胰凝乳蛋白酶结合成复合物，使这些酶失去活性。胰蛋白酶及胰凝乳蛋白酶的活性受到抑制，这样蛋白质的消化率便下降，可造成胰腺发生功能性补偿反应，从而分泌过多胰腺酶，而胰腺酶中含有含硫氨基酸，因此该过程可使内源性含硫氨基酸代谢损失增多，严重时可引起动物肠胃中毒，以及动物胰肿大及消化吸收功能失调，可见腹泻及动物生长受到抑制等现象。

1.3.3 大豆凝集素

大豆中的凝集素是一种可以凝集动物红细胞中四聚体糖蛋白的物质，在大豆中大豆凝集素的含量在 3%左右。其主要抗营养机制是它通过与肠黏膜上皮细胞受体结合，从而导致细胞内吞，这样就会干扰动物对饲料的正常消化吸收功能而造成消化酶活性的改变，同时内源性蛋白质特别是黏蛋白大量分泌而流失量增多；通过损伤动物肠黏膜，引起黏膜上皮细胞的通透性增加，于是有毒的凝集素便可进入循环系统，同时它可产生特异性的凝集素抗体，所有这些作用的最终结果就是导致动物对饲料中养分的消化率降低、氮沉积量减少，甚至出现腹泻而造成动物体重下降及对饲料的利用率降低。

1.3.4 致甲状腺肿素

致甲状腺肿素（goitrogen）在大豆中含量极微，其前体物质是硫代葡萄糖苷。致甲状腺肿素由硫氰酸酯、噁唑烷硫酮（OZT）和异硫氰酸酯（ITC）组成。它与碘的吸收利用有关，会导致动物甲状腺肿大。有时只把 OZT 称为致甲状腺肿素。致甲状腺肿素具有强烈的抗甲状腺素作用，ITC 可改变动物对饲料的适口性，使动物食欲下降及消化系统表面被破坏。另一种代谢产物是氰，其主要抗营养作用是使动物体内的肝及肾肿大。主要抗营养机制是：硫代葡萄糖苷在硫代葡萄糖苷酶的作用下发生酶解，生成的配基进一步生成氰、硫氰酸酯及异硫氰酸酯，而异硫氰酸酯在中性环境下可自动环化成噁唑烷硫酮，而后三种物质主要是影响动物的甲状腺形态与功能，是致甲状腺肿大的主要抗营养因子。

1.3.5 植酸

植酸由 1 分子肌醇和 6 分子磷酸结合而成，是一种很强的螯合剂。它通过磷酸基团能牢固地黏合许多二价或三价金属阳离子及蛋白质分子，从而大大降低了 Zn、Mg、Fe、Mn、Cu、Mu、Ca 等元素的溶解度和蛋白质分子的消化利用率。在低于蛋白质等电点 pH 的酸性介质中，蛋白质带正电，植酸带负电，两者结合生成植酸-蛋白质复合物；而在高于蛋白质等电点 pH 的碱性介质中，蛋白质和植酸都带负电，能以金属离子为桥生成植酸-金属离子-蛋白质三元复合物，这样大大降低了蛋白质的生物效价和消化率。更应注意的是，植酸及其不完全水解产物还能抑制蛋白酶、淀粉水解酶和脂肪酶的活性，严重影响人体的正常代谢。

1.3.6 大豆抗原

抗原蛋白是饲料中的大分子蛋白质或糖蛋白。大豆蛋白中的抗原成分有 4 种：大豆球蛋白、α-伴大豆球蛋白、β-伴大豆球蛋白和 γ-伴大豆球蛋白。过敏反应的主要抗原是由大豆球蛋白和 β-伴大豆球蛋白引起的。有一些蛋白质并非以氨基酸或多肽的形式而是以完整的大分子形式被动物吸收的，这样就会在不同程度上降低动物对饲料的利用率，同时大豆中的大豆球蛋白及 β-伴大豆球蛋白能引起动物的暂时性小肠过敏反应，对某些敏感动物可引起腹痛及腹泻而使其生产性能下降，甚至引起动物的死亡。

1.4 大豆抗营养因子的灭活

大豆中的抗营养因子是影响大豆蛋白在饲料中使用的主要因素，要提高大豆蛋白在饲料中的利用效率，必须采取合适的措施进行处理，使大豆抗营养因子失活、钝化。目前，世界范围内对降低或消除大豆蛋白抗营养因子的研究在不断完善，通常采用物理、化学和生物学等方法进行灭活处理。

1.4.1 物理方法处理

到目前为止，常用的物理处理方法如下。

1.4.1.1 加热处理

加热方法主要分为干热法及湿热法。其中干热法又包括烘烤、红外辐射及微波辐射等；而湿热法主要包括蒸煮、热压及挤压处理等。热处理方法因成本较低、效率较高及加工工艺简单而在生产中广泛应用。我们知道在适度加热条件下，可使大豆及其副产品的蛋白质分子立体结构展开，氨基酸残基暴露出来，这便有利于体内蛋白酶对其进行水解。一些试验研究发现，大豆及其副产品被加热到 120℃左右时，就会有大约 93%的胰蛋白酶抑制因子失活；而当加热温度达到 129℃时，则几乎全部凝血素都会消失。

1.4.1.2 蒸汽处理

蒸汽处理分常压和高压蒸汽处理两种：常压蒸汽可使胰蛋白酶抑制因子失活；高压蒸汽处理常是研究加热对抗营养因子影响的主要方法。常压加热的温度低，一般在 100℃以下，此时处理 30min 可降低 90%左右的大豆胰蛋白酶抑制因子活性，并不破坏赖氨酸。高压处理时，需要加热的时间长短随温度、压力、pH 及原料性质不同而异。

1.4.1.3 浸泡后蒸煮

先浸泡后加热可减少水溶性和可分散性化合物的损失，但因蒸煮处理的温度、浸泡液类型不同，对抗营养因子灭活的程度也不同。盐和碱可影响细胞膜渗透性，因此有助于消除抗营养因子。但是这种方法比较原始，不适合大规模生产，生产成本也较高，难以大范围推广应用，且此法易引起营养物质如可溶性蛋白质和维生素的损失，因而一般很少采用。

1.4.1.4 加压烘烤处理

工业上常采用加压烘烤，其烧烤时间依压力和温度而定。有人报道温度为130～133℃、压力为2500kPa时，凝集素和胰蛋白酶抑制因子都可失活。这种方法的缺点是依据烘烤后大豆的颜色进行主观判断来调整机械的设置参数，因每批处理的工艺参数难以保持稳定，可能导致烘烤全脂大豆质量的较大变异。另外，热风喷射钝化技术也是一种处理方法，它是利用温度为232～310℃的热风喷射处理大豆的一种工艺，主要流程包括热风喷射、保温、辊片压片和鼓风冷却等。

1.4.1.5 膨化处理

原理是原料受到的压力在瞬间下降而使其膨化，导致抗营养因子灭活，这是对原料既进行加热又进行机械破裂的过程。此方法又可以分湿式膨化及干式膨化两种。采食含有膨化全脂大豆或豆粕的日粮不易引起动物过敏反应，这可以说明膨化加工可降低动物对大豆蛋白细胞免疫反应的程度和血清中抗大豆球蛋白的抗体效价。挤压膨化加工不仅是一个加热的过程，可使大豆中的抗营养因子失活，还可使大豆细胞壁破裂，提高养分消化率。随着挤压成本的降低，设备功能的不断完善，挤压加工将逐渐取代烘烤、蒸煮等工艺。

1.4.1.6 微波处理

微波是一种频率很高（30～300MHz）而波长很短（1～2nm）的电磁波。当电磁波在大豆内部起作用时，大豆中的蛋白质、脂肪、碳水化合物等极性分子受到交变电场的作用而剧烈振荡，引起强烈摩擦而产生热，这种热效应使得蛋白质等物质的分子结构发生改变，从而破坏了大豆中的抗营养因子。微波加热由于热穿透力强，可使物料受热均匀，且加热的工艺参数也容易控制。

1.4.1.7 微粒化处理

微粒化处理大豆及产品就是利用红外线的辐射热处理40～90s的时间，其波长与表面温度有关（79～90℃）。微粒化法可成功地用于大豆胰蛋白酶抑制因子和脂肪氧化酶的灭活。与普通加热法不同，微粒化法可以很好地去除热敏性抗营养因子，而且可以比普通热处理法更好地去除大豆抗原，可使细胞壁破裂，有效地提高养分的消化率。

1.4.1.8 机械加工处理

机械加工包括粉碎、去壳、脱种皮等，很多抗营养因子主要存在于作物种子表皮层，通过机械加工处理使之分离，即可大为减少抗营养作用。此方法简单有效，但除非找到废弃种皮的新用途，否则将提高饲料成本。

1.4.2 化学方法处理

化学方法对不同的抗营养因子均有一定的效果，可节省设备与资源。化学处理的原理为化学物质与抗营养因子分子中的二硫键结合，使其分子结构改变而失去活性。常使用的化学物质包括硫酸钠（Na_2SO_4）、亚硫酸钠（Na_2SO_3）、偏重亚硫酸钠（$Na_2S_2O_5$）、硫酸铜（$CuSO_4$）、硫酸亚铁（$FeSO_4$）和其他一些硫酸盐、尿素或乙醇等。近年来，人们在用化学方法钝化抗营养因子研究方面取得了较大的进展。

1.4.2.1 偏重亚硫酸钠处理

用偏重亚硫酸钠处理大豆或豆粕可使胰蛋白酶抑制因子活性下降 45%左右，其处理效果非常显著。

1.4.2.2 尿素处理

经过大量研究发现，用 5%尿素处理生大豆效果较好，可使胰蛋白酶抑制因子失活率高达 78.5%，并且必需氨基酸不受破坏，用经过这样处理的产品饲喂产蛋鸡和雏鸡的效果最好。

1.4.2.3 乙醇处理

用乙醇处理大豆，可使大豆中的蛋白质结构发生改变，从而降低大豆蛋白中抗营养因子的活性。用经乙醇处理的豆粕饲喂成年公鸡进行代谢试验时，研究发现可使公鸡代谢能提高 20%、氮消化率提高 5%～50%。

综上可见，化学方法灭活抗营养因子效果较明显，但最大的障碍是化学物质的残留影响饲料品质，降低适口性，且排出的脱毒液会污染环境，对动物机体也会产生毒害作用，因此生产中还不能大量使用。

1.4.3 生物学方法处理

生物学方法主要有酶制剂处理法、微生物发酵法、发芽法、生物育种法和基因工程技术改良法等。

1.4.3.1 酶制剂处理法

用于处理抗营养因子的酶制剂分为单一酶制剂和复合酶制剂两种。比较有应用价值的酶主要有：植酸酶（phytase）、α-半乳糖苷酶、纤维素酶（cellulase）、木聚糖酶（xylanase）、β-葡聚糖酶（β-glucanase）、甘露糖酶（mannase）、果胶酶等。

在抗营养因子灭活处理中应用最广的单一酶制剂就是植酸酶，它可以水解单胃动物不能吸收利用的植酸及植酸盐，从而可去除植酸的抗营养作用，同时可以把磷元素从植酸中释放出来以供动物机体利用。此外，植酸酶还能明显降低动物对磷的需要量及粪便中磷的排泄量，这对减少环境污染也具有重要的意义。

α-半乳糖苷酶是另一种常用的酶制剂。其中胰蛋白酶抑制因子中的库尼兹胰蛋白酶抑制因子（KTI）是一种多肽或简单的蛋白质，因此它可以作为底物而被蛋白酶水解，使 KTI 结构改变，尤其是改变其活性中心而使其失活。胰蛋白酶和枯草杆菌蛋白酶可限制性地把 KTI 水解成为小肽，对 KTI 的结构及活力产生影响。因此，α-半乳糖苷酶可以缓解动物的胃肠胀气。

复合酶制剂可同时灭活多种抗营养因子，如由纤维素酶、β-葡聚糖酶、果胶酶、阿拉伯木聚糖酶、甘露聚糖酶组成的非淀粉多糖酶（NSP 酶），可对大豆中多种抗营养因子起灭活作用。

生产中应该注意，在饲料加工过程中酶制剂易受到高温、高压及高剪切力的影响而使其四级、三级结构，甚至二级结构受到破坏，使其失活。近年来，各种酶制剂在饲料中的应用日益增加，有着广阔的应用前景，但对酶制剂的耐受性、稳定性及影响酶制剂作用的外在因素等问题仍需进一步研究。另外，利用酶制剂对大豆进行处理时，添加酶的量要适宜，过量的酶会扰乱消化道内正常消化机能而对动物产生不良的影响。

1.4.3.2 生物发酵处理

由于微生物在发酵过程中可产生水解酶、发酵酶和呼吸酶等，从而可以消除大豆蛋白中的抗营养因子，这有利于动物对饲料的消化吸收。另外，微生物在发酵过程中还可把大部分动物不能直接利用的植酸等无机盐类转化为细胞中的有机盐，不但可以提高大豆利用率，还可降低大豆中无机磷的含量，减少饲养动物对周围环境的污染。在生物发酵过程中，微生物大量增殖，其结果是不仅提高了发酵大豆蛋白基料的蛋白质水平，而且部分大豆蛋白发酵时可转化为菌体蛋白，这本身也改变了大豆蛋白的营养品质。利用体外消化试验研究方法，我们发现给动物饲喂发酵豆粕时，动物的总增重、平均日采食量及平均日增重指标比饲喂未发酵豆粕分别提高了 13.99%、24.58%及 26.39%，而料肉比降低 1.43%，同时，日粮中干物质的表观消化率、粗蛋白的表观消化率及粗脂肪的表观消化率分别提高了 8.89%、11.81%和 35.88%，而腹泻率降低 8.1%。

1.4.3.3 发芽处理

大豆中的胰蛋白酶抑制因子、大豆凝集素和单宁等抗营养因子可用来抵抗大豆生长过程中微生物、昆虫、鸟类及其他天敌对其的破坏，而大豆种子发芽后，这些抗营养因子就被内源酶所破坏。根据这一原理，部分饲料的抗营养因子可通过发芽来处理，且发芽后豆类的适口性将得到明显改善。

1.4.3.4 生物育种法

通过育种手段培育出具低胰蛋白酶抑制因子、低寡糖及低植酸等抗营养因子的新品种，这样既能促进种植业的发展，又能推动饲料工业的发展，一举两得。例如，美国杜邦公司的科学家已经培育出含低棉籽糖和水苏糖的大豆新品种Stc1+Mod3，其棉籽糖含量仅为0.1%，水苏糖已经完全除去。美国伊利诺伊州立大学作物科学部已培育出不含凝集素的大豆新品种L90-8047；通过对动物的育种，可以提高动物对抗营养因子的耐受性。因此这种方法可以从根本上除去抗营养因子，但也存在一些问题，如产量低、抗病虫害能力降低、植物生长周期长、投资大等。

1.4.3.5 基因工程技术改良法

在低含量大豆寡糖品种常规选育成功的基础上，科学家又开始采用基因工程技术，从分子角度来探讨如何降低大豆中的寡糖类抗营养因子。人们使用反义技术阻断寡糖生物合成途径中关键酶肌醇半乳糖苷合成酶基因的表达，获得了低寡糖大豆品系。大豆植酸酶基因工程的研究仍处于初期阶段。但是目前人们对转基因大豆的安全性仍有争议。

2　大豆中脲酶、胰蛋白酶抑制因子和大豆凝集素的研究进展

大豆及其副产品是人类食品及动物饲料中蛋白质的主要来源，但是随着大豆蛋白的开发与利用，大豆中诸如脲酶、胰蛋白酶抑制因子及大豆凝集素等抗营养因子也引起了食品及饲料研究者的广泛关注。

2.1　脲酶的研究进展

我们知道自然界中脲酶的专一性较强，因此生产中我们常以脲酶的活性测定值来衡量大豆食品或饲料的可食性。在正常状态下，脲酶活性急剧下降的温度范围是 70～85℃。利用加热的方法使脲酶失活时，其作用过程可分为以下三个阶段：第一阶段为较高温度，此时脲酶失活率远大于较低温度时的失活率；处于第二阶段时，较高温度与较低温度的失活率相近；而第三阶段时，较高温度失活率低于较低温度时的失活率，并且在保温后期，其失活率比前期小得多。但是，不同品种的大豆之间具有种属差异。取油工业中，在大豆饼、粕生产过程中，对脲酶失活率信息需要快速作出反应。到目前为止，常用的大豆产品脲酶活性定性测定方法是将试样与脲-酚红溶液混合，通过试样中脲酶将尿素分解所释放出来的氨在酚红指示剂的作用下显示红色的程度进行判断。此方法的优点是在 5min 内即可测定出结果，同时通过与定量法进行对照，所得结论的准确率可达到 90%左右。但是，这样的定性法只适用于对生产过程的监控。我们应该明白，定性法不能得出精准的 pH，只能得出某个 pH 范围。在温度在 90℃以下时，大豆中脲酶活性受到破坏的程度很低。因此，在饲料加工过程中，对家畜等大多数动物的饲料来说，其膨化温度的确定应以大豆中脲酶活性低于 0.4 国际单位为宜；对家禽饲料来说，其脲酶活性为 0.04～0.2 国际单位时，饲料的生产性能最佳。综合两方面因素，普遍认为大豆膨化温度控制在 130～140℃时，其使用效果较为理想。

2.1.1　脲酶的来源

脲酶广泛地存在于各种细菌、真菌、放线菌和植物中。大豆等豆类植物中存在活性相当高的脲酶，脲酶相对分子质量为 120 000～130 000，70℃以上时可被钝化。利用本身的两个金属镍离子活性中心，脲酶可催化尿素生成氨气，还能与

少数几种尿素衍生物，如羟基尿素和二羟基尿素发生反应。在脲酶的作用下，尿素的水解速度加快，水解产物直接导致 pH 上升，加快氨气的逸散，这是脲酶对机体和环境最主要的副作用。脲酶也可直接引起人及动物尿道和胃肠道的感染，与肾结石的形成、导尿管表皮硬化、肾盂肾炎和肝性脑病相关。来源不同的脲酶在结构、亚基数量和类型、相对分子质量和氨基酸序列上都不同。目前还没有关于脲酶结构的定论，但就目前已知的脲酶而言，它们都具有高度保守的氨基酸序列，从不同来源获得的脲酶的氨基酸序列有 50%以上是相同的，其活性单位都有两个镍离子和配基。

1935 年首次提出土壤中存在脲酶，后来经大量研究证实了脲酶广泛存在于各种土壤中。土壤中的脲酶可以影响土壤中尿素发挥肥效，因此脲酶成为了最受人们关注的土壤酶之一。土壤中脲酶来源于土壤中活的细胞释放的胞外酶及裂解细胞释放出来的胞内酶。它们一部分存在于土壤溶液中而呈游离状态；另一部分结合在细胞组分上而呈吸附状态。后者包括已分解细胞碎片中的酶、死的但未被分解的细胞中的酶及活的不再增殖的细胞中的酶，也包括吸附在有机或者无机土壤颗粒上并且与土壤结合在一起的吸附态酶。大量研究发现，土壤腐殖物质或黏粒可保护土壤中的脲酶。在腐殖质的形成过程中，脲酶被固定在有机体内，并且这样的腐殖质具有足够大的孔隙，其中尿素和水等基质及分解产物都可通过这样的孔隙，但这样的孔隙不能使脲酶进入或从其中逸出。

2.1.2 脲酶的结构

1926 年 Sumner 首次从刀豆（jackbean）中分离出脲酶，它是一种晶体。经历了 50 多年，人们才知道它是一种含有镍的金属酶（metalloenzyme）；近年人们已经得到了脲酶的 X 射线单晶结构。脲酶的活性部位是含有赖氨酸（Lys）羧基桥连及其相互距离为 350pm 的双核镍（Ⅱ）结构。其中一个 Ni^{2+}（Ⅰ）被两个组氨酸（His）咪唑氮、一个天门冬氨酸（Asp）羧基氧和一个水分子氧（或 H_2O 离解产生的羟基）配位，从而形成三角双锥或者是四方锥几何构型；而另一个 Ni^{2+}（Ⅱ）则被两个组氨酸咪唑氮及一个弱配体（或许是底物尿素的羰基氧）配位，从而形成四面体几何环境。其中前者的作用可能是活化水分子，使脲酶产生亲核进攻的基团——羟基离子（OH^-）；而后者可能是催化底物活化的活性中心。到目前为止，含镍脲酶已从各种细菌、真菌及高等植物体中分离出来，其重要作用在于它可使生物利用尿素作为氮源，并参与氮素传递过程或者作为氨毒性防御蛋白。在农业生产中，尿素这一氮肥可被土壤细菌中的脲酶快速水解，使肥效损失，或者可造成使植物氨中毒的碱性损伤。正因如此，抑制土壤中脲酶活性一直是研究脲酶及其模型化合物的重点。

2.1.3 脲酶的基本性质

比较土壤脲酶与稻根和细菌脲酶的性质，具有以下几方面不同。

2.1.3.1 脲酶的抗酸、抗碱性能

在环境 pH 等于 7.0 时，脲酶活性最高，当 pH 小于 4 及大于 9 时，三种来源脲酶的活性几乎都为零，当环境 pH 为 4.5～8.5 时，三种来源脲酶的活性随着 pH 变化反应较为剧烈，当 pH 为 4～7 时，随着 pH 的升高脲酶活性明显提高；当 pH 为 7～9 时，随着 pH 增高脲酶活性则开始快速下降；但是当环境中 pH 为 6～8 时，土壤脲酶活性对 pH 的敏感性较稻根及细菌脲酶活性缓和很多，这说明土壤中脲酶在该 pH 范围的抗酸、抗碱性能优于另两种脲酶。

2.1.3.2 热稳定性

由于土壤与脲酶结合，脲酶的抗热性能增强，从而使其对热的敏感性减弱。

2.1.3.3 几种抑制剂对不同来源脲酶活性的影响

研究人员通过系列试验证实茶多酚、硫酸铜、氢醌、硼砂及硝酸银对三种不同来源的脲酶均有不同程度的抑制作用。按强弱不同，各种抑制剂对三种来源脲酶的抑制作用依次为细菌脲酶＞稻根脲酶＞土壤脲酶，这也进一步说明了土壤与脲酶结合后，可使脲酶的抗抑制剂特性得到进一步加强。

2.1.3.4 不同来源脲酶的抗蛋白酶性能

当我们分别用中性蛋白酶、碱性蛋白酶及木瓜蛋白酶来处理三种不同来源的脲酶时，土壤脲酶始终比稻根脲酶及细菌粗提脲酶具有较高的抗蛋白酶性能。大量研究证实，在一定的土壤深度范围内，土壤中游离脲酶的活性随着土层深度不断增加而降低。同时证明，游离脲酶与胶体复合脲酶对尿素的水解作用不同，其中土壤中游离脲酶对尿素的水解速率远远高于被土壤所保持脲酶的水解率。但是土壤脲酶比稻根脲酶及细菌粗提脲酶更具抗酸、抗碱、抗热、抗抑制剂及抗蛋白酶酶解的性能，这样的结果应该是因为源于植物及微生物的酶可与土壤团粒及腐殖质结合，从而改变其分子构象及发生催化作用的微环境。

2.1.4 脲酶对动物的影响

脲酶属酰胺酶类，是可以分解酰胺或尿素形成二氧化碳和氨的酶类。脲酶可利用自身所具有的两个金属镍离子为其活性中心，催化尿素形成氨气。到目前为止，脲酶催化机制还未有定论，人们比较认同的是不同催化机制之间的不同点主

要是两个镍离子的作用：其中一个镍离子结合并激活尿素；而另一个镍离子激活并结合水分子。脲酶在催化尿素分解的过程中，尿素首先进入脲酶的活性通道，进而取代脲酶中某一结构，尿素的羧基结合到脲酶中亲电子能力最强的具五配位体的镍离子上，尿素的氨基结合到较近的另一个含六配位体的镍离子上。另有学者推测，脲酶在催化尿素的过程中，一个尿素分子作为桥梁结合两个镍离子而成为中间体。

牛、羊等反刍动物可以利用尿素等非蛋白氮为氮源，其机制是瘤胃中的微生物产生脲酶，将尿素分解成氨和二氧化碳。瘤胃中微生物利用氨为氮源形成菌体蛋白，牛、羊等反刍动物再利用瘤胃中的菌体为营养素。在这个转化过程中，关键是尿素分解氨的速度要与瘤胃微生物利用氨的速度保持同步。如果尿素分解速度过快，大量未利用的氨在体内蓄积，就会使牛、羊发生氨中毒。脲酶抑制剂是降低脲酶活性的专一性酶，它可以降低瘤胃微生物的脲酶活性，使瘤胃内尿素分解速度降低 55.3%左右，尿素氮利用率提高 16.7%左右。降低瘤胃氨浓度可避免氨中毒，使尿素得到合理利用，从而降低饲料成本并改善畜舍环境。

2.1.5 脲酶活性测定的研究

不论在世界范围内还是在我国，脲酶活性测定工作开展得都较早，研究人员先后提出了繁简不同、精确度不同及适用范围不同的多种测定方法。早在 20 世纪 80 年代，人们就提出了用电极法及电导法测定大豆及其副产品中脲酶活性，进入 90 年代，人们又系统而全面地提出了一种氨气敏电极法。这种方法的主要原理是在适宜的条件下，脲酶水解尿素生成铵盐，铵盐在碱性条件下可转变为氨，再利用氨气敏电极测定单位时间内脲酶水解尿素所产生的氨数量，可定量地表示大豆脲酶活性的高低，其反应方程式如下：

$$CO(NH_2)_2 + 2\,H_2O \xrightarrow{\text{脲酶}} (NH_4)_2CO_3$$

$$(NH_4)_2CO_3 + 2NaOH \longrightarrow Na_2CO_3 + 2NH_3 + 2H_2O$$

在当时，与其他方法相比，这种测定方法所测定的结果精确度较高。但是随着科学研究的不断进步，人们越来越感觉这种方法较烦琐，而且测定条件要求较高，在试验中不易开展，因此目前已基本不被采用了。

后来人们为了方便在生产现场应用，提出了一种极其简便的测定方法，即酚红检测法。其主要原理为：pH 为 6.14～8.12 时酚红指示剂可以由黄色变为红色。这样如果把待测试样与尿素混合形成混合液，用酚红指示剂指示，就可根据指示剂变红时间的长短来指示脲酶活性的高低。如果这样的混合液在放置 5min 后没有出现任何红色，然后再放 25min 仍然没有红色出现，则说明试样中脲酶是没有活性的；如果有少数红色出现，则说明试样中脲酶稍有一点活性；如果混合液表面约有 1/4 为红色所覆盖，则说明脲酶具有中度活性；如果混合液表面约有 1/2 为红色所覆盖，则说明脲酶活性较强；如果表面有3/4～1为红色所覆盖，则此时脲酶活性很强。这种方法比较简单、快速，并且对操作人员所具有的技术水平要求也不高，但应用此方法在判断混合液等红色所占有的比例时，需要化验员进行反复实践才能熟练地进行判断。在实际应用时，此法只用于粗略地判断脲酶失活的程度，很难精准地确定脲酶活性值。

当前，我国普遍使用的脲酶活性测定方法主要有滴定法、分光光度法及 pH 增值法。其中，滴定法是我国的国家标准方法（饲料用大豆制品中尿素酶活性的测定，GB/T 8622—2006），国家标准以其严谨，以及对酶活性的表示方式较直观、准确而具有仲裁性。其原理为：先把一定量试样与尿素缓冲液混合，在（30±0.5）℃环境下保持30min，期间尿素被样品中的脲酶催化分解而产生氨。

$$CO(NH_2)_2+2\ H_2O \xrightarrow{\text{脲酶}} (NH_4)_2CO_3$$

用过量的盐酸中和吸收氨，再用氢氧化钠标准溶液回滴到一定pH（pH=4.7）。脲酶活性用每克样品在（30±0.5）℃下每分钟产生氨态氮的毫克数表示，单位为NH_3 mg/(g·min)。

滴定法要求精度高，而且所需试剂品种多，且配制较复杂，在测定过程中操作的时间也比较长，这些都给检测人员进行批次测定带来不便，因此这种方法难以迅速地指导生产。所以在实际生产中，常用 pH 增值法及分光光度法来测定脲酶的活性。

pH增值法又称pH法，其原理是：尿素被样品中脲酶催化分解产生氨，氨使溶液 pH 增加，增加的程度与脲酶活性大小呈正相关，因此可以用其与空白溶液的差值来表示脲酶活性高低，结果表示单位为ΔpH。这种方法常用于饲料厂，方法简单、快速，只是所测结果精确度不如滴定法高，并且不具有仲裁性。

测定脲酶活性的分光光度法的基本原理：在一定条件下，脲酶可水解尿素生成铵，在碱性条件下，生成的铵盐可转化成为氨，而氨气与纳氏试剂反应可生成黄棕色的络合物，其色度深浅与脲酶活性成正比，这样就可用分光光度计很简便地测出脲酶的活性。但这种方法也有缺点，那就是它不具有仲裁性，并且分析中所用的纳氏试剂在配制过程中需要加入有毒的汞盐，这给试验操作人员带来一定的危险性。

2.2 胰蛋白酶抑制因子的研究进展

人们在认识到大豆富含多种营养物质之后，也陆续认识到了大豆中所具有的多种抗营养因子，如胰蛋白酶抑制因子（trypsin inhibitor，TI）、大豆凝集素（soybean-hemagglutinin，SBA）及抗维生素因子（anti-vitamin）和草酸（oxalic acid）等。而对动物健康危害最大的是胰蛋白酶抑制因子（TI）。1944 年人们发现了胰蛋白酶抑制因子，1945 年库尼兹（Kuntiz）成功地制成胰蛋白酶抑制因子结晶。胰蛋白酶抑制因子是可对胰蛋白酶产生抑制作用的一类物质。人们最早是从牛的胰腺中提取出了胰蛋白酶抑制因子。今天人们发现它广泛地存在于动物、植物及微生物中，并且来源不同的胰蛋白酶抑制因子，具有不同的分子质量、氨基酸组成、氨基酸序列，所以其分子结构不尽相同。但不管其结构如何，胰蛋白酶抑制因子的活性部位都是其中的赖氨酸，其发挥抑制作用主要是通过与胰蛋白酶中的丝氨酸结合而使其失活。最新研究发现，胰蛋白酶抑制因子并不是单一的蛋白质，它是各种蛋白质的混合物，其蛋白质数目为 4～7 种。胰蛋白酶抑制因子不仅可降低动物对饲料中蛋白质的消化吸收效率，还可使采食动物的胰腺肿大、生长发育不良及生产性能下降，特别是对家禽的影响最大。

大豆中的胰蛋白酶抑制因子是大豆及其副产品中最主要的抗营养因子之一。在生产实践中，大豆胰蛋白酶抑制因子可使各种采食动物出现生长受到抑制的现象，可引起老鼠、小鸡的胰腺发生肿大及增生，可导致仔猪对饲料中能量和蛋白质的利用率降低，可刺激胰加速合成蛋白酶及糜蛋白酶，可增加像胆囊激素等体液因子的形成及释放。因此，灭活大豆中的胰蛋白酶抑制因子对改善和提高大豆食品与饲料所具有的营养价值及其安全使用具有重要意义。

2.2.1　胰蛋白酶抑制因子的来源

胰蛋白酶抑制因子的主要来源为从动物脏器中提取、从人尿中提取及从植物中提取。

2.2.1.1　从动物脏器中提取

抑肽酶就是从牛的肺中提取的胰蛋白酶抑制因子，其相对分子质量为 6.2×10^3，是由 58 个氨基酸残基所组成的碱性多肽。目前它的一级结构及二级结构均已清楚，其分子内具有三对二硫键，整个分子呈梨形，酶的活性中心是赖氨酸，位于分子的顶端，按其分子质量可分为两类：一类分子质量较大，另一类分子质量较小。

我国科学家曾设计了胰多酶联产试验，以对胰蛋白酶抑制因子进行探讨，对猪胰中胰蛋白酶抑制因子进行分离纯化，再用 1kg 胰制得 15mg 胰蛋白酶抑制因子，酶比活为 2.089×10^3IU/mg 蛋白质。Kishinura 等（2001）也在太平洋褶柔鱼（*Todaroes pacificus*）的肝中分离得到了一种相对分子质量为 63×10^3 的胰蛋白酶抑制因子，通过对其稳定性、氨基酸组成及抑制作用特点进行研究，发现它对酸、热较稳定，可有效抑制胰蛋白酶，也可以抑制肌原纤维自身的溶解作用。而 Junk-Ho 等则在鲣鱼（*Katsuwonus pelamis*）卵中提取并分离得到一种相对分子质量为 39×10^3 的胰蛋白酶抑制因子，研究发现它在体内是以二聚体形式存在的，当 pH

为 4.0～10.0 时具有活性；而当温度高于 40℃时在较大程度上其活性丧失；在 K^+、Na^+、Ca^{2+}、Mg^{2+}等不同金属离子存在的情况下，其活性增强，但 Cu^{2+}存在可导致其失活。

2.2.1.2 从人尿中提取

人尿中的胰蛋白酶抑制因子（HUTI）属于丝氨酸蛋白酶抑制因子，其相对分子质量为 67×10^3，其等电点为 2～3。它也是一种糖蛋白，糖的质量分数高达 20%～30%。与从牛的肺、胰提取的抑肽酶不同，人尿中的抑肽酶对人体不产生抗原抗体反应，因此它更适合应用于临床。常用的提取人尿中胰蛋白酶抑制因子的方法有综合三氯乙酸法、硫酸铵法、甲醇沉淀法、膨润土法、DETE-纤维素法及固定化胰蛋白酶法，目前还有脱乙酰壳多糖法及硅酸镁法。我国学者孙爱龙等（1997）将人尿胰蛋白酶抑制因子的粗制品经过超滤、离子交换层析及亲和层析三步纯化后，获得了人尿胰蛋白酶抑制因子的中间品，它的效价由原来的 10IU/mg 已经纯化到了 2240IU/mg，而其比活为 2450IU/mg 蛋白质，活性回收率为 58%。

2.2.1.3 从植物中提取

早在 20 世纪 40 年代人们便发现了植物中含有胰蛋白酶抑制因子，它主要存在于植物的贮藏器官，特别是存在于种子中，有时其含量可高达总蛋白质的 10%左右。如果植物中的胰蛋白酶抑制因子没被灭活或剔除，动物采食这样的植物性饲料后，饲料中的这种胰蛋白酶抑制因子可与小肠肠液中的胰蛋白酶或糜蛋白酶结合，形成一种无活性的复合物，从而消耗及降解体内的胰蛋白酶，导致动物肠道对蛋白质的消化、吸收及利用能力下降，可引起采食动物的胰腺发生肿大及体内氨基酸代谢失调。同时研究发现，如果利用固定化胰蛋白酶法来分离纯化大豆中的胰蛋白酶抑制因子，则可以得到较高纯度的大豆胰蛋白酶抑制因子。忻骅等（1999）利用已发表的 Ti 基因顺序设计了引物，通过生物技术手段，从大豆中扩增了 Tid 基因编码序列，他们最终获得了蛋白质 TI 的一级结构资料。张政等（1999）采用凝胶层析及离子交换层析等研究方法，从苦荞种子中分离出了一组胰蛋白酶抑制因子（TBTI-Ⅰ、TBTI-Ⅱ）。他们对其性质进行研究，发现两个组分均对胰蛋白酶具有较强的抑制作用，而对胰凝乳蛋白酶的抑制作用较弱，其中 TBTI-Ⅱ的抑制作用大于 TBTI-Ⅰ的抑制作用，而两者对胃蛋白酶、木瓜蛋白酶及枯草杆菌蛋白酶则均无抑制作用。

2.2.1.4 胰蛋白酶抑制因子的结构

大豆籽实中主要的胰蛋白酶抑制因子有两种：库尼兹胰蛋白酶抑制因子（Kunitz soybean trypsin inhibitor，KSTI），分子质量为 21.384kDa，结构内有 181 个氨基酸残基，含有 2 个二硫键，它的活性中心为精氨酸 63-异亮氨酸 64，一分子的库尼兹胰蛋白酶抑制因子可以钝化 1 个分子胰蛋白酶，库尼兹胰蛋白酶抑制因子占总胰蛋白酶抑制因子的 1.4%左右；鲍曼-贝尔克胰蛋白酶抑制因子（Bowman-Birk soybean trypsin inhibitor，BBTI）占总量的 0.6%左右，其组成有 71 个氨基酸残基，7 个二硫键，它的分子中含有 2 个活性中心，1 个是赖氨酸 16-丝氨酸 17，它是胰蛋白酶的结合点，而另一个是亮氨酸 44-丝氨酸 45，它是胰凝乳蛋白酶的结合点。以上两种抑制因子通过结合点的作用可与胰蛋白酶络合，络合后可使胰蛋白酶失活，从而起到了对昆虫、动物及人类的抗营养作用而形成自我保护。

在理论研究方面，到目前为止对 Kunitz 的基因类型研究得较为清楚，它是 Kunitz 于 1945 年首先从大豆中分离的 Kunitz 型大豆胰蛋白酶抑制因子 SBTI-A2。其后的研究陆续发现大豆中至少有 4 种胰蛋白酶抑制因子，但最主要的还是 SBTI-A2。我国学者谢可方等（2002）研究发现，大豆籽实中存在大量 Kunitz 胰蛋白酶抑制因子（SBTI-A2），该抗营养因子属丝氨酸蛋白酶类抑制剂，其组成由 4 个显性等位基因 *Tia*、*Tib*、*Tic* 及 *Tid* 编码，而其中 *Tid* 是 1991 年我国科学家从国内 15 000 多份大豆资源中发现的，它的结构与 *Tia* 之间仅差一个氨基酸。

2.2.2 胰蛋白酶抑制因子的性质

胰蛋白酶抑制因子引起蛋白质利用率下降有两个主要原因：一个是胰蛋白酶抑制因子可和小肠肠液中胰蛋白酶结合生成无活性的复合物，降低胰蛋白酶的活性，导致蛋白质消化率和利用率降低；另一个是它可引起动物体蛋白质内源性消耗。试验证明，即使以预先消化好的蛋白质和胰蛋白酶抑制因子一起饲喂小鼠，也会抑制小鼠生长，可见胰蛋白酶抑制因子的抗营养作用不仅是由于胰蛋白酶抑制因子抑制蛋白酶的活性，还由于肠道中胰蛋白酶抑制因子与胰蛋白酶结合后通过粪便而排出体外，这样就会引起胰蛋白酶数量减少，机体通过反馈调节引起胰腺功能亢进而分泌更多的胰蛋白酶到肠道中。因为在胰蛋白酶组成中含硫氨基酸特别丰富，故胰蛋白酶大量补偿性分泌会造成体内含硫氨基酸的内源性损失，引起体内氨基酸代谢不平衡，动物生长受阻或停滞。胰蛋白酶抑制因子引起含硫氨基酸内源性丢失是受到小肠黏膜分泌的一种激素——肠促胰酶肽（cholecystokinin-pancreozymin，CCK-PZ）调控的，肠促胰酶肽刺激胰腺腺体细胞分泌蛋白水解酶原（如胰蛋白酶原、糜蛋白酶原等），肠促胰酶肽的分泌和小肠食糜中胰蛋白酶的含量呈负相关，即食糜中胰蛋白酶由于和胰蛋白酶抑制因子结合而减少时，肠促胰酶肽分泌增多，因而刺激胰腺分泌更多的胰蛋白酶原至肠道中。这种机制称为胰腺分泌受肠道中胰蛋白酶数量的负反馈调节机制。由于胰蛋白酶抑制因子引起胰蛋白酶原的大量分泌，造成胰腺肥大和增生，因此不能用生大豆饲喂动物。

2.2.3 胰蛋白酶抑制因子对动物的影响

许多试验表明，生大豆和生豆粕中的胰蛋白酶抑制因子对鸡的生产性能产生阻碍作用，1998年我国研究人员发现雏鸡在3～8周可耐受4.56mg/g日粮中大豆TI，不影响生长；9～18周雏鸡的耐受性较低，尽管日粮中TI含量与3～8周相近，但蛋白质水平降低，TI在整个日粮蛋白质中的含量升高，从而使鸡的耐受能力下降。早在1991年就有国外研究人员用商品生大豆（TI 19.76 mg/g）和无Kunitz胰蛋白酶抑制因子全脂生大豆（TI 5.6mg/g）代替25%、50%、75%和100%的去皮熟大豆饲喂雏鸡，其结果与后来我国研究人员所得结论相似。许多试验表明，生大豆和生豆粕可以引起鸡胰腺肿大。据研究人员报道，当日粮中加较大比例的生大豆如13%以上时，可引起短期和长期胰腺肿大；生大豆含量较低的日粮如4%以下，则无此反应；中等含量的日粮如含有9%生大豆，仅引起短效应，而无长期效应。胰腺的增生性变化，主要是由于生大豆中含有的较高含量的胰蛋白酶抑制因子可引起代偿性反应。从器官生理角度讲，鸡只可以耐受低浓度的生大豆抗营养因子而不表现明显的变化；中等含量的生大豆抗营养因子对雏鸡来讲短期内不能耐受，但经一段时间后机体能适应，变化不明显；而高含量生大豆抗营养因子对雏鸡来说很难适应，出现胰腺持续性、代偿性肿大。

生豆类籽实（大豆、豌豆、蚕豆）除可引起各种动物（鼠、鸡等）的胰腺增生性变化外，还可引起胰腺细胞的变性。表现为腺细胞体积增大或数量增多，胞质为酶原颗粒所充满，且表现有细胞的变性，即胞质内细胞器排列不规则，酶原颗粒减少，粗面内质网小囊扩张、破碎并浮于细胞结构的半透明质内。

李素芬等（1999）报道，肉仔鸡胰腺重对日粮中胰蛋白酶抑制因子反应迅速，35日龄开始试验组与15日龄开始试验组的胰腺质量，在7周末屠宰时未表现明显差异，发现日粮中胰蛋白酶抑制因子浓度为9.01～6.45mg/g（占日粮粗蛋白4.65%～3.36%）时，肉仔鸡胰腺在短期内肿大到一定程度后便不再进一步肿大，肿大程度与日粮中胰蛋白酶抑制因子浓度成正比，而与肉仔鸡年龄和饲喂时间关系不大，日粮中胰蛋白酶抑制因子浓度低于3.74mg/g（即占日粮粗蛋白1.01%）或3.42mg/g（即占粗蛋白1.97%）时，3～7周龄或6～7周龄肉仔鸡胰腺均无肿大现象，说明肉仔鸡可耐受此浓度。

2.2.4 胰蛋白酶抑制因子活性测定的研究

因胰蛋白酶抑制因子具有强烈的抗营养作用，在生产实践中对其活性进行测定是非常必要的。

研究人员经过大量分析研究发现，大豆中脲酶的含量与其胰蛋白酶抑制因子含量比较相近，并且它们变性失活的程度也相似，更主要的是在大豆中这两种抗营养因子经常是共存的。于是在动物饲料工业及人类的食品加工工业领域，实际生产中我们常常通过测定脲酶活性来间接估测胰蛋白酶抑制因子的活性，并且通过大量的实践证明，这样的估测方法非常简便易行，给生产带来了极大的便利。缺点是这样的估测灵敏度不高，因此测定结果的变异性较大，这也是为什么人们一直在不断努力寻求测定胰蛋白酶抑制因子活性更加简便、快速而准确的方法。

研究人员于 1974 年建立了 kakade 酶学检测法来直接对胰蛋白酶抑制因子的活性进行测定，其原理是以苯甲酰-D(L)-精氨酸-P-对硝基酰基苯胺［benzoyl-D(L)-arginin-P-nitroanilide-hydrochliride，DL-BAPNA］为底物，将样品加入标准胰蛋白酶溶液中，用比色法测定胰蛋白酶活性减少的程度。然后以酶活性为纵坐标，以加入的样品量为横坐标，作图得出抑制曲线，根据此曲线求出待测样品所含抑制因子能抑制的酶活性。这种方法初步确立了用酶法测定胰蛋白酶抑制因子活性的体系。但是大量试验数据表明，该方法灵敏度偏低，如果测定加热过度产品，结果变异性较大。而且浸提液中除胰蛋白酶抑制因子外，其他的成分，如植酸、单宁、脂肪酸和皂化素也对胰蛋白酶的活性有抑制作用，无法区分。

为此，以后的研究人员对 kakade 酶学检测法做了改进，主要是针对浸提液和浸提条件这两方面。Valdebouze 等（1980），Liu 和 Markakis（1989）都提出了一种改进的测定胰蛋白酶抑制因子活性的比色方法，这种方法就是把待测样品的提取条件由原来的碱性改为酸性环境，改进后的方法极大地提高了检测灵敏度。Gaborit 等（1993）在 Valdebouze 改进法的基础上提出了一种在微量反应板上进行反应的改良方法，提高了大批量样品的检测速度。1981 年美国油脂化学家学会（AOCS）与美国谷物化学学会（AACC）共同提出了利用分光光度计来测定胰蛋白酶活性的方法，这种方法可测定浸提稀释液中能抑制至少 40%，但是不能超过 60%胰蛋白酶的蛋白酶抑制因子的含量，这种改进的方法已被 AACC 收录为标准测定方法。

为进一步提高胰蛋白酶抑制因子活性的检测准确度、重复性和检测效率，从 20 世纪 80 年代起，人们开始尝试用免疫学检测方法来检测胰蛋白酶抑制因子的活性。张国龙和李德发（1997）建立了 3 种检测大豆胰蛋白酶抑制因子活性的 ELISA 方法，分别为：酶标抗原直接竞争法、酶标抗体直接抑制法和酶标抗体间接抑制法，可用于直接对大豆及其副产品中胰蛋白酶抑制因子活性进行定量检测。1989 年 Brandon 等（1989）证明了酶联免疫吸附测定方法可检测各种大豆及其副产品中 KTI 的含量。有些科学家也尝试用单克隆抗体酶联免疫吸附测定法检测大豆中胰蛋白酶抑制因子的活性。

如果把免疫学检测方法同常规的酶化学分析法相对比，我们会发现其操作步骤较烦琐，并且其技术含量及试验设备要求较高，这样在实际生产中很难实现精准检测。所以，在动物饲料生产过程中，直接测定蛋白酶抑制因子活性比较困难，且需要的时间也较长。

目前德国和日本在大豆胰蛋白酶抑制因子活性检测方面都有自己的国家标准，而在国际上也有相应的标准，即 ISO 14902：2001《动物饲料-大豆制品中胰蛋白酶抑制因子活性的测定》。在我国还没制定大豆胰蛋白酶抑制因子活性检测的国家标准时，我们常用经过改进的 AACC 标准来进行实地检测，即采用分光光度法和脲酶代换法。我国于 2008 年颁布了国标，即《大豆制品中胰蛋白酶抑制剂活性的测定》（GB/T 21498—2008）。

2.3 大豆凝集素的研究进展

1888 年俄国多尔帕特大学的 Herman 在研究蓖麻籽抽提液对血液的毒性时，发现这种蛋白质具有凝集人和动物红细胞的活力，并取名蓖麻素。凝集素的研究充满曲折，对凝集素的命名长达数十年且混乱。曾出现过的名称有凝集素、植物红细胞凝集素、植物凝集素及细胞凝集素等，直到 1954 年才由 Boyd 建议以 lectin 作为总称。这个词来自拉丁文“lego”，带有“选择”的意思，强调它们对不同血型人红细胞凝集素的选择性或专一性，《英汉生物化学词汇》中 lectin 译为外源性凝集素。对 lectin 的定义也得不到统一，Jermyn 和 Yeow（1975）认为 lectin 是蛋白质或糖蛋白，并以非共价的方式与糖作用。直到 1980 年 *Nature* 杂志发表了 5 位 lectin 研究方面著名科学家的联名信，才有了权威的 lectin 的定义：lectin 是指非免疫来源的、能使细胞凝集或（和）使糖缀和物沉淀的糖结合蛋白或糖蛋白（Goldstein et al.，1980）。这个定义已为众多的研究者所接受。对于 lectin 的研究，早年的注意力集中于植物，特别是豆科植物的种子上，以后逐渐发展到其他植物和植物的其他部位及单细胞原生动物、鱼类、爬行类、禽类、哺乳动物乃至人的许多组织器官。已检测的几千种植物抽提液中近千种具有血凝活力，属于豆科的有 600 余种，已经分离纯化出 70 多种豆科植物的 lectin。1982 年 Hoffman 等克隆了第一个 *lectin* 基因。

大豆凝集素主要存在于大豆子叶细胞的蛋白体内，约为大豆蛋白质总量的 10%。人们对大豆凝集素的认识首先是从其凝集红细胞的生物学功能开始的。最初对大豆抗营养因子的研究主要集中在胰蛋白酶抑制因子上，直到 1951 年 Liener 在大鼠腹腔注射生大豆提取物，发现产生了一种与胰蛋白酶抑制因子无关的毒性作用，经过等电点盐析、移动界面电泳和超速离心沉淀技术检测发现，产生这种毒性作用的是一种能凝集动物红细胞的蛋白质，后来将大豆所含的这种蛋白质定义为大豆凝集素。从此人们才展开了对大豆凝集素抗营养作用的研究。后来的研究发现大豆中含有两类大豆凝集素：第一类大豆凝集素是对 *N*-乙酰基-D-半乳糖胺和 D-半乳糖有结合性，分子质量约为 120kDa 的一类糖蛋白，是大豆中主要的抗营养因子之一；而第二类大豆凝集素分子质量约为 175kDa，对 4-*O*-甲基-D-葡萄糖醛基酸、D-葡萄糖醛酸和它们的甲基糖苷有结合特异性，能在大豆根部特异性识别、结合根瘤菌。

2.3.1 大豆凝集素的来源及分类

凝集素广泛存在于植物、动物、微生物中。在植物中，不只种子中存在凝集素，其他部位如根、茎、叶、皮、果实汁中也发现有凝集素。凝集素在植物中的分布，以豆科植物研究得最为深入，在成熟的种子中，绝大多数凝集素位于子叶，在某些情况下，胚中有较多量的凝集素；在种子外壳也能检测到少量的凝集素。而植物凝集素在不同植物品种、同一品种的不同成熟阶段、同一成熟阶段的不同植株部位的含量均不同。巨刀豆（*Canavalia ensiformis*）中凝集素（ConA）的含量占干重的1%，大豆种子中凝集素含量在3%左右。一般豆科植物的凝集素含量在成熟种子中为 1.5%～3%，有的甚至可以达蛋白质总含量的 10%左右。通过对不同来源凝集素的分子生物学所进行的研究，对凝集素的系统分类如下。

2.3.1.1 根据不同来源进行分类

根据凝集素的不同来源，可分为植物凝集素、动物凝集素及微生物凝集素三大类。

2.3.1.2 根据细胞中凝集素存在的不同部位进行分类

根据细胞中凝集素分子存在的不同部位，可分为可溶性凝集素和膜结合凝集素两大类。

2.3.1.3 根据结合糖不同类型进行分类

根据结合糖的不同类型，凝集素可分为 D-甘露糖（或 D-葡萄糖）凝集素、*N*-乙酰氨基葡萄糖凝集素、*N*-乙酰氨基-半乳糖凝集素、D-半乳糖凝集素、L-岩藻糖凝集素及唾液酸等。少数凝集素含有木糖、阿拉伯糖，但是有些凝集素则不含共价结合的糖，如伴刀豆凝集素（ConA）、麦胚凝集素（WGA）及花生凝集素（PNA）等则为单纯的蛋白质。

2.3.1.4 根据总体结构进行分类

根据总体结构对凝集素进行分类，可分为部分凝集素、全凝集素、嵌合凝集素和超凝集素 4 类。其中部分凝集素只含一个糖结合结构域，它们不能沉积复合糖和凝集细胞；全凝集素也只由糖结合结构域组成，但包含至少两个完全相同或非常相似的糖结合结构域，它们可以凝集细胞和沉淀复合糖，在自然界中绝大多数具有凝集功能的植物凝集素都属于此类；嵌合凝集素是一类融合蛋白，由一个或多个糖结合结构共同组成。其中超凝集素同全凝集素比较类似，它们至少含两个以上糖结合结构域，而与全凝集素不同的是，超凝集素的糖结合结构域不完全相同或相似，它们识别结构不同的糖类。根据糖结合结构域的数目，嵌合凝集素的性质可能类似于部分凝集素或全凝集素。

2.3.1.5 根据进化及结构进行分类

根据这种分类方法可把凝集素分为 7 个不同家族：即豆科凝集素、单子叶植物甘露糖结合凝集素、包含 Hevein 结构域的壳多糖结合蛋白、Ⅱ型核糖体失活蛋白（RIP）、葫芦科韧皮部凝集素、木菠萝凝集素（jacalin）家族及苋科凝集素。Hevein 是从橡胶树乳液中分离到的一种由 43 个氨基酸残基组成的小相对分子质量蛋白质，为含一个单一壳多糖结合域的单凝集素，人们把这个壳多糖结合结构域称为 Hevein 结构域。

2.3.2 大豆凝集素的结构

大豆凝集素包括了两类以 *N*-糖苷键结合的糖单位。这两类糖单位都包括了甘露糖和 *N*-乙酰基-D-半乳糖胺（GlcNAc），二者的摩尔比为 9∶2，且有相同的结构中心——Manα(1,6)[Manα(1,3)]Manβ(1,4)GlcNAcβ(1,4)GlcNAc，但是它们的支链结构不同（Dorland et al.，1981）。

由图 2.1 可以看出，大豆凝集素的糖链部分是以 *N*-乙酰基-D-葡萄糖胺键的形式与肽链中天冬酰胺残基的氨基氮共价连接的。在其他糖蛋白，如猪的甲状腺球蛋白、牛的乳运铁蛋白、中国大颊鼠卵巢黏膜细胞中糖蛋白上也发现了非常类似的糖链结构。

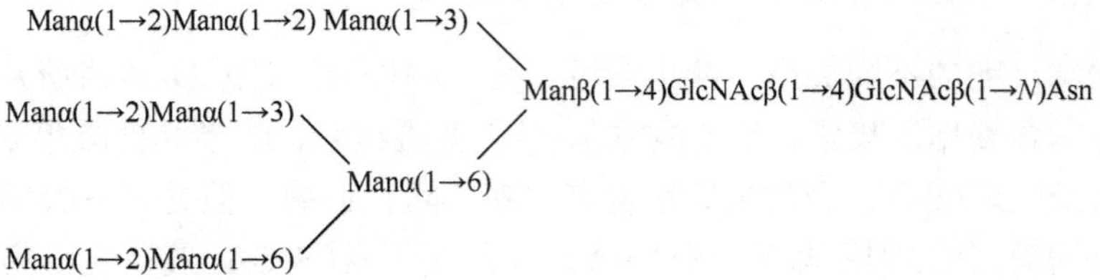

图 2.1 大豆凝集素的糖链结构

Fig 2.1 The sugar chain structure of soybean agglutinin

作为蛋白质，我们有必要了解大豆凝集素的氨基酸组成。Wada 和 Lotan 分别在 1958 年和 1974 年测定了大豆凝集素中 20 种基本氨基酸的组成，由于试验中大豆凝集素纯度和氨基酸分析技术的差异，Lotan 等（1974）测定的结果相对比较准确。大豆凝集素具有典型的豆类蛋白空间结构。Dessen 等（1995）用 X 射线结晶图谱研究发现，大豆凝集素的三维结构基本上由反平行 β-片层构成，缺少 α-螺旋，其形状类似具有扁平顶的钟形，糖结合位点位于顶部的凹陷里。大豆凝集素的四级结构由 4 个略有不同的亚基组成，每个亚基的分子质量约为 30kDa，有一个结合糖位点。4 个亚基中每个亚基都含有 1 条具 9 个甘露糖的（Man9Nac）寡糖链，且各自含有一个紧密结合的 Ca^{2+}和 Mn^{2+}。Becker 等（1975）的研究表明：Ca^{2+}和 Mn^{2+}对于大豆凝集素结合糖的活性是必需的，而且按一定的顺序结合，先结合 Mn^{2+}，然后由其他结合位点结合 Ca^{2+}，这两种结合必须是结合位点处于最优化的构象状态。

2.3.3　大豆凝集素的性质

大豆凝集素所具有的性质如下。

2.3.3.1　大豆凝集素的糖结合特异性

大豆凝集素能与小肠的上皮细胞结合是由其糖结合特异性决定的。大豆凝集素的糖结合特异性是通过测定已知结构的糖组分抑制凝集素的生物学活性的程度而得到的。DeBoedck 等（1984）的研究结果表明，大豆凝集素对 *N*-乙酰基半乳糖胺和半乳糖有特异性的识别作用，且大豆凝集素对前者的亲和力远高于后者。这主要是由于大豆凝集素亚基 N 端处于第 107 位的 Try 同 *N*-乙酰基半乳糖胺有额外的疏水作用力。大豆凝集素与寡糖的结合特异性不是由其分子中的糖链部分所决定，而是与组成大豆凝集素糖结合区域的保守氨基酸残基有关。大豆凝集素含有 4 个亚基，每个亚基均含有一个紧密结合的 Ca^{2+}和 Mn^{2+}，这对于糖的结合也是必需的，且每个亚基均含有一个固定的结合位点。大豆凝集素分子中的糖结合位点具有固定结构，在与糖结合时结构不发生变化。大豆凝集素每个亚基都有一个单独的糖结合位点，每个四聚体含有 4 个结合位点。研究表明，肠上皮细胞表面，特别是肠微绒毛顶端的细胞表面恰好存在着 *N*-乙酰基半乳糖胺，故大豆凝集素能与小肠上皮细胞特异性结合。

2.3.3.2　大豆凝集素在动物体内的结合位点

在陆生动物中，研究主要集中在大鼠上，Ovtscharoff 和 Ichev（1984）在大鼠的体外研究表明，大豆凝集素同大鼠小肠刷状缘膜广泛结合，并与上皮细胞有固定的结合部位。体内研究进一步证明，大豆凝集素主要与小肠近段黏膜吸收性绒毛的上半部细胞结合。而 Hajos 等（1995）对鼠的研究得到了类似的结果。Jaeger 等（1989）在哺乳动物及断奶仔猪的试验中发现，大豆凝集素能与其十二指肠黏膜中的上皮细胞和杯状细胞结合；在反刍动物的胃肠道，特别是刷状缘膜上也发现了大豆凝集素的结合位点。根据前人的研究结果可以总结出：大豆凝集素能与陆生动物小肠刷状缘膜广泛结合，但最主要的结合位点是上皮吸收性绒毛的上半部分。

大豆凝集素于水生动物上的研究非常少，仅见对鱼类有零星的报道。Hendriks 等（1990）通过 ELISA 分析大豆凝集素在肠道刷状缘黏膜上的结合位点表明，大豆凝集素在鲑鱼前肠和后肠都有大量的结合，而后肠中持续、更高的最大结合和更缓慢的分离体现了该区域对大豆凝集素更高的敏感性。Buttle 等（2001）在虹鳟和大西洋鲑的研究中发现，饲喂含高水平大豆蛋白源（60%）和含与之等量纯化大豆凝集素的饵料后，后肠出现相同的病理变化。特异性免疫染色结果表明，大豆凝集素在后肠黏膜尤其皱襞顶端有大量的结合，而对照组全鱼粉蛋白组没有发现明显的结合。Buttle 等（2001）对鲑鱼肠道结构的研究表明：当在日粮中加入 3.5%的大豆凝集素后，在鲑鱼后肠皱襞中发现了大量的大豆凝集素结合位点。以上研究表明：大豆凝集素能与鱼类的肠上皮细胞结合，但最主要的结合位点是后肠上皮细胞。

2.3.3.3 大豆凝集素在消化道内的抗降解作用

大豆凝集素与上皮细胞结合后，减少了与消化酶作用的机会，导致其在胃肠道内的降解率下降。经胃管投喂纯化大豆凝集素 1h 后，约有 60%的大豆凝集素在大鼠小肠内以完整的免疫活性形式存在。Hajos 等（1995）在大鼠试验中发现，除 8.6%的大豆凝集素以游离形式存在于肠腔外，其余大部分与上皮细胞结合。这就说明大豆凝集素在动物的肠道中，绝大部分都与小肠的上皮细胞特异性结合，仅有少部分的大豆凝集素能有机会和消化酶接触；而大豆凝集素作为一种糖蛋白，其构象比较稳定，且解链所需的自由能及其构象的稳定性均显著高于伴刀豆球蛋白。这主要是由大豆凝集素 4 个亚基之间的相互作用造成的，且 4 个亚基上的离子之间也存在一定的相互作用，这样的作用力使其构象更加稳定。

2.3.3.4 大豆凝集素对动物消化器官的破坏作用

我们知道动物小肠是动物对营养物质进行消化和吸收的主要场所，小肠中的消化包括腔内消化和黏膜消化两种形式。腔内消化发生在肠腔内，主要是各种酶的消化，而黏膜消化发生在黏膜上皮细胞表面，腔内消化产物只有与黏膜细胞表面接触后才能进一步分解，参与这类消化的酶存在于肠上皮的微绒毛即刷状缘上。小肠的吸收功能主要取决于黏膜结构。小肠的黏膜吸收表面有许多向肠腔突出的皱襞，这种结构可使吸收黏膜的表面积增加 3 倍。皱襞上还有伸向肠腔的绒毛，它的存在又使小肠的吸收面积增加 10 倍左右，每个绒毛表面是一层柱状上皮细胞，每个柱状上皮细胞表面还有 600～1000 条微绒毛，这种结构使吸收面积进一步扩大，约增加 20 倍。所有这些结构最终使吸收面积为原来的 600 倍。大豆凝集素同动物的小肠黏膜有广泛的结合作用，破坏了小肠正常的结构和功能，从而影响了动物体对营养物质的消化和吸收。所以，大豆凝集素这种抗营养因子对动物小肠结构的破坏主要体现在对动物小肠黏膜结构的破坏上。

2.3.3.5 大豆凝集素有引起胰腺增生的可能

在大鼠的日粮中加入大豆凝集素后，发现大鼠胰腺中的多胺含量显著增加。因此，我们可以认为大豆凝集素引起胰腺增生可能是通过刺激胰腺中多胺含量的增加得以实现的。

胆囊收缩素（CCK）能刺激胰液的分泌。大量研究发现，加入大豆凝集素后，大鼠的 CCK 水平显著升高。由此我们推论：大豆凝集素可以通过刺激 CCK 的分泌，间接刺激胰腺的分泌，从而引发胰腺的增生。大豆凝集素进入消化道以后，由于其抗降解作用，可以与肠道神经内分泌细胞结合，这种结合会刺激 CCK 的分泌，同时分泌的 CCK 可以和胰腺的腺泡受体结合，从而激活鸟氨酸脱羧酶的活性，提高多胺的浓度，多胺浓度提高以后可直接诱导胰腺的增生。胰腺作为重要的消化器官，它的代偿性增生必定会导致动物对营养物质吸收利用的下降及动物出现病理性反应。

2.3.4 大豆凝集素对动物的影响

大豆凝集素对动物的主要影响有以下几方面。

2.3.4.1 大豆凝集素能抑制动物的生长

大豆凝集素对陆生哺乳动物生长抑制作用的研究主要集中在大鼠上，且研究结果比较一致。Liener（1996）在大鼠日粮中加入 0.7%～1%的纯化大豆凝集素后，发现大鼠的生长受到严重的抑制。而李振田等（2004）的研究表明：大豆凝集素能显著抑制大鼠的生长，而且这种抑制作用随着日粮中大豆凝集素水平的增加及试验时间的延长而增加，当日粮中的大豆凝集素含量达到 2.0mg/g 时，20d 后发现大鼠增重与对照组相比降低了 23%。大豆凝集素对仔猪生长的抑制作用也有所研究，但研究结果不太一致。Makind 等（1996）在仔猪日粮中添加纯化的大豆凝集素后，发现仔猪的体重明显减轻。但 Sisson 等（1989）用检测了大豆凝集素活性的大豆日粮饲喂早期断奶仔猪 20d 后，分析增重和大豆凝集素活性的相关性，发现仔猪增重和大豆凝集素的活性水平之间没有明显的相关。产生结果不一致的可能原因有以下几种。

（1）二者用于试验的大豆凝集素的纯度不同，活性也不相同。

（2）二者的试验时间不同，从而导致结果不相同。

（3）试验仔猪之间存在一定的个体差异。

大豆凝集素在禽类上的研究相对较少，但也出现了不一致的结果：用生大豆饲喂雏鸡，20d 后发现其生长受到严重抑制，线性相关分析表明，大豆凝集素占了这种抑制作用的 15%左右。然而在幼龄火鸡上的试验表明，饲喂含 0.024%和 0.048%大豆凝集素的日粮，14d 后与不饲喂大豆凝集素的对照组相比，火鸡的增重与对照组没有显著差异。造成这种差异的可能原因除二者用于试验的大豆凝集素的含量和活性有较大差异、试验期长短不同以外，还有不同种类的禽类可能对大豆凝集素的敏感性也不同。

目前，大豆凝集素对反刍动物的生长抑制作用还存在较大的争议。Lalles 等（1996）的研究发现，用大豆凝集素含量高的日粮饲喂犊牛，将其效果与大豆凝集素含量相对较低日粮组比较，发现大豆凝集素能引起犊牛体重减轻，而含 0～0.02mg/g 大豆凝集素的日粮对成年反刍动物的生长性能没有显著的影响。Sisson 和 Tolman（1991）认为，大豆凝集素不能严重影响反刍动物幼犊的生长性能。综合分析这些试验结果后发现：大豆凝集素对成年反刍动物的生长没有显著影响，可能是由于成年反刍动物瘤胃内微生物能够破坏绝大部分大豆凝集素的活性，从而对大豆凝集素有较好的耐受能力。同样在幼龄反刍动物上的试验也出现了不一致的结果，这可能是由个体差异造成的，不同的幼龄反刍动物其瘤胃发育程度不同，可能对大豆凝集素的耐受程度也不同，当然不同的大豆凝集素含量也是造成结果差异的原因之一。

2.3.4.2 大豆凝集素对营养物质利用的影响

动物对营养物质的吸收利用情况可以用两方面的指标来衡量，即营养物质的消化率和沉积率。大量试验证明：大豆凝集素能通过增加粪氮损失而降低动物对饲料的表观消化率；通过增加尿氮损失而降低动物对营养物质的沉积率，从而降低动物对营养物质的总利用率。李振田等（2004）的研究表明，随着日粮中大豆凝集素含量的增加（0～0.8mg/g），大鼠的粪氮排出量、粪氮损失均呈线性增加，当日粮中大豆凝集素水平达到 0.8mg/g 时，与对照组相比，粪氮损失显著增加，而氮的表观消化率显著降低。在仔猪基础日粮中添加纯化大豆凝集素，发现回肠总氮排出量增加。Lalles 等（1996）的研究结果表明，大豆凝集素能显著降低小牛的氮表观消化率。这些试验结果证明了大豆凝集素可以通过增加粪氮的损失来降低动物对营养物质的表观消化率。有研究证明：除大豆凝集素外的其他植物凝集素，如伴刀豆凝集素也能降低生长猪回肠末端的真氨基酸消化率。Douglas 等（1999）的研究发现，雏鸡对普通生大豆的氮沉积比无凝集素品种生大豆低了 11%。李振田等（2004）研究发现，随着日粮中大豆凝集素含量的增加，大鼠的氮损失呈线性增加，而氮存留和氮平衡却呈线性下降，这就说明了大豆凝集素可以降低氮的沉积，从而影响动物对营养物质的消化吸收。大豆凝集素可破坏动物消化器官的正常结构并引起动物发生腹泻。

大豆凝集素破坏小肠和胰腺的正常结构。对大鼠的研究表明：大豆凝集素能破坏小肠的正常结构，具体表现如下：大豆凝集素能导致微绒毛萎缩、刷状缘膜紊乱、上皮细胞生存发育能力降低、小肠黏膜隐窝深度增加。当日粮中大豆凝集素的含量达到 2.0mg/g 时，大鼠空肠的正常结构被严重破坏，刷状缘膜破裂，微绒毛排列紊乱、断裂，并有大量的上皮细胞脱落进入肠腔。大豆凝集素在水生动物上的研究较少，目前仅见零星报道。Buttle（2001）发现：大豆凝集素严重破坏虹鳟和大西洋鲑的肠道结构，特别是后肠结构被严重破坏。当饲喂大西洋鲑含 3.5%大豆凝集素的日粮时，其后肠的吸收小泡破裂或者萎缩，肠细胞出现肿大，细胞核结构变得模糊，刷状缘膜崩解，黏膜脱落进入肠腔，固有层变宽。Burrells（1999）在鲑鱼上的研究也表明：大豆凝集素导致鲑鱼后肠皱襞破裂、黏膜上皮细胞脱落。大豆凝集素能引起动物小肠和另一消化器官——胰腺的代偿性增生。

日粮中大豆凝集素能引起动物发生腹泻。Lalles 等（1996）发现，大豆凝集素能引起犊牛发生腹泻。Makind（1996）在仔猪上的试验也证明：大豆凝集素能提高仔猪的腹泻率。大豆凝集素引起腹泻的可能原因是，大豆凝集素进入体内后能与小肠上皮细胞结合，这种结合导致小肠的正常结构和功能遭到破坏，从而使动物对营养物质的消化能力大幅度下降，造成动物发生腹泻。

2.3.5 大豆凝集素活性测定的研究

人们运用大豆凝集素可以与红细胞壁结合而凝集的特性，在动物体外，在试管中使红细胞发生凝集反应来对大豆凝集素进行观察及量化。Huisman 等（1990）研究发现，在同一种饲料样品中，如果应用不同种类动物的红细胞则凝集素的凝集活性是不相同的，研究也发现这种凝集反应只可对凝集素含量进行半定量的评价；而评定的精确性、准确性及灵敏性用来评价全部凝集素的活性是不够充分的；也因为红细胞来源不同，对测定结果具有较大的影响。1991 年 Kaul 等提出了不需要用红细胞的测定方案，这个方案的基本思路是把与大豆凝集素相对应的具有结合特异性的糖复合物以共价形式连接到聚苯乙烯胶粒上，用以取代红细胞，而其他步骤与应用红细胞的凝集反应相同。这种改进的方法不需要新鲜的红细胞，并且是一种测定凝集素糖结合特异性相对简便的方法。就大豆凝集素来说，把 *N*-乙酰基-半乳糖胺和乳糖胺共价连接到胶粒上，这是最灵敏的凝集反应系统，但是该系统所需要设备较复杂，因此目前还不能在生产中应用。

另外一种测定大豆凝集素的方法为酶联免疫吸附试验（ELISA），这种方法是由 Hamer 等（1991）提出来的，1998 年 Miller 等采用功能性大豆凝集素的测定方法（functional soybean lectin assay，FSBLA）测定大豆凝集素的活性，这种测定方法的基础就是，在微量滴定板上凝集素凝集分别包被糖基质和刷状缘黏膜的细胞的能力不同。这种方法的优点是具有较高的灵敏度及准确度，并且可以测定具有生物学功能的凝集素的含量，缺点是试验步骤较复杂，成本也较高，所以其在实践中应用具有一定困难。

综上所述，到目前为止，国内外尚未建立大豆凝集素的定量测定方法，在生产中可以实际应用的测定大豆凝集素含量的方法大多数是常规定性的细胞凝集试验观察法，但该方法所得结果为定性值，通过观察凝血情况分别以不同数量的“+”来表示大豆凝集素活性。为了有准确的量的概念，本项目中我们以产生 50%血凝作用时试样的最大稀释度为该试样中大豆凝集素凝集效价，并以活力单位（hemagglutination unit，HU）表示，并以未经任何处理的初始大豆凝集素活性为 100 作为对照。

3 大豆提取异黄酮过程中的抗营养因子

大豆取油后的副产品主要为动物饲料原料，因为取油工艺的不同及大豆提取活性成分的不同，相应地就会有不同的大豆副产品。

3.1 大豆副产品饲料

大豆中的营养与活性成分被提取后，副产品即为饲料，由于大豆取油方式及提取活性物质——大豆异黄酮的工艺不同，相应地也会有不同的大豆副产品。

由于大豆取油工艺不同，由大豆生产出大豆饼及大豆粕的过程不同，特别是在这个过程中大豆所经过的热处理不同，因此大豆饼与大豆粕所具有的营养成分是不同的。其中，大豆饼在大豆取油过程中经过了高温及高压处理，因此大豆饼中以胰蛋白酶抑制因子为主的有害物质可基本上被完全破坏，所以动物采食大豆饼适口性好，消化率可达90%左右，动物饲料生产中大豆饼直接用于配合饲料生产；在大豆经有机溶剂浸提取油的过程中，没有对大豆进行高温、高压处理，因此大豆所含有的以胰蛋白酶抑制因子为主的有害物质没有被破坏，这样的大豆粕如果直接用于饲喂动物，则其适口性差、消化率低，甚至可引起动物发生腹泻等疾病。

以浸提法取油或生产大豆粕的工艺分为压榨浸出工艺和直接浸出工艺两种。

大豆直接经压榨取油是我国早期应用的主要取油方法，这种方法取油率低。在20世纪80年代，随着我国饲料工业的迅速崛起，饲料工业对豆粕的需求量急剧升高，此时大豆的直接浸提取油工艺得到广泛推广，因此传统的压榨取油工艺因生产成本高、豆粕质量差等缺点不能适应生产需要而逐渐淡出，目前这种取油方法只在某些小型油脂加工企业中使用。当时盛行的直接浸出工艺可划分为：高温豆粕生产工艺、大豆脱皮低温豆粕生产工艺及大豆脱皮高温豆粕生产工艺，简单介绍如下。

高温取油生产豆粕主要采用以下两种工艺：大豆经轧坯后直接浸出工艺；膨化浸出工艺。这两种生产工艺的流程都比较简便，在我国采用比较多的是第一种生产工艺，尤其是近年来新兴的大型油脂厂广泛采用。这两种工艺流程在生产中的共同特点是大豆都没有采用脱皮工序，这样生产出来的豆粕中含有豆皮，所以其营养成分中蛋白质的含量不是很高，如果要想生产出含高蛋白的豆粕，应对该工艺进行改进。另外，物料浸出前的干燥是在轧坯以后进行，如果生产中采用一般的平板干燥机来进行干燥，控制不好则会使豆粕色泽变深，所以在生产中应控制好干燥温度，以保证豆粕色泽良好。我国也有些油脂厂采用膨化浸出工艺，这种方法的优点是生产能力较高，动力消耗低，蒸汽消耗量较低，并且豆粕的质量好。

当希望生产出高品质的豆粕时，我们常会采用大豆脱皮低温豆粕生产工艺，这种生产工艺过程中浸出前料坯的干燥是在大豆破碎前进行的，并且常采用的干燥方式为气流干燥，浸出后的湿粕的脱溶则常采用低温脱溶工艺，这样的结果是在整个加工工艺中物料受热的时间较短，特别是避免了局部的过热，所以该工艺所生产的豆粕品质较好，豆粕中蛋白质含量高，一般可达50%左右，更满意之处是其中的水溶性蛋白含量较高，豆粕的色泽浅淡，食品加工者常称这样的豆粕为“白片”，它是生产加工植物蛋白所必不可少的基础原料。但是如果我们把它作为动物饲料原料，则必须进一步对它进行处理，这是因为在生产过程中，豆粕中的脲酶等抗营养物质没有很好地被破坏掉，所以这样的豆粕不可以直接用于动物饲料生产中。因低温豆粕生产工艺对生产技术要求较高，其生产成本也较一般高温豆粕生产工艺高。

大豆脱皮高温豆粕生产工艺是在低温豆粕生产工艺的基础上发展而来的，其生产过程中预处理工艺及浸出工序与低温豆粕生产工艺完全相同，所不同的是脱溶工序采用了高温脱溶方法，高温的优点是可以有效地破坏豆粕中的脲酶等抗营养因子。所以经高温脱皮生产出来的大豆粕品质较好，不但蛋白质含量较高，而且色泽较浅。大量研究发现，脱皮豆粕不论是在蛋白质含量还是蛋白质品质方面都显著地优于不脱皮豆粕，并且采食动物对脱皮豆粕中氨基酸的消化吸收效率明显提高。

目前，大豆的加工主要还是以带皮形式利用的，因此在市场上我们见到的豆粕主要还是含皮豆粕。纵观各种油料的饼粕类产品，大豆饼、粕具有蛋白质含量高、品质好的优点，特别是经过适当处理的豆粕以来源广、使用安全而居各种饼粕之首，但其价格也居高不下，市场需求一直很旺盛，因此在这样的背景下，脱皮豆粕的加工没能引起人们足够的重视。但是就理论来说，脱皮豆粕具有更加明显的优势，特别是在仔猪及生长猪日粮中使用，可带来较普通豆粕更好的生长性能，相信这一事实或许也预示着大豆加工工艺将逐渐转向加工脱皮豆粕，以满足未来饲料工业的需求。

3.2 提取异黄酮的方法

随着生活水平的不断提高，人们更加重视身体保健，大豆异黄酮因对人体生理代谢具有多重调节作用而越来越受到人们的关注，它最有利之处在于当机体处于较低雌激素水平时，它可以起到雌激素样作用；而当机体处理较高雌激素水平时，它又具有抗激素作用，并且大豆异黄酮可预防人类心脑血管疾病及肿瘤等的发生，在对一些慢性疾病的预防过程中起到了一定的作用。到目前为止，人们在大豆中发现了12种大豆异黄酮，按其存在形式，可分为游离型苷元和结合型糖苷两大类：游离型苷元占大豆异黄酮总量的2%～3%，具体包括染料木素（游离型：genistein，Ge；葡萄糖苷型：genistin，G）、大豆黄素（游离型：daidzein，De；葡萄糖苷型：daidzin，D）及黄豆黄素（游离型：glycitein，Gle；葡萄糖苷型：glycitin，Gl）；而结合型糖苷占大豆异黄酮总量的97%～98%。其中染料木素及大豆黄素都是含有芳香环的非类固醇化合物，其结构与雌激素相似，并能通过大量试验证明它们是弱雌激素，可以同内源性雌激素受体结合，从而发挥雌激素效应，所以大豆异黄酮具有植物性雌激素之称。

大豆异黄酮主要存在于大豆的子叶及胚轴中，其中大豆胚轴中异黄酮含量是子叶中含量的5～6倍。在提取异黄酮的过程中，大豆的品种不同、生长区域不同、提取部位不同、存放时间不同及加工方法不同等，都可影响异黄酮的提取量。最常用的提取大豆异黄酮的方法为：用甲醇、乙醇、水、丙酮及乙酸乙酯等进行提取。通过大量试验研究，我们发现用甲醇及乙醇提取效果最好。而在精制大豆异黄酮的工业化生产过程中，我们主要采用的是溶剂萃取法及大孔树脂吸附法。研究中也发现，我们用不同原料及工艺提取得到的大豆异黄酮，其各种组分的含量相差较大。用高效液相色谱仪检测大豆异黄酮，其主要组分为daidzin、glycitin及genistin，研究者通过使用不同原料及工艺提取异黄酮并对各组分相对含量变化图谱分析发现，当原料为大豆粕时，采用溶剂提取法，则genistin相对含量较多而glycitin较少，如果用树脂吸附法提取，则glycitin相对含量增加而genistin减少；如果使用的原料为豆胚，daidzin和glycitin相对含量都明显增加，而用树脂吸附法提取时，则glycitin相对含量高于genistin的含量，如果用溶剂提取法则此现象更为明显。当然，溶剂提取法与大孔树脂吸附法各有其优缺点。总的来说，溶剂提取法工艺较为简单，缺点是溶剂易残留、收率偏低；大孔树脂吸附法不但收率明显提高，而且对异黄酮吸附分离的效果较好，但是提取的异黄酮纯度不高。近年来，人们开始把目光转向采用超临界二氧化碳萃取方法，这种方法除了对设备要求较高以外，其优点是工艺简单、无有机溶剂残留，确实是一项较好的萃取大豆中异黄酮的高新技术，也是精制大豆异黄酮过程中最具应用价值的分离纯化方法。

3.3 致甲状腺肿素

在大豆和油菜等十字花科植物中，致甲状腺肿素的前体物质是硫代葡萄糖苷。到目前为止，已被鉴定的硫代葡萄糖苷有70余种，所有的硫代葡萄糖苷可视为由两部分组成，一部分为非糖部分；另一部分为β-D-葡萄糖。两者通过硫苷键连接，绝大多数硫代葡萄糖苷作为阴离子并以钾盐形式存在于植物体内，并且它们与一种酶共存，这种共存的酶即硫代葡萄糖苷酶（thioglucosidase）。最初用动物试验表明：单个葡萄糖苷是无毒的，但添加了硫代葡萄糖苷酶后硫代葡萄糖苷会产生致甲状腺肿大的物质，即致甲状腺肿素。

3.3.1 概述

这是一类有机小分子，在豆粕中含量很少，其前体物是硫代葡萄糖苷，单个硫代葡萄糖苷是无毒的，但在硫代葡萄糖苷酶的作用下会产生致甲状腺肿大的一系列小分子物质。虽然硫代葡萄糖苷本身是无毒的，但是如果动物长期食入含其的饼粕，当组织破碎并在合适条件下（水、温度等）经过系列酶解作用生成硫氰酸酯、异硫氰酸酯、腈及噁唑烷硫酮等，从而引起动物中毒，并可导致动物生长速率减慢甚至引起动物死亡，给生产带来严重的经济损失。所以，杀灭尚未酶解的硫代葡萄糖苷酶有利于阻止致甲状腺肿素的产生。

异硫氰酸酯（ITC）具有辛辣味，可严重影响动物对豆粕的适口性，并且当饲料中含有较高浓度的异硫氰酸酯时，还会对动物黏膜组织产生强烈的刺激作用。生产中如果长期或大量地饲喂这种饲料，可引起动物发生胃肠炎、肾炎及支气管炎，严重时甚至引起肺水肿。异硫氰酸酯中硫氰离子（SCN^-）的结构与碘离子（I^-）在形状及大小上较相似，且都为单价阴离子，因此在血液中异硫氰酸酯便与 I^-相互竞争，并聚集到甲状腺中，其结果是抑制了甲状腺滤泡细胞对碘的浓集能力，导致甲状腺肿大。在豆粕中硫代葡萄糖苷与硫代葡萄糖苷酶是内源性的，只有当组织破碎并在条件合适时（水、温度等）才能发生系列酶解作用。所以，杀灭尚未酶解的硫代葡萄糖苷酶有利于阻止致甲状腺肿素的产生。而硫氰酸酯中的 SCN^- 可引起甲状腺肿大，其机制与异硫氰酸酯相同。

噁唑烷硫酮（OZT）对机体的主要危害是它可抑制甲状腺内过氧化物酶，使其活性下降，这样就会影响甲状腺中碘的活化、酪氨酸的碘化及碘化酪氨酸的偶联等，结果是阻碍甲状腺素（T_4和 T_3）的生物合成，机体通过反馈调节可使垂体促甲状腺素的分泌量增加，从而导致甲状腺肿大，所以人们常把噁唑烷硫酮称为甲状腺肿因子或者是致甲状腺肿素。噁唑烷硫酮还可使动物生长缓慢，影响其发育，其中鸭对噁唑烷硫酮的敏感性较鸡强烈，而鸡又比猪敏感。

腈一旦进入动物体内，可迅速分解而析出氰离子（CN^-），而氰离子对动物机体的毒性远比异硫氰酸酯和噁唑烷硫酮强烈得多，腈的半致死剂量（lethal dose 50%，LD_{50}）为 159～240mg/kg，OZT 的 LD_{50} 为 1260～1415mg/kg。腈的毒理与氰氢酸（HCN）较相似，它们都可引起动物细胞内窒息，但是腈所引起的中毒症状发展较缓慢，低剂量时腈也可抑制动物的生长发育，引起动物肝及肾肿大，因此存在于菜籽饼中的腈常被称为生长抑制剂，其总的抗营养机制如图 3.1 所示。

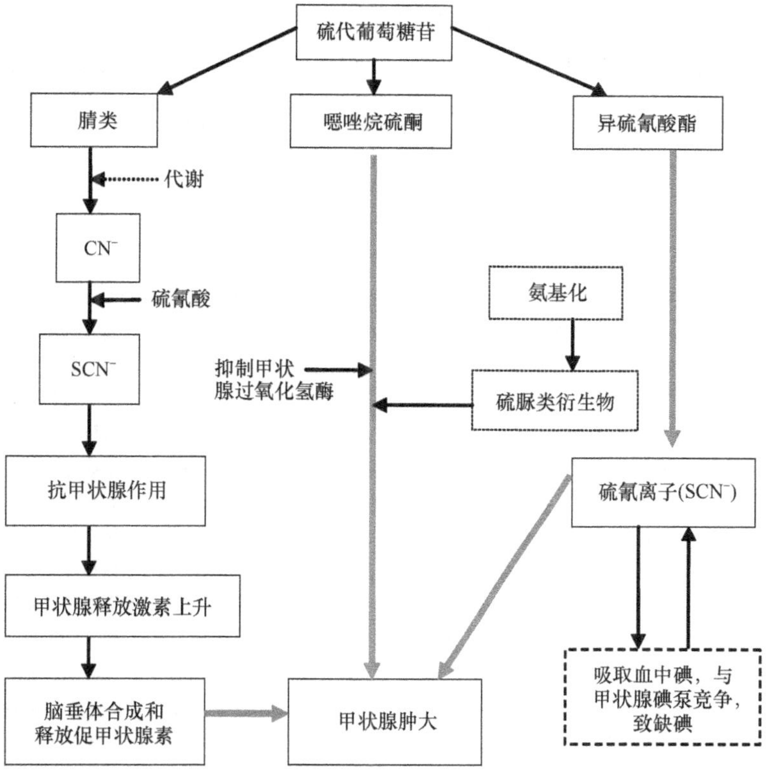

图 3.1 致甲状腺肿素产生的机制

Fig 3.1 The mechanism of goitrogen generate

3.3.2 致甲状腺肿素产生的机制

我们知道，硫代葡萄糖苷（glucosinolate），简称硫苷，是广泛存在于十字花科植物中的一种含硫的次级代谢产物，到目前为止，人们已经发现了 120 多种硫苷，具体可见表 3.1。正常情况下硫苷是一种较为稳定的化合物，但是硫苷在芥子酶（myrosinase）或是胃肠道中细菌酶的催化作用下会发生降解，可产生多种降解产物。在正常植物中，硫苷是与芥子酶隔离而共存于植物体中的，它们相安无事，但是当植物的器官受到损伤，或者植物受到加工处理时，它们便会相互接触从而导致硫苷被水解，而硫苷本身及其降解产物都具有比较活跃的生物及化学特性。

（1）由于硫苷及其降解产物的味道，人们对其食品适口性下降。

（2）硫苷的降解产物实际上是一种毒素，具有抗营养作用，如果食用含硫苷成分较高的食物，则会引起甲状腺的肿大。

（3）硫苷及其降解产物还具有较强的防腐及抗菌功效。

表 3.1 硫代葡萄糖苷代谢产物表（引自季宇彬等，2005）
Table 3.1 Glucosinolates metabolites

类别	序号	化合物组成	中文名称
第一类	1～6	$H(CH_2)_n - X(n = 1～6)$	烷基(直链)硫代葡萄糖苷
	7～14	$CH_3(CH_2)_nC(CH_3)(CH_2)_m - X$ (*n* = 0～2；*m*= 0～3)	烷基(支链)硫代葡萄糖苷
	15～19	$CH_2 = CH(CH_2)_nX(n = 2～5)$	烯基硫代葡萄糖苷
	20	$CH_3(CH_2)_2CH= CHX$	烯基硫代葡萄糖苷
	21～22	$CH_2 = C(CH_3)(CH_2)_nX$(*n* = 1，2)	烯基硫代葡萄糖苷
	23～28	$H(CH_2)_n(CHOH)(CH_2)_mX$ (*n* = 0，1，3；*m*= 1～3)	羟基烷基硫代葡萄糖苷
	29～31	$CH_2OHCH(R)X$(R= $-CH_3$，$-C_2H_5$)	羟基烷基硫代葡萄糖苷
	32～33	$RC(OH)(CH_3)CH_2X$(R= $-CH_3$，$-C_2H_5$)	羟基烷基硫代葡萄糖苷
	34	$CH_3(CH_2)_2(CHOH)_4(CH_2)_2X$	4,5,6,7-四羟基癸基硫代葡萄糖苷
	35～37	$CH_2 = CH(CH_2)_nCHOHCH_2X$(*n* = 0，1)	羟基烯基硫代葡萄糖苷
	38～41	$H(CH_2)_nCO(CH_2)_m X$(*n* = 1～3；*m*= 3，4)	羰基烷基硫代葡萄糖苷
	42	$CH_3OCO(CH_2)_2CH_2X$	3-甲酯基丙基硫代葡萄糖苷
	43～51	$CH_3S(CH_2)_nX(n = 2～11)$	甲硫基烷基硫代葡萄糖苷
	52	$CH_3SCH= CH(CH_2)_2X$	4-甲硫基-4-丁烯基硫代葡萄糖苷
	53～54	$CH_3S(CH_2)_nCHOH(CH_2)_2X$(*n* = 2，3)	羟基甲硫基烷基硫代葡萄糖苷
	55～57	$CH_3S(CH_2)_nCO(CH_2)_2X(n = 3～5)$	甲硫基羰基烷基硫代葡萄糖苷
	58～66	$CH_3SO(CH_2)_nCH_2X(n = 3～11)$	甲亚磺酰基烷基硫代葡萄糖苷
	67	$CH_3SOCH= CH(CH_2)_2X$	4-甲亚磺酰基-3-丁烯基硫代葡萄糖苷
	68～69	$CH_3SO(CH_2)_nCHOH(CH_2)_2X$(*n* = 2，3)	羟基甲亚磺酰基烷基硫代葡萄糖苷
	70～71	$CH_3SO(CH_2)_nCO(CH_2)_2X$(*n* = 4，5)	甲亚磺酰基羰基烷基硫代葡萄糖苷
	72～78	$CH_3SO_2(CH_2)_nCH_2X$(*n* = 3～6，8～10)	甲磺酰基烷基硫代葡萄糖苷
	79	$CH_3SO_2CH= CH(CH_2)_2X$	4-甲磺酰基-3-丁烯基硫代葡萄糖苷
	80～81	$CH_3SO_2(CH_2)_nCHOH(CH_2)_2X$(*n* = 2，3)	羟基甲磺酰基烷基硫代葡萄糖苷
第二类	82～86	$C_6H_5(CH_2)_nX(n = 0～4)$	苯基烷基硫代葡萄糖苷
	87～89	$HOC_6H_4CH_2X$(OH 为邻、对、间位)	羟基苄基硫代葡萄糖苷
	90～92	$CH_3OC_6H_4CH_2X$(CH_3O 为邻、对、间位)	甲氧基苄基硫代葡萄糖苷
	93	$3,4-(HO)_2 - C_6H_3CH_2 - X$	3,4-二羟基苄基硫代葡萄糖苷
	94	$3,4-(CH_3O)_2 - C_6H_3CH_2 - X$	3,4-二甲氧基苄基硫代葡萄糖苷
	95	$3,4,5-(CH_3O)_3 - C_6H_2CH_2 - X$	3,4,5-三甲氧基苄基己基硫代葡萄糖苷
	96	$2(R)C_6H_5CHOHCH_2 - X$	2(R)-2-羟基-2-苯基乙基硫代葡萄糖苷
	97	$P - CH_3O - C_6H_4CHOHCH_2 - X$	2-羟基-2-对甲氧苯基乙基硫代葡萄糖苷
	98	$P - CH_3O - C_6H_4CH(CH_3)_2CH_2 - X$	2,2-二甲基-2-对甲氧苯基乙基硫代葡萄糖苷
	99～104	$C_6H_5COO(CH_2)_nX(n = 1～6)$	苯甲酸基烷基硫代葡萄糖苷
	105	$C_6H_5COOCH_2CH(CH_3)- X$	1-甲基-2-苯甲酸基乙基硫代葡萄糖苷
	106	$C_6H_5COOCH_2CH(C_2H_5)X$	1-乙基-2-苯甲酸基乙基硫代葡萄糖苷
	107～108	*	（α-L-鼠李糖基）苄基硫代葡萄糖苷（邻或对位）
	109	*	
	110	*	
	111	*	
第三类	112～117	**	3-吲哚甲基硫代葡萄糖苷类

*107～111 这些化合物的结构见图 3.2；**112～117 吲哚类化合物的结构见图 3.3

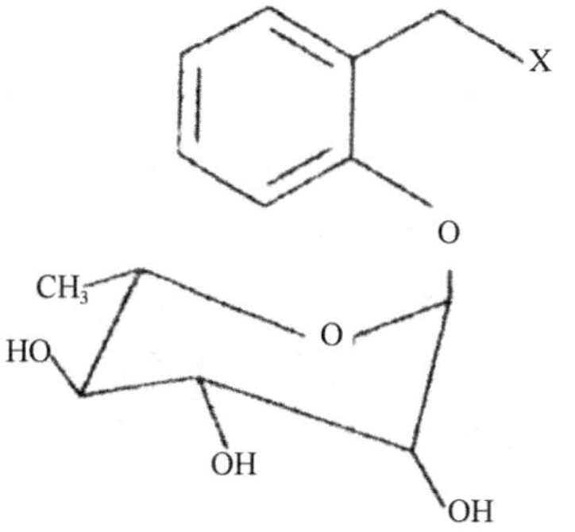

图 3.2　107～111 号化合物的类似结构

Fig 3.2　The structures of compounds 107-111

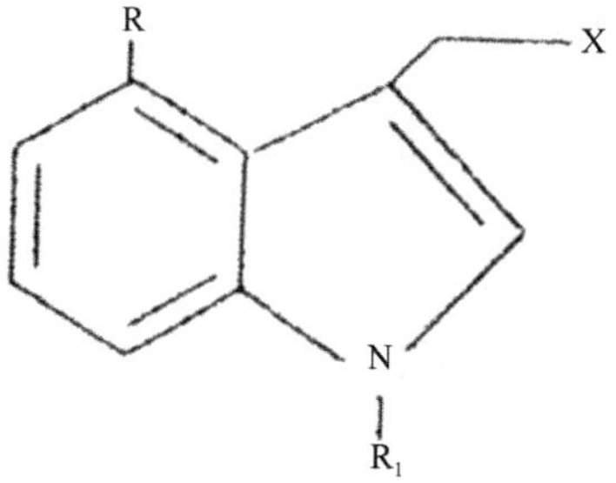

(R=H,OH,OCH$_3$; R$_1$=H,OCH$_3$,OSO$_3$)

图 3.3　第三类吲哚类化合物的结构

Fig 3.3　The structures of the third Indole compounds

（4）硫苷及其降解产物也是一种化学保护剂，可预防多种癌症的发生。

由于硫苷及其降解产物广泛地存在于我们的蔬菜、油料作物及饼粕类动物饲料中，以及硫苷及其降解产物具有多种生物、化学活性，因此对硫苷及其降解产物的深入研究引起了人们极大的兴趣。

3.3.3　硫苷的结构、分类及化学组成

Marsh 和 Waser（1970）对硫苷晶体用 X 射线进行分析研究，发现所有的硫苷都具有如图 3.4 所示的基本结构，它由 b-硫代葡萄糖基、磺酸肟及支链 R 所组成，C=N 上的立体异构为 Z 式。众多硫苷在组成上都有一个共同的母体 X，如图 3.5 所示，不同之处在支链 R 的结构上。根据 R 基团结构特征的不同，我们可把硫苷分为三大类：脂肪族（第一类）、芳香族（第二类）及吲哚型（第三类），各种硫苷的化学组成和名称如表 3.1 所示。

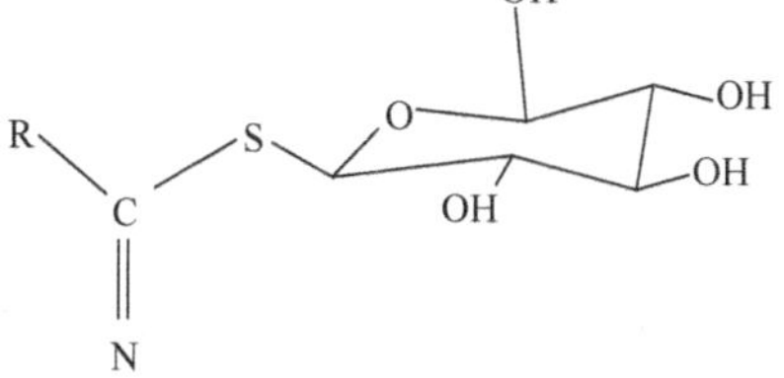

图 3.4　硫苷的结构

Fig 3.4　The Structures of glucosinolates

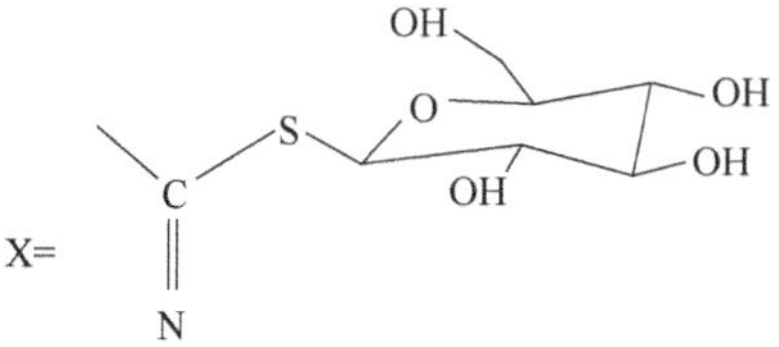

图 3.5　X 基团的结构

Fig 3.5　The structures of X group

3.3.4　硫苷的降解产物及影响其降解的因素

不论是在有酶，还是在一定温度及压力而无酶的条件下硫苷都会被降解，有酶时的降解称为硫苷的酶解，无酶时的降解则称为非酶解，但此时的降解过程十

分复杂，介绍如下。

在没有酶的情况下，硫苷的降解产物主要为腈类化合物及异硫氰酸酯，此反应的反应产物及反应速度都与反应环境相关。当环境温度高时，降解反应速度加快，此时可生成大量的腈。而硫苷的反应速度与体系中所含有的水量相关，如果体系中含水量较低，则需要在较高的温度下才可发生反应，且此时的降解反应速度较慢；一些碱性化学试剂及过渡金属离子可以催化硫苷的这种降解反应，且其反应速度随着碱性试剂浓度的增加而加快；加压反应时，硫苷的反应速度会加快。硫苷在芥子酶或者胃肠道中细菌酶的催化下也会发生降解反应，并且可产生多种降解产物。其降解产物的组成及以何种降解产物为主，与硫苷的 R 基团结构相关，也与反应环境和降解条件有关，具体降解过程如图 3.6 所示。

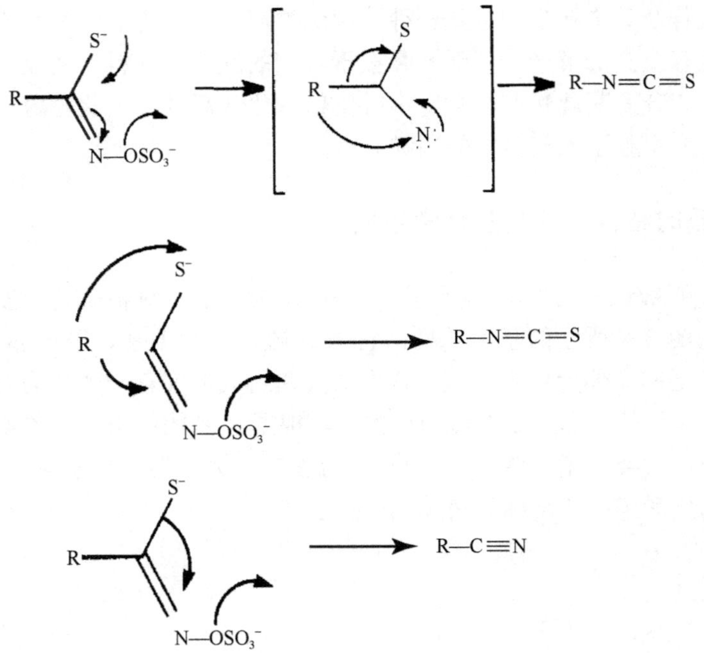

图 3.6　硫苷水解生成各种产物的过程

Fig 3.6　The process glucosinolates hydrolysis generated various kinds of produets

当硫苷进行降解时，首先是在酶的催化作用下生成葡萄糖及不稳定的糖苷配基。其中糖苷配基则依据外界条件再水解或重排生成相应的产物，当糖苷配基在中性环境条件下，进行 Hoffman 重排或者 Lossen 重排，其主要产物为异硫氰酸酯；而在酸性环境条件下，其产物以腈为主；而在有 EPS 酶和 Fe^{2+}存在的情况下，当 R 基的末端带有不饱和键时，其降解产物主要是环硫腈，当 R 为吲哚或苯及其衍生物时，则将产生重排而生成硫氰酸酯，当 R 含有—OH 时，则会自发环化而生成噁唑烷硫酮。其中生成腈、异硫氰酸酯及硫氰酸酯的过程如图 3.7 所示。很多研究人员分别对硫苷的酶解活性进行了大量的研究，并分别提出了最佳酶解条件。绝大多数硫代葡萄糖苷作为阴离子并以钾盐形式存在于植物体内，并且它们与硫代葡萄糖苷酶（俗称内源性芥子酶）共存。Belzile 和 Bell（1996）用动物试验表明：单个葡萄糖苷是无毒的，但添加了硫代葡萄糖苷酶后硫代葡萄糖苷会产生致甲状腺肿大的物质。1984 年 Bell 给出了硫代葡萄糖苷在硫代葡萄糖苷酶作用下完整的酶解过程，如图 3.7 所示。

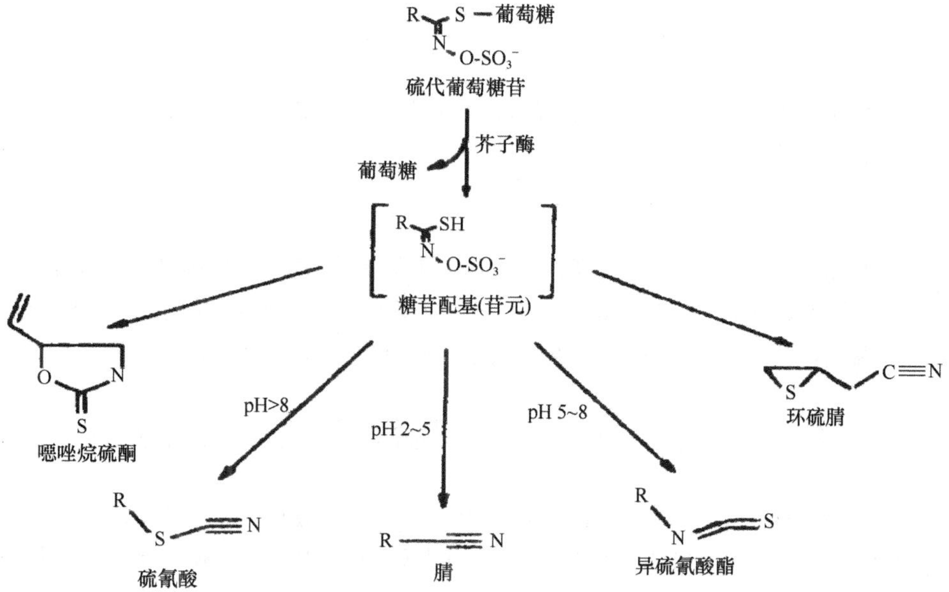

图 3.7 硫苷的降解产物

Fig 3.7 Degradation products of glucosinolates

我们可以看到，硫代葡萄糖苷具有很多的种类，并且它的代谢产物的种类及含量也都不尽相同，但其代谢产物中，只有噁唑烷硫酮的含量是比较稳定的。硫代葡萄糖苷与噁唑烷硫酮间的生成系数为

$$生成系数=\frac{噁唑烷硫酮含量}{硫代葡萄糖苷含量}=0.73$$

本试验就是通过检测大豆中噁唑烷硫酮的含量，从而分析硫代葡萄糖苷的裂解情况，进而检测致甲状腺肿素的生成情况。但是致甲状腺肿素是有机小分子物质，具有较强的抗热性能，大豆中与硫代葡萄糖苷相伴但相互分离的硫代葡萄糖苷酶是内源性的，只有当大豆组织被破碎并在条件合适时（水、温度等）两者才能起系列酶解作用。所以，杀灭尚未起酶解作用的硫代葡萄糖苷酶有利于阻止致甲状腺肿素的产生。

3.3.5 去除硫代葡萄糖苷的方法

去除硫代葡萄糖苷常用的方法如下。

3.3.5.1 水浸

利用硫代葡萄糖苷的水溶解性，可以采用水浸泡法来去除其毒性，且该方法简便易行。

3.3.5.2 醇类水溶液处理

醇类水溶液可以提取出饼粕中的硫代葡萄糖苷及多酚类化合物，并且还能够抑制饼粕中酶的活性。

3.3.5.3 化学处理

利用碱、氨或者硫酸亚铁等进行处理。利用碱处理可破坏硫代葡萄糖苷及绝大部分芥子碱，生产中常用 Na_2CO_3 去毒，其效果较好；而在氨处理时同时加热，氨可与硫代葡萄糖苷及其降解产物形成螯合物而使其失去毒性。

3.4 不同取油工艺对致甲状腺肿素去除的影响

大豆的主要产品是油脂。到目前为止，大豆的主要取油工艺为压榨取油和有机溶剂浸提取油，这两种不同的取油工艺对大豆中致甲状腺肿素去除的影响如下。

3.4.1 浸出法取油工艺对致甲状腺肿素去除的影响

浸出法取油就是利用食用级溶剂把油料中油脂浸提出来的一种取油方法，该方法是到目前为止国际上公认的最先进的取油工艺。该方法最早是在发达国家应用，近年来，我国油脂科技工作者对国外这一先进技术进行引进的同时，并对其进行消化、吸收，在我国得到了广泛的应用。到目前，我国大约有 90%豆油都是采用这种浸出法进行提取的。因此，研究浸出法对研究致甲状腺肿素的产生机制具有重要意义。

3.4.1.1 溶剂浸出法取油原理

油脂可溶于某些有机溶剂，如轻汽油、工业己烷等。根据油脂这一特性，用某些特定的有机溶剂浸泡或者喷淋，将经过一定预处理的大豆中油脂取出来，然后再经蒸馏、脱溶，即可得到脱脂豆粕、毛油及回收的溶剂。

3.4.1.2 浸出法取油工艺流程

浸出法取油的生产工艺，可按浸出前对油料的处理过程不同分为两种：预榨-

浸出工艺和一次浸出工艺。其中预榨-浸出工艺是把油料经过预处理后，先用压榨机预先榨取出一部分油脂，再把预压后所得的榨饼（出油率 3.4%～12%）用有机溶剂浸提而取出剩余油脂的一种取油方法；而一次浸出工艺是把预处理的油料经过轧坯后直接用浸出法取油的一种方法，其工艺流程如下：除去杂质后，大豆进行破碎（一颗大豆破碎成 6～8 块），然后通过调整水分使其软化，为破坏大豆中的脂肪组织而进行轧坯，加入溶剂进行萃取，把萃取液脱去溶剂即为毛油，而固体部分即为豆粕。

在软化过程中，大豆含水量大幅增加，而轧坯工序破坏了大豆中的细胞组织，因此不可避免地会造成硫代葡萄糖苷水解而生成致甲状腺肿素。

3.4.1.3 目前常用有机溶剂种类

目前常用的有机溶剂为四号溶剂和六号溶剂，其中四号溶剂的主要成分是液化丁烷（四碳烃，C_4），其名称是相对于六号溶剂已烷（六碳烃，C_6）提出的。在实际应用中，四号溶剂也可由丁烷（C_4）和丙烷（C_3）所组成。

3.4.2 压榨法取油工艺对致甲状腺肿素去除的影响

压榨法取油即为通过外界机械压力把油脂从油料中挤压出来的一种取油方法。常用的榨油设备主要有液压榨油机及动力螺旋榨油机两大类。压榨法取油的优点在于其生产工艺简单、配套设备少，并且对油料的品种适应性强，生产灵活，榨出的油不论是色泽还是风味都较好，为优质油品。该工艺的缺点是压榨后的豆饼中残油量较高，出油率低，且动力消耗较大，机械零部件易损耗。其工艺流程如图 3.8 所示

图 3.8 大豆一次压榨工艺流程

Fig 3.8 Technological process of soybean single pressing

在压榨取油过程中，通常要对料坯进行蒸炒，一般蒸炒温度为 110℃以上，持续的时间大约为 90min，将生坯蒸炒成熟坯。由于在轧坯过程中会有大量组织细胞破裂，因此在蒸炒过程中可能会有一定量的内源性硫代葡萄糖苷酶失活，这会在一定程度上降低致甲状腺肿素的生成。

3.5 各种提取异黄酮工艺的优缺点及实用性

虽然用于大豆异黄酮提取的方法很多，但是各种方法存在着相应的优点和弊端，下面就有机溶剂提取法、微波预处理再经乙醇提取法、超声波辅助提取法、

高速逆流色谱技术、大孔树脂吸附法、高速离心分离技术、超临界萃取技术、酶解法、酸解法等进行比较。

3.5.1 有机溶剂萃取法

利用有机溶剂萃取是国内外提取异黄酮时最常用的方法之一，生产中常用的有机溶剂有：乙醇、甲醇、丙酮及乙酸乙酯及它们的水溶液。此种方法主要用于提取脂溶性基团占有优势的黄酮类化合物，这是因为异黄酮本身特殊的分子结构决定了它具有较大的分子极性，根据相似相溶的原理，即可被极性溶剂溶出，进入溶液相，为下一步的纯化处理提供了有利条件。在此种萃取中，选用不同的有机溶剂提取大豆中的异黄酮时，提取率差别很大，其中利用甲醇和乙醇作为提取剂时，大豆异黄酮的提取率明显高于用丙酮和乙酸乙酯提取。在选择提取剂时优先考虑甲醇和乙醇，但是由于用甲醇提取时成本高、毒性大，因此，从安全和环保等因素考虑，我们选用乙醇作为大豆异黄酮的提取剂。在用乙醇提取大豆异黄酮的过程中，乙醇的浓度、提取温度、物料比、提取时间及提取次数都可对大豆异黄酮的提取率产生显著的影响，所以在具体的提取操作中要注意以上几个方面，用乙醇提取大豆中的异黄酮是一种比较传统的方法。此种方法具有所需时间长，溶剂用量大，产品纯度不高等缺点，但是用乙醇提取时具有成本较低，操作简单等优点，适用于工业化大生产，因而乙醇提取一直都是提取大豆异黄酮的主要方法。

在用乙醇提取大豆异黄酮的过程中，乙醇的浓度、提取温度、物料比、提取时间和提取次数都对大豆异黄酮的提取率产生影响，所以应该注意这几方面的选择。一般认为，提高乙醇的浓度有利于异黄酮的提出，但是乙醇浓度与所提取异黄酮所具有的特定结构有关，当乙醇浓度较高时，则适用于提取游离型苷元形式的异黄酮，而低浓度的乙醇，则更适用于提取葡萄糖苷形式的异黄酮。

乙醇浓度对大豆异黄酮提取的影响：当乙醇浓度低于60%时，蛋白质很难以沉淀或离心的方式除去，提取液浑浊，不利于后续分离，故选乙醇浓度为65%～90%。

提取温度对大豆异黄酮提取的影响：随着提取温度的升高，大豆异黄酮的提取率也在逐渐提高，但是当温度升高到70℃时，此时大豆异黄酮的提取率增高不明显，所以一般选择70℃为提取温度。虽然在一定范围内，大豆异黄酮的提取率会随着温度的升高而提高，但是当提取的温度超过60℃时，大豆异黄酮中的一些活性成分就会遭到破坏，所以提取温度尽量不要超过60℃。

物料比对大豆异黄酮提取的影响：当物料比处于较低时，随着溶剂用量逐渐增加，大豆异黄酮的提取率也在逐渐增加，但当物料比增加到18∶1时，异黄酮的提取率增加不明显，所以从经济方面考虑，物料比不用太高，以免造成不必要的浪费。

提取时间对大豆异黄酮提取的影响：随着提取时间延长，大豆异黄酮的提取率也在提高，但是当萃取时间超过 3h 以上，大豆异黄酮的提取率则开始下降，所以实际生产中提取时间不宜超过 3h。

提取次数对大豆异黄酮提取的影响：不同提取次数对异黄酮提取率的影响不太明显，试验研究表明，提取 2 次后大豆异黄酮的提取率基本不再增加，所以一般选择提取 2 次。

3.5.2 微波预处理再经乙醇提取法

传统的大豆异黄酮提取法是用乙醇提取，利用乙醇水溶剂作为浸提剂来进行提取，其优点是既可兼顾经济效益及产品安全，又可保护环境，其缺点是所需的提取时间较长，并且使用的溶剂量较大，特别是生产出来的产品纯度不高。如果用微波进行前处理，再用乙醇作为提取溶剂，将会提高异黄酮的生产量，生产中还可增强浸提的选择性，更主要的是这种方法可较好地提高其产品的纯度，为大豆异黄酮的提取提供了一种新型而高效的方法，并且此种提取方法也适用于工业化生产。

通过大量研究发现，大豆异黄酮提取率同微波处理时间之间呈一种抛物线的关系，若提取时间在 4min 之内，则提取率随着时间的延长而提高，但如果提取时间超过 4min，则大豆异黄酮的提取率开始下降。分析其原因可能是当处理时间延长时，除了水分蒸发会对异黄酮的提取率产生不良的影响外，长时间的微波处理也可使豆粕中的一部分蛋白质由于吸收了大量的热而发生变性，变性的蛋白质会对异黄酮产生一种不可逆的束缚作用。所以微波处理的时间不宜超过 4min。

关于物料比的选择，经微波处理后选用 15∶1 和 20∶1 的物料比时，提取率差别不大，物料比对浸提率的影响虽然不大，但对工业生产来说应视其为影响显著。因此，综合考虑提取率及经济效益两方面的因素，选择物料比为 15∶1。

在提取大豆异黄酮时，先经过微波处理再经乙醇提取不仅能够提高异黄酮的提取率和提取的选择性，还可以减少浸提剂的用量，而且缩短了浸提时间，减少了由浸提时间长导致的蛋白质、糖类等其他物质的溶出，这在一定程度上降低了生产成本，且一次性投资买微波炉可以多次利用回收成本，是一种经济效益较好的提取方法，具有广阔的工业发展前景。

3.5.3 超声波辅助提取法

利用超声波提取异黄酮的原理主要是利用超声波的空化作用破坏大豆细胞膜，这将非常有助于异黄酮类化合物的释放及溶出，超声波可以使提取液不断地进行振荡，就像化学反应中的搅拌作用，非常有助于溶质扩散。同时超声波所产生的热效应可以使水温维持在一定温度范围内，对原料起到水浴作用。因此，通过超声波振荡可大大缩短提取所需要的时间，不但可以提高有效成分的提取率，还可提高原料的利用率。

采用超声波辅助方法提取异黄酮目前仅停留在实验室规模，处于对具体的提取方法进行比较简单的工艺条件摸索的研究阶段。在今后的研究中，应力求对该方法的作用机制及动力学模型进行更深入的探讨，以便建立起一套通用的模式，为确立不同对象的操作条件提供依据，研究中还应注意工程放大问题的研究及特殊辅助提取设备的研发。

3.5.4 高速逆流色谱技术

高速逆流色谱技术（high speed countercurrent chromatography，HSCC）是一种不用任何载体及支撑体的液相色谱分配技术。该技术是建立在单向性流体动力平衡体系上，利用相对移动的互不混溶的两相溶剂，在处于动态平衡状态下，将具有不同分配比的样品组分相分离的技术。目前已经成功地开发出了分析型和制备型高速逆流色谱仪。高速逆流色谱技术可以用于异黄酮的分离，应用该技术进行异黄酮分离时，其优点是分辨率高和分离速度快，同时分离与纯化可以同步完成，产品纯度较高，不存在载体对异黄酮的吸附及污染的问题，并且具有制备量大、溶剂消耗少等优点。

利用高速逆流色谱技术提取异黄酮目前仅用于分析及制备少量标准品中，研究成果还较少。采用该法提取异黄酮时如何正确选择溶剂系统、转向与转速、流速、操作温度等参数，以及如何提高异黄酮标准品的制备量等都是未来研究的重点。

3.5.5 大孔吸附树脂法

大孔吸附树脂是近些年才发展起来的一类有机高分子聚合物吸附剂，它的特点是理化选择性高且吸附选择性较独特，不会受到无机物存在的影响，并且再生简便，解吸条件较温和，可使用的周期较长及节省费用等，所以使用它可有效地避免由有机溶剂提取分离而造成的有机溶剂的回收难度、损耗量大及成本过高等缺点，因此这种方法可广泛用于异黄酮的提取。

大孔吸附树脂法也是我们分离植物有效成分时常用的方法，是利用吸附的可逆性原理进行的，因为树脂的极性不同，其吸附作用力的强弱也不同，同样其解吸难易程度也不尽相同，所以解吸剂及解吸率的测定问题是树脂筛选试验的重要环节。实际应用中大孔吸附树脂的使用效果常由其极性、孔径、比表面积及孔容等综合性能所决定，因此，我们对其性能应从其吸附量、解吸率及吸附动力学试验的结果来进行综合评定。但就其使用后还可以回收再利用这点来说，尽管当前应用还较少，但用这种方法来纯化大豆异黄酮确实是一种高效方法。

3.5.6 高速离心分离技术

这种分离技术是以离心机为主，通过高速旋转而使离心机加速度超过重力加速度的成百上千倍，这样可以使沉淀速度加快，从而可加速料液中物质的沉淀并加以去除。把这一技术应用于异黄酮的分离及纯化时，与传统的溶剂沉淀法不同，它可有效地避免沉淀带走有效成分并可保证药物的应用效果，因此不但具有省时省力及工艺流程短的优点，还具有成本低廉及易实现工业化等优点，而且这种分离纯化是单纯的物理过程，因此不会引起提取液中异黄酮总量的任何变化及损失。但总的来说，到目前为止对这种方法研究得还不是很多，与其他方法还没有足够的可比性，能否适用于工业化生产也有待于进一步研究。

3.5.7 超临界萃取技术

这是一种新兴的分离提取技术，其基本原理是利用临界或超临界状态的流体与被萃取物质在不同的蒸汽压力下所具有不同的化学亲和力及不同的溶解能力而对它们进行分离及纯化操作。在进行异黄酮超临界萃取时，我们常以 CO_2 为溶剂，它的提取率常与萃取时的温度、压力、CO_2 消耗量及夹带剂的种类和使用量、原料的装填方式及粒度大小等很多因素有关。这种萃取技术与传统的溶剂提取法相比优点在于：提取分离的步骤简单，异黄酮得率及含量都较高，提取条件比较温和，不会引起异黄酮的生物活性成分发生任何改变，并且其提取周期短，不残留有机溶剂及环境友好等。

在采用超临界技术萃取异黄酮时，由于 CO_2 是非极性，而异黄酮是强极性，这就必须采用夹带剂或在较高的压力下进行萃取，但是高压设备的投资往往较大，给工业化生产带来了一定的难度。尤其是还缺乏超临界相平衡和传递过程中的一些基础数据，目前很少能建立满意的关联及预测的传质模型，另外间歇生产的能量损失较大，且萃取率低及成本较高等都是今后急需解决的问题。

3.5.8 高压浸提法

此法是以乙醇为溶剂在常压下提取大豆中异黄酮的工艺，并以此为依据，以高压釜为浸提罐。这种提取方法使得大豆异黄酮的提取率比常压下提高了 28.3%。常压下乙醇的沸点为 78.5℃左右，若采用高压浸提工艺可以提高乙醇的沸点，减少蒸发量，增加乙醇分子与原料间的作用力而有利于溶质的溶出。此法的具体条件是乙醇浓度为80%、物料比为15∶1，当提取温度在70℃、提取时间为2h时，高压浸提法可提高大豆异黄酮的提取率，且考虑到了经济效益等方面的因素，为工业化大生产提供了可能。

3.5.9 热水浸提法

大豆异黄酮采用热水浸提是近年才提出的新型提取方法，此方法需要对大豆进行加热处理，具体条件为在140℃的恒温烘箱中加热40min，提取温度为80℃，物料比为20∶1，提取时间为2h。此方法操作简单、可行且提取率高，产品纯度一般能超过60%，成本也相对较低，所以为大豆异黄酮的工业化大生产提供了理论依据。

3.5.10 酸解法、酶解法

对酸解法和酶解法的研究当前还不是很多，没有足够的可比性，是否适用于工业化大生产还有待于进一步研究。

综上所述，关于异黄酮化合物提取及分离的相关技术很多，每种提取技术都有其自身的优缺点，因此，我们应根据原料自身的特点及性质、提取成本的高低及工艺设备等诸多条件来综合考虑，从中选择出最适合自己的提取工艺。在生产中也可以考虑将几种提取方法相互融合，从而提高异黄酮的提取率，并达到原料的最佳利用率。纵观异黄酮提取技术的发展过程，我们可以看到，乙醇溶剂萃取法历史悠久，理论成熟，生产中应用广泛。其优点是流程简单，对设备要求低，原料很容易获得，而缺点就是溶剂消耗量大，不能循环使用，并且提取所需要的时间较长，产品得率较低。而其他一些新兴的分离纯化方法，多以溶剂萃取方法为基础，再加入一定的辅助措施来达到特定的提取目的。另外，这些新兴的分离方法多数还只处于实验室的研究探索阶段，并且理论还远没有达到成熟，更无法应用于规模化工业生产。

3.6 研究大豆中抗营养因子的目的

大豆含有丰富的蛋白质、脂肪和碳水化合物等营养物质，同时大豆含有丰富的矿物质和维生素，因此大豆及其加工副产品是营养价值较高的植物性蛋白质类饲料。但是大豆资源紧缺，据美国数据传输网络（DTN）报道，近期调查结果显示：2014～2015年度中国的大豆产量为1245万t，比上年的1256万t减少约1%。我国进口大豆主要用于生产油脂及满足国内对豆粕的需求，因此可通过预测未来对豆粕的需要量来预测未来大豆的走势，而我们未来对豆粕的需要量则取决于畜牧业的发展。从目前的发展来看，国民对肉、蛋及奶的需求量仍将坚挺，未来我国畜牧业也将会有较大发展，其发展模式应从散养逐渐向规模化及专业化方向转变，这将会消化更多的配合饲料，因此未来我们对豆粕仍可形成较强劲的需求。2015 年 1 月，海关总署数据显示，2014 年中国大豆进口总量为 7140 万 t，首次突破 7000 万 t，同比增加 12.7%。按此增长速度，我们对进口大豆的需要量还将会有所增加，因此如何高效地利用大豆资源是当前亟待解决的问题。

大豆虽含有丰富的营养物质，但也含有一定量的抗营养因子，如脲酶、致甲状腺肿素、凝血素、胰蛋白酶抑制因子、植酸、胀气因子等。抗营养因子是大豆植株在生长过程中经过漫长进化进行自然选择的结果，虽然抗营养因子对我们利用大豆及其副产品是不利的，但是对大豆植株来说，抗营养因子确是保护植株及其种子免受细菌、真菌、病毒、昆虫及鸟类侵害所必不可缺少的。在饲料工业中，大豆及其副产品是我们最常应用的饲料原料，也是最重要的蛋白质饲料原料，但是因为抗营养因子的存在，严重地影响了动物对营养物质的消化、吸收和利用，更严重的是，当抗营养因子的含量超过动物的耐受量时，还会严重影响动物的生产性能。大豆粕在油脂厂所经历的过程都是以取油为目的的，即使是为了动物可以安全采食豆粕而对其进行处理，这样的处理也是统一的加热处理，以灭活抗营养因子达到安全使用为目的，但是这种加热处理方法完全没有考虑出厂后豆粕是用于生产粉状饲料、颗粒饲料还是膨化饲料，没有针对性，并且在处理过程中经常会出现加热过度而降低蛋白质的利用率，或加热不够使抗营养因子灭活不完全而影响动物生产。所以说，在不影响大豆中营养物质利用的前提下，灭活大豆中的抗营养因子具有重要的意义。

大豆除含有营养物质及抗营养物质外，还含有对人体有特殊营养功效的活性物质，很久以来，人们就知道大豆具有预防高血压、心脏病及骨质疏松症等功效。早在 20 世纪 60 年代，大豆就被科学界所关注，在 70 年代，西方医学界便意识到了大豆中起神奇作用的生物活性物质是异黄酮等物质，直到 90 年代，科学家才将大豆异黄酮应用于临床试验并取得巨大成功，1995 年大豆异黄酮产品首次成功地进入芬兰市场，迄今为止，美国 Archer Daniels Midland（ADM）公司、Schouten 公司等均推出了各自的大豆异黄酮功能性食品或药品。国际咨询公司 Frost & Sullivan 近年也发表了一份调查报告，在 2013 年的全球保健品市场中，大豆异黄酮及其他大豆提取物产品已达到畅销保健品排行榜的首位，而其他几种畅销保健品依次为：益生菌、番茄红素、叶黄素、甾醇类产品及绿茶提取物等。在众多的保健品市场中，大豆异黄酮类产品可谓是异军突起，仅 2012 年全球大豆提取物类保健产品市场销售额达 68.99 亿美元，而其中美国大豆提取物的总销售额达到 35.75 亿美元，占全球大豆提取物市场的一半以上，到 2018 年，全球大豆提取物市场总销售额有望达到 92.14 亿美元，其中大豆异黄酮将达到 20 亿～30 亿美元，由此可见，大豆的商机是巨大的。据美国保健品网站载文介绍，美国很多绝经妇女服用大豆异黄酮后，可有效地改善诸如面部潮红、心情烦躁、盗汗及其他绝经综合征，且无毒性作用，使用效果非常好，因此目前美国已成为全球最大的大豆异黄酮类保健品市场。另外，大豆异黄酮也渐渐进入日常消费领域，给人类膳食结构带来变革，大有成为新的维生素的势头。

我国大豆加工业主要以油脂加工为主，大量的副产物豆粕一般作为动物饲料，采用科学的方法将豆粕中的异黄酮有效地提取出来，能大大提高豆粕的附加值，使大豆加工副产品得到综合利用，可产生巨大的经济效益和社会效益。

豆粕提取异黄酮后其副产品中含有的抗营养因子情况，以及对最大限度地保持其营养成分的前提下的灭活方法的研究到目前为止在国内外的资料中均未见到报道。另外，在配合饲料生产中需要经常对大豆中抗营养因子进行测定，但是目前常采用的测定方法存在着操作难易程度、试验条件和设备要求及测定结果表示单位都不同等问题。在生产实践中，生产者一般会根据自己厂内的实际试验条件和水平来选择最容易实现的、最简便的测定方法进行检验，但是简易的检测方法又存在测定结果准确度和精确度不够等缺点，特别是当饲料生产者在不甚了解不同测定方法的过程及结果的差异性时，在采购原料及签订合同等过程中往往将两种方法及测定结果混淆，造成一些不必要的麻烦。因此，在配合饲料生产中，对抗营养因子含量及活性的测定采取经济而高效的方法具有非常重要的意义。

本研究的主要目的就是拟对脲酶和胰蛋白酶抑制剂活性的几种常用测定方法进行比较，通过用不同试验方法对同种物质的平行测定来明确不同测定方法其结果在数值上的关系，并在数据分析的基础上建立起能表示这种关系的方程，从而实现同种物质不同测定方法所得测定结果之间的数值代换。

通过实验室模拟提取异黄酮生产工艺中的不同处理，分析噁唑烷硫酮残量，从而找到可使噁唑烷硫酮残量最低的提取异黄酮的生产工艺。

3.7 研究大豆中抗营养因子的意义

研究的主要意义就是分析生豆粕及提取异黄酮活性物质后的大豆粕中抗营养因子的残留量，以及研究最大限度地保留其营养物质情况下的最佳灭活方法，这对有效地利用大豆副产品、节约紧缺的蛋白质饲料资源、提高动物的生产性能具有重要的意义。

通过对用不同分析方法所取得数据进行分析，实现数据代换，达到用简易的检测方法进行测定，并推知用较复杂检测方法测定出的较精确测定结果的含义的目的，这对生产实践的意义十分重大。

第一，可以解决不同测定方法其检测结果单位不统一的问题。

第二，通过以简代繁，达到在生产现场即可检测的目的，并且检测方法简单易行，检测结果更加精准。

第三，能节省检测时间，加快检测速度，更适合批量检测，提高生产效率。

第四，为试验方法的比较研究提供一种新的思路和方法。

通过对提取异黄酮生产工艺的改进，可以极大地提高提取异黄酮豆粕的质量，对有效保护动物健康，高效利用饲料资源具有重要的意义。

第二部分　豆粕中抗营养因子系列研究及试验

4　豆粕中主要抗营养因子的灭活方法

只有有效地灭活豆粕中的主要抗营养因子，才可以安全地使用豆粕。但是在灭活抗营养因子的同时，不可忽略营养物质的保持，常以蛋白质的溶解度来表示营养指标。因此，在不影响豆粕营养价值的前提下高效地灭活抗营养因子具有重要的意义。

4.1　试验材料和试验方法

包括研究所用的豆粕和提异黄酮豆粕等试验用样本和试验设计。

4.1.1　试验材料

试验用普通豆粕由市场购买；生豆粕由黑龙江省粮食科学研究所提供；提异黄酮豆粕为黑龙江省粮食科学研究所用乙醇提取法制备异黄酮所产副产品。分析前将所用的生豆粕、市售熟豆粕和提异黄酮豆粕分别经粉碎机粉碎，过 100 目筛，待用。实际分析在东北林业大学营养实验室进行。

4.1.2　试验方法与试验设计

热处理分为干热和湿热，因此有干热处理和湿热处理两种试验设计。

4.1.2.1　干热处理及试验设计

对脲酶、胰蛋白酶抑制因子的正干热处理时间设为 5min、10min、15min 和 20min 4 个梯度，干热处理温度设为 90℃、100℃、110℃、120℃、130℃和 140℃ 6 个梯度，共形成 26 组处理，每一个处理设 4 个重复；而对大豆凝集素和蛋白质溶解度的测定，其干热处理时间在上边 4 个梯度的基础上多一个 25min，因此形成 30 个处理，具体设计方法如表 4.1 所示。

样品处理时，将称量好的干样品放入烘干箱内，温度达到测定温度开始计时，达到所需处理时间后取出，待用。

4.1.2.2　湿热处理及试验设计

正湿热处理时间设为 10min、20min、30min 和 40min 4 个梯度，温度设为 90℃、95℃、100℃、105℃、110℃、115℃和 120℃ 7 个梯度，共组成 28 个组合，每一组合有 4 个重复，具体设计方案见表 4.2～表 4.4。

表 4.1 干热处理试验设计表

Table 4.1 The experiment design table of dry-heat treatments

时间/min \ 温度	90℃（A_1）	100℃（A_2）	110℃（A_3）	120℃（A_4）	130℃（A_5）	140℃（A_6）
5 （B_1）	4	4	4	4	4	4
10（B_2）	4	4	4	4	4	4
15（B_3）	4	4	4	4	4	4
20（B_4）	4	4	4	4	4	4
25（B_5）	4	4	4	4	4	4

注：此为凝集素和蛋白质溶解度测定试验设计表

表 4.2 湿热处理对胰蛋白酶抑制因子和脲酶活性影响的试验设计表

Table 4.2 The experiment design table of the influence of humid-heat treatments on the activity of trypsin inhibitors and urea-amidohydrolase

时间/min \ 温度	90℃（A_4）	95℃（A_5）	100℃（A_6）	105℃（A_7）	110℃（A_8）	115℃（A_9）	120℃（A_{10}）
10（B_1）	4	4	4	4	4	4	4
20（B_2）	4	4	4	4	4	4	4
30（B_3）	4	4	4	4	4	4	4
40（B_4）	4	4	4	4	4	4	4

表 4.3 湿热处理对大豆凝集素活性影响的试验设计表

Table 4.3 The experiment design table of the influence of humid-heat treatments on the activity of soybean agglutinin

时间/min \ 温度	75℃（A_1）	80℃（A_2）	85℃（A_3）	90℃（A_4）	95℃（A_5）	100℃（A_6）	105℃（A_7）
10（B_1）	4	4	4	4	4	4	4
20（B_2）	4	4	4	4	4	4	4
30（B_3）	4	4	4	4	4	4	4
40（B_4）	4	4	4	4	4	4	4

表 4.4 湿热处理对蛋白质溶解度影响的试验设计表

Table 4.4 The experiment design table of the influence of humid-heat treatment on the protein solubility

时间/min \ 温度	75℃（A_1）	80℃（A_2）	85℃（A_3）	90℃（A_4）	95℃（A_5）	100℃（A_6）	105℃（A_7）	110℃（A_8）	115℃（A_9）	120℃（A_{10}）
10（B_1）	4	4	4	4	4	4	4	4	4	4
20（B_2）	4	4	4	4	4	4	4	4	4	4
30（B_3）	4	4	4	4	4	4	4	4	4	4
40（B_4）	4	4	4	4	4	4	4	4	4	4

具体样品处理时，将称量好的干样品于水中浸泡，达到过饱和状态后，放入烘干箱内，温度达到测定温度开始计时，达到处理时间后取出，待用。

4.1.3　试验统计分析方法

利用 SSPS 软件和 Microsoft Excel 表格对数据进行统计分析，实验室分析数据采用多因素方差分析，确定差异显著性和两变量的相关性，确定胰蛋白酶抑制因子与脲酶之间的相关性；动物试验数据采用单因子方差分析，数据以“平均数±标准差”的形式表示，当数据处理结果为 $P>0.05$，则差异不显著，当数据处理结果为 $P<0.05$，则差异显著，其中 $P<0.01$ 表示差异极显著。

4.2　经干热及湿热处理后蛋白质溶解度变化和脲酶灭活情况

样本经过不同的热处理后，分析其中脲酶灭活情况及蛋白质溶解度变化情况，以期找到合适的蛋白质溶解度条件下的最佳脲酶灭活方法。

4.2.1　蛋白质溶解度的测定

主要介绍测定蛋白质溶解度的原理、所用试剂及分析和计算方法。

4.2.1.1　基本原理

分析胰蛋白酶抑制因子的活性可用来评价豆饼粕是否加热过度，但因其费时、昂贵而未被广泛使用。故现在多采用测定脲酶活性来对豆饼粕是否加热过度进行评价，但脲酶活性只能作为加热温度是否合适的评价指标，而对加热过度的饼粕，因脲酶完全失去活性，所以脲酶值便不能反映受高热处理后豆饼粕的质量。

Rinehart 发现采用 0.2%氢氧化钾溶液测定蛋白质溶解度的方法来评价大豆饼粕的质量，可克服上述脲酶活性评价工作上的不足。北美一些饲料公司及巴西的养禽业已将蛋白质溶解度(PS)列为质量控制指标之一。生豆饼粕的 PS 可达 100%，但随热处理时间的延长，PS 降低，即使严重地过热处理，PS 也未接近零。试验表明：蛋白质溶解度更加确切地反映了过熟处理的大豆饼粕与鸡生产性能的关系；而且当 PS＞85%时，为过生，PS＜70%时，则为过熟。

4.2.1.2　仪器设备

（1）正离心机：TDL-40B 型低速台式大容量离心机（上海安亭科学仪器厂）。
（2）磁力搅拌器：HKCB-3（温州市医疗器械厂）。
（3）电子天平：FA/JA 系列（上海精密科学仪器有限公司仪器厂）。

4.2.1.3 试验试剂

0.2%氢氧化钾溶液：相当于浓度 0.042mol/L、pH 12.5 的氢氧化钾溶液。

4.2.1.4 试验方法

（1）称取 1.5g 大豆粕粉于 250ml 烧杯中，加入 75ml 的 0.2% KOH 溶液，在磁力搅拌器上搅拌 20min。

（2）搅拌 20min 后，将 50ml 液体转移至离心管中，以 2700r/min 的转速离心 10min。

（3）吸取 15ml 上清液，用凯氏定氮法测定其中的蛋白质含量，其量相当于 0.3g 原样品。

计算：蛋白质溶解度（%）=0.3g 样品中的粗蛋白含量/原样品的粗蛋白含量×100。

注意事项：大豆饼粕粉的粒度大小对蛋白质溶解度有影响。因此，当比较不同大豆饼粕样品时，要注意它们的颗粒大小应是可比较的，还应该注意在各种情况下加入 0.2% KOH 溶液后搅拌时间应一致。

4.2.2 脲酶活性的测定方法

主要介绍测定脲酶活性的原理、所用试剂及分析和计算方法。

4.2.2.1 基本原理

脲酶是绝对专一性的单纯蛋白酶，只催化尿素的水解反应。因此脲酶活性的测定实际上是在一定条件下测定每克试样每分钟所产生的氨的量。将粉碎的大豆粕与中性尿素缓冲溶液混合，在 30℃保存 30min 后，脲酶催化尿素水解产生氨的反应如下：

$$H_2NCONH_2 + H_2O \longrightarrow 2NH_3\uparrow + CO_2\uparrow$$

尿素水解释放的氨是碱性的，可使溶液 pH 升高。试样反应 30min 后，混合液与空白溶液 pH 之差数可间接用来表示氨量的多少。

4.2.2.2 仪器设备

（1）正酸度计：便携式防水型酸碱度测试仪（北京哈纳科仪科技有限公司，精度 0.02pH）。

（2）磁力搅拌器：HKCB-3 型（温州市医疗器械厂）。

（3）恒温水浴锅：HH·SY11-Ni 型电热恒温水浴锅[北京市长风仪器仪表公司，可控温（30±0.5）℃]。

（4）电子天平：FA/JA 系列（上海精密科学仪器有限公司仪器厂）。

（5）精密计时器：天福 TF307 电子秒表计时器（30min 以内以 1/100s 为计时单位；30min 以上以秒为计时单位）。

（6）试管：直径 18mm，长 150mm，有磨口塞子。

4.2.2.3 试验试剂

（1）磷酸缓冲溶液（pH7.0）：称取 4.45g 磷酸二氢钠（$Na_2HPO_4 \cdot 12H_2O$，分析纯）和 3.4g 磷酸二氢钾（KH_2PO_4，分析纯）溶于水并稀释至 1000ml。

（2）尿素缓冲溶液（pH6.9～7.0）：称取 4.45g 磷酸二氢钠（$Na_2HPO_4 \cdot 12H_2O$，分析纯）和 3.4g 磷酸二氢钾（KH_2PO_4，分析纯）溶于水并稀释至 1000ml，再将 30g 尿素［$(NH_2)_2CO$，分析纯］溶于此缓冲溶液中，可保存 1 个月。

4.2.2.4 试验方法

（1）准确称取（0.200±0.001）g 样品，放入试管中，并加入 10ml 尿素缓冲溶液，立即盖好试管混合，置于（30±0.5）℃恒温水浴中，在混合操作时试管切勿倒置。

（2）空白试验需要准确称取（0.200±0.001）g 样品于试管中，并加入 10ml 0.05mol/L 磷酸缓冲溶液（pH 应为 7.0），加塞混合，放置于（30±0.5）℃恒温水浴中。（1）中试验与空白试验需相隔 5min，然后每隔 5min 搅拌试管内容物一次。

（3）30min 后，将试验及空白试验的试管从水浴中取出，将上层液体移入 5ml 烧杯中，自水浴中取出刚达 5min 时，分别测定此种上层液体的 pH。

（4）计算，试验试管的 pH 与空白试管的 pH 之差即为脲酶活性的指数，单位 ΔpH。

（5）注意事项：本操作必须小心，以防止各玻璃仪器或电极的污染，若酸度计不能表示稳定的 pH，应加以检查。有时由于大豆可溶成分的附着，电解质经过甘汞电极中多孔纤维的流动速度会降低。

4.2.3 生豆粕经干热处理后蛋白质溶解度和脲酶活性变化

生豆粕经过干热处理后其蛋白质溶解度与脲酶活性变化如下。

4.2.3.1 生豆粕经干热处理后蛋白质溶解度的变化

大家都知道生豆粕不能直接用于动物饲料中，因其含有的多种抗营养因子可引起动物消化不良及胰腺肿大等抗营养作用，以往油脂厂统一在豆粕出厂前对其进行加热，这样的加热处理并没考虑后期豆粕是用于生产粉状饲料、颗粒饲料还是膨化饲料，因此这样的处理并不科学。然后卖往饲料厂，由于油脂厂与饲料厂对豆粕的使用目的不同，因此饲料厂实际上使用的豆粕不是过生就是过熟，对配制不同类型饲料的不同使用方法没有针对性，这样就使得豆粕中蛋白质利用率较低，浪费了大量的蛋白质资源，为此我们需要研究生豆粕的不同干热处理技术，目的在于找到生产粉状饲料、颗粒饲料时不同的豆粕干热处理方法，达到合理利用资源的目的。

大豆粕中蛋白质品质变化最直接的表示方法是蛋白质溶解度，科学家通过大量研究证实，采用0.2%氢氧化钾溶液测定蛋白质溶解度的方法来评价大豆粕的质量最为科学。本试验中各不同干热处理温度和时间对蛋白质溶解度的影响如表4.5所示。

表4.5 不同的干热处理对生豆粕中蛋白质溶解度的影响（平均数±标准差）（%）

Table 4.5 The influence of dry-heat treatments on the protein solubility in the raw soybean meal（mean±S.E.M.）（%）

时间/min \ 温度	90℃（A_1）	100℃（A_2）	110℃（A_3）	120℃（A_4）	130℃（A_5）	140℃（A_6）
5（B_1）	86.86±1.314	86.03±1.370	84.96±0.836	84.73±1.531	83.02±0.666	70.54±1.128
10（B_2）	84.80±1.717	83.56±1.656	78.72±1.248	77.34±1.318	76.57±2.050	68.27±1.338
15（B_3）	83.53±0.564	80.91±0.236	74.75±1.067	74.16±1.429	73.98±1.404	65.37±0.764
20（B_4）	77.91±1.150	76.27±0.646	74.57±1.100	73.45±1.178	72.49±1.130	64.01±0.426
25（B_5）	74.25±0.731	74.25±0.511	72.53±1.041	71.95±1.040	70.54±0.431	62.46±0.451

注：F_A=641.873**，F_B=546.291**，$F_{A\times B}$=9.489**；F_A代表A因子（即不同的处理温度）的F值；F_B代表B因子（即不同的处理时间）的F值；$F_{A\times B}$代表A因子和B因子交互作用（即不同的处理温度和不同处理时间之间交互作用）的F值，下同；**为差异极显著（P<0.01）

从表4.5可见，干热处理中不论是干热处理温度还是处理时间对原料豆粕中蛋白质溶解度的影响都差异显著。根据豆粕中蛋白质溶解度最佳范围为73%～85%的指标，除了在90℃和100℃条件下处理5min，处理强度不够，豆粕过生，蛋白质溶解度过大，动物对其利用率偏低；以及130℃条件下处理20min、25min和140℃所有处理时间条件下，处理强度过大，豆粕过熟，蛋白质溶解度过低，同样使动物对其利用率过低外，剩余其他所有处理方法的蛋白质溶解度都较好，处于蛋白质溶解度最佳范围。分析蛋白质溶解度的目的是确定生豆粕的最佳干热处理范围，确定此范围后就可以根据脲酶、胰蛋白酶抑制因子及大豆凝集素的国家标准及含量最低的原料选择实际中的最佳处理方法，为此我们对不同干热处理对生豆粕中蛋白质溶解度的影响进行了多重比较。其中不同的干热处理温度对蛋白质溶解度影响的多重比较见表4.6。

从表4.6可见，除A_3和A_4之间差异显著外，其他各组之间差异均达到了极显著水准，说明不同的干热处理温度对豆粕中蛋白质溶解度的影响非常明显。

不同干热处理时间对豆粕中蛋白质溶解度影响的多重比较见表4.7。

不同干热处理温度与时间的交互作用对豆粕中蛋白质溶解度影响的多重比较如表4.8所示。

表 4.6 不同的干热处理温度对生豆粕中蛋白质溶解度影响的多重比较

Table 4.6 The multi-contrast of the influence of dry-heat treatment temperature on the protein solubility in the raw soybean meal

A 因子	平均数	平均数-A_6	平均数-A_5	平均数-A_4	平均数-A_3	平均数-A_2
A_1	81.4705	15.3405**	6.1500**	5.1435**	4.3640**	1.2670**
A_2	80.2035	14.0735**	4.8830**	3.8765**	3.0970**	
A_3	77.1065	10.9765**	1.7860**	0.7795*		
A_4	76.3270	10.1970**	1.0065**			
A_5	75.3205	9.1905**				
A_6	66.1300					

**为差异极显著（P<0.01）；*为差异显著（P<0.05）

表 4.7 不同的干热处理时间对生豆粕中蛋白质溶解度影响的多重比较

Table 4.7 The multi-contrast of the influence of dry-heat treatment time on the protein solubility in the raw soybean meal

B 因子	平均数	平均数-B_5	平均数-B_4	平均数-B_3	平均数-B_2
B_1	82.6913**	11.6946**	9.5742**	7.2425**	4.4800**
B_2	78.2113**	7.2146**	5.0942**	2.7625**	
B_3	75.4488**	4.4521**	2.3317**		
B_4	73.1171**	2.1204**			
B_5	70.9967**				

**为差异极显著（P<0.01）

从表 4.8 可看到，就像单因子干热处理温度和干热处理时间一样，各不同处理组合之间差异多数为极显著，可见通过不同的干热处理可使豆粕中蛋白质溶解度发生较大程度的改变。这为我们研究抗营养因子时，确定适宜的处理条件限定了一个因素，也就是说，我们在生产实践中应该选择蛋白质溶解度最佳范围内抗营养因子最好的灭活处理方式为生豆粕的真实处理条件，比较直观的图形如图 4.1 所示。

4.2.3.2 生豆粕经干热处理后脲酶活性的变化

一般脲酶的毒性作用较小，但是在一定温度和 pH 条件下，生大豆的脲酶遇水迅速将含氮化合物分解成氨，引起氨中毒，且大豆中脲酶的含量与胰蛋白酶抑制因子活性呈正相关，而脲酶活性可快速、容易地检测。因此，常用脲酶的活性来判断大豆受热程度和作为评估胰蛋白酶抑制因子活性的指标。

国家制定了标准的脲酶测定方法即滴定法，但在实际生产中，滴定法比较麻烦，国内外普遍采用 pH 增值法，此方法脲酶活性应在 0.05～0.5ΔpH，这是饲喂动物时安全允许范围，其中 0.04～0.2ΔpH 为饲喂家禽时的最佳范围。本试验原料生豆

表 4.8 不同的干热处理方法对生豆粕中蛋白质溶解度影响的多重比较

Table 4.8 The multi-contrast of the influence of dry-heat treatments on the protein solubility in the raw soybean meal

组别	平均数	A_6B_5	A_6B_4	A_6B_3	A_6B_2	A_6B_1	A_5B_5	A_4B_5	A_5B_4	A_3B_5	A_4B_4	A_5B_3	A_4B_3	A_2B_5	A_3B_4	A_1B_5	A_3B_3	A_2B_4	A_4B_2	A_5B_2	A_3B_2	A_1B_4	A_2B_3	A_5B_1	A_2B_2	A_4B_1	A_1B_3	A_3B_1
A_2B_1	87.31	25.42**	23.90**	22.58**	18.80**	17.89**	16.96**	16.46**	16.18**	15.28**	14.72**	14.41**	14.28**	14.20**	14.04**	12.50**	12.40**	11.18**	11.16**	10.90**	8.62**	7.78**	6.69**	5.03**	4.12**	4.00**	3.97**	3.10**
A_1B_2	85.95	24.06**	22.54**	21.22**	17.44**	16.53**	15.60**	15.10**	14.82**	13.92**	13.36**	13.05**	12.92**	12.84**	12.68**	11.10**	11.00**	9.82**	9.80**	9.54**	7.26**	6.42**	5.33**	3.67**	2.76*	2.64*	2.61*	1.74
A_1B_1	85.71	23.82**	22.30**	20.98**	17.20**	16.29**	15.36**	14.86**	14.58**	13.68**	13.12**	12.81**	12.68**	12.60**	12.44**	10.90**	10.80**	9.58**	9.56**	9.30**	7.02**	6.18**	5.09**	3.43**	2.52*	2.40	2.37	1.50
A_3B_1	84.21	22.32**	20.80**	19.48**	15.70**	14.79**	13.86**	13.36**	13.08**	12.18**	11.62**	11.31**	11.18**	11.10**	10.94**	9.38**	9.25**	8.08**	8.06**	7.80**	5.52**	4.68**	3.59**	1.93	1.02	0.90	0.87	
A_1B_3	83.34	21.45**	19.93**	18.61**	14.83**	13.92**	12.99**	12.49**	12.21**	11.31**	10.75**	10.44**	10.31**	10.23**	10.07**	8.51**	8.38**	7.21**	7.19**	6.93**	4.65**	3.81**	2.72*	1.06	0.15	0.03		
A_4B_1	83.31	21.42**	19.90**	18.58**	14.80**	13.89**	12.96**	12.46**	12.18**	11.28**	10.72**	10.41**	10.28**	10.20**	10.04**	8.48**	8.35**	7.18**	7.16**	6.90**	4.62**	3.78**	2.69*	1.03	0.12			
A_2B_2	83.19	21.30**	19.78**	18.46**	14.68**	13.77**	12.84**	12.34**	12.06**	11.16**	10.60**	10.29**	10.16**	10.08**	9.92**	8.36**	8.23**	7.06**	7.04**	6.78**	4.50**	3.66**	2.57*	0.91				
A_5B_1	82.28	20.39**	18.87**	17.55**	13.77**	12.86**	11.93**	11.43**	11.15**	10.25**	9.69**	9.38**	9.25**	9.17**	9.01**	7.45**	7.32**	6.15**	6.13**	5.87**	3.59**	2.75*	1.66					
A_2B_3	80.62	18.73**	17.21**	15.89**	12.11**	11.20**	10.27**	9.77**	9.49**	8.59**	8.03**	7.72**	7.59**	7.51**	7.35**	5.79**	5.66**	4.49**	4.47**	4.21**	1.93	1.09						
A_1B_4	79.53	17.64**	16.12**	14.80**	11.02**	10.11**	9.18**	8.68**	8.40**	7.50**	6.94**	6.63**	6.50**	6.42**	6.26**	4.70**	4.57**	3.40**	3.38**	3.12**	0.84							
A_3B_2	78.69	16.80**	15.28**	13.96**	10.18**	9.27**	8.34**	7.84**	7.56**	6.66**	6.10**	5.79**	5.66**	5.58**	5.42**	3.86**	3.73**	2.56*	2.54*	2.28								
A_5B_2	76.41	14.52**	13.00**	11.68**	7.90**	6.99**	6.06**	5.56**	5.28**	4.38**	3.82**	3.51**	3.38**	3.3**	3.14**	1.58	1.45	0.28	0.26									
A_4B_2	76.15	14.26**	12.74**	11.42**	7.64**	6.73**	5.80**	5.30**	5.02**	4.12**	3.56**	3.25**	3.12**	3.04**	2.88**	1.32	1.19	0.02										
A_2B_4	76.13	14.24**	12.72**	11.40**	7.62**	6.71**	5.78**	5.28**	5.00**	4.10**	3.54**	3.23**	3.10**	3.02**	2.86**	1.30	1.17											
A_3B_3	74.96	13.07**	11.55**	10.23**	6.45**	5.54**	4.61**	4.11**	3.83**	2.93**	2.37	2.06	1.93	1.85	1.69	0.13												
A_1B_5	74.83	12.94**	11.42**	10.10**	6.32**	5.41**	4.48**	3.98**	3.70**	2.80*	2.24	1.93	1.80	1.72	1.56													
A_3B_4	73.27	11.38**	9.86**	8.54**	4.76**	3.85**	2.92**	2.42	2.14	1.24	0.68	0.37	0.24	0.16														
A_2B_5	73.11	11.22**	9.70**	8.38**	4.60**	3.69**	2.76*	2.26	1.98	1.08	0.52	0.21	0.08															
A_4B_3	73.03	11.14**	9.62**	8.30**	4.52**	3.61**	2.68*	2.18	1.90	1.00	0.44	0.13																
A_5B_3	72.90	11.01**	9.49**	8.17**	4.39**	3.48**	2.55*	2.05	1.77	0.87	0.31																	
A_4B_4	72.59	10.70**	9.18**	7.86**	4.08**	3.17**	2.24	1.74	1.46	0.56																		
A_3B_5	72.03	10.14**	8.62**	7.30**	3.52**	2.61*	1.68	1.18	0.90																			
A_5B_4	71.13	9.24**	7.72**	6.40**	2.62*	1.71	0.78	0.28																				
A_4B_5	70.85	8.96**	7.44**	6.12**	2.34	1.43	0.50																					
A_5B_5	70.35	8.46**	6.94**	5.62**	1.84	0.93																						
A_6B_1	69.42	7.53**	6.01**	4.69**	0.91																							
A_6B_2	68.51	6.62**	5.10**	3.78**																								
A_6B_3	64.73	2.84**	1.32																									
A_6B_4	63.41	1.52																										
A_6B_5	61.89																											

**为差异极显著（$P<0.01$）；*为差异显著（$P<0.05$）

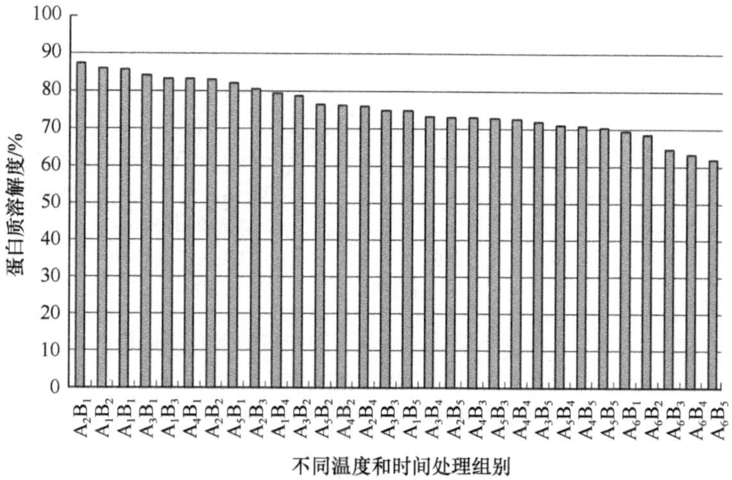

图 4.1 不同的干热处理方法对生豆粕中蛋白质溶解度的影响

Fig 4.1 The influence of the dry-heat treatments on the protein solubility in the raw soybean meal

粕的脲酶活性为（2.79±0.103）ΔpH，活性很强。干热处理对普通豆粕中脲酶活性的影响见表 4.9。

表 4.9 不同的干热处理对生豆粕中脲酶活性的影响（平均数±标准差）（pH 差值）

Table 4.9 The influence of dry-heat treatments on the activity of urea-amidohydrolase in the raw soybean meal（mean± SEM）（pH difference）

时间/min \ 温度	90℃（A_1）	100℃（A_2）	110℃（A_3）	120℃（A_4）	130℃（A_5）	140℃（A_6）
5（B_1）	2.72±0.114	2.75±0.101	2.53±0.038	2.54±0.042	1.84±0.071	0.18±0.036
10（B_2）	2.72±0.109	2.72±0.063	2.46±0.043	2.13±0.070	0.38±0.049	0.06±0.036
15（B_3）	2.68±0.074	2.71±0.052	2.44±0.036	1.49±0.025	0.16±0.036	0.04±0.023
20（B_4）	2.65±0.073	2.62±0.058	2.43±0.047	1.48±0.028	0.08±0.016	0.02±0.014

注：F_A=7 806.93**，F_B=513.45**，$F_{A\times B}$=200.92**；**为差异极显著（$P<0.01$）

由表 4.9 可知，在相同温度条件下脲酶随着干热处理时间的延长其活性降低，在相同时间条件下脲酶随着干热处理温度的升高其活性降低。其中不同干热处理温度对脲酶活性的影响和不同干热处理时间对脲酶活性的影响及这两个因素的交互作用对脲酶活性的影响差异均达到了极显著水准，其变化趋势如图 4.2 所示。

不同的干热处理温度对脲酶活性影响的多重比较见表 4.10。

从表 4.10 中可看到，除了 90℃和 100℃两个干热处理温度对脲酶活性的影响差异不显著外，其余各组之间差异均极显著，说明在以生豆粕进行干热处理时，温度的高低对脲酶的失活起到决定性的作用。

同样，不同的干热处理时间对豆粕中脲酶活性影响的多重比较见表 4.11。

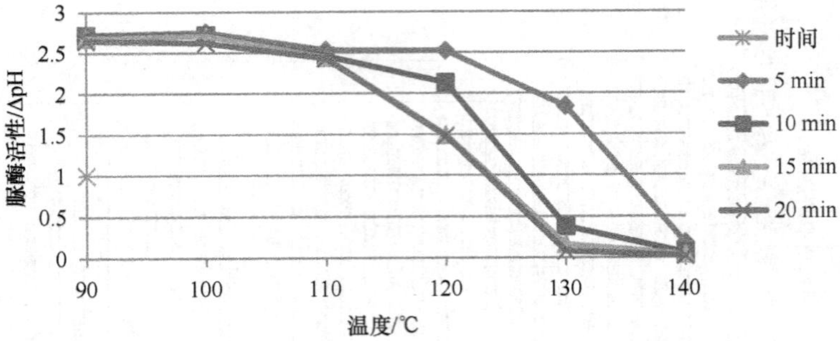

图 4.2　不同干热处理后生豆粕中脲酶活性变化趋势

Fig 4.2　The change tendency of the dry-heat treatments to the activity of urea-amidohydrolase in the raw soybean meal

表 4.10　不同的干热处理温度对生豆粕中脲酶活性影响的多重比较

Table 4.10　The multi-contrast of the influence of dry-heat treatment temperature on the activity of urea-amidohydrolase in the raw soybean meal

A 因子	平均数	平均数-A_6	平均数-A_5	平均数-A_4	平均数-A_3	平均数-A_1
A_2	2.700	2.625**	2.085**	0.796**	0.235**	0.008
A_1	2.693	2.618**	2.078**	0.789**	0.228**	
A_3	2.465	2.390**	1.850**	0.561**		
A_4	1.904	1.829**	1.289**			
A_5	0.615	0.540**				
A_6	0.075					

**为差异极显著（$P<0.01$）

表 4.11　不同的干热处理时间对生豆粕中脲酶活性影响的多重比较

Table 4.11　The multi-contrast of the influence of dry-heat treatment time on the activity of urea-amidohydrolase in the raw soybean meal

B 因子	平均数	平均数-B_4	平均数-B_3	平均数-B_2
B_1	2.089	0.543**	0.503**	0.344*
B_2	1.745	0.198**	0.158**	
B_3	1.587	0.040**		
B_4	1.547			

**为差异极显著（$P<0.01$）；*为差异显著（$P<0.05$）

从表 4.11 可看到，除了干热处理时间 5min 和 10min 之间差异显著外，其余各组之间的差异均达到了极显著水平，说明干热处理时同时考虑干热处理温度和时间两个因素。

干热处理过程中不同干热处理时间可明显地改变豆粕中脲酶的活性。不同干热处理温度与时间的交互作用对豆粕中脲酶活性影响的多重比较如表 4.12 所示。

不同干热处理温度与时间的交互作用对豆粕中脲酶活性影响的多重比较如图 4.3 所示。

表 4.12 不同的干热处理方法对生豆粕中脲酶活性影响的多重比较

Table 4.12 The multi-contrast of the influence of dry-heat treatments on the activity of urea-amidohydrolase in the raw soybean meal

组别	平均数	A_6B_4	A_6B_3	A_6B_2	A_5B_4	A_5B_3	A_6B_1	A_5B_2	A_4B_4	A_4B_3	A_5B_1	A_4B_2	A_3B_4	A_3B_3	A_3B_2	A_3B_1	A_4B_1	A_2B_4	A_1B_4	A_1B_3	A_2B_3	$A_1B_1/A_1B_2/A_2B_2$
A_2B_1	2.75	2.73**	2.71**	2.69**	2.67**	2.59**	2.57**	2.37**	1.27**	1.26**	0.91**	0.62**	0.32**	0.31**	0.29**	0.22**	0.21**	0.13*	0.10	0.07	0.04	0.03
$A_1B_1/A_1B_2/A_2B_2$	2.72	2.70**	2.68**	2.66**	2.64**	2.56**	2.54**	2.34**	1.24**	1.23**	0.88**	0.59**	0.29**	0.28**	0.26**	0.19**	0.18**	0.10	0.07	0.04	0.01	
A_2B_3	2.71	2.69**	2.67**	2.65**	2.63**	2.55**	2.53**	2.33**	1.23**	1.22**	0.87**	0.58**	0.28**	0.27**	0.25**	0.18**	0.17**	0.09	0.06	0.03		
A_1B_3	2.68	2.66**	2.64**	2.62**	2.60**	2.52**	2.50**	2.30**	1.20**	1.19**	0.84**	0.55**	0.25**	0.24**	0.22**	0.15**	0.14*	0.06	0.03			
A_1B_4	2.65	2.63**	2.61**	2.59**	2.57**	2.49**	2.47**	2.27**	1.17**	1.16**	0.81**	0.52**	0.22**	0.21**	0.19**	0.12	0.11	0.03				
A_2B_4	2.62	2.60**	2.58**	2.56**	2.54**	2.46**	2.44**	2.24**	1.14**	1.13**	0.78**	0.49**	0.19**	0.18**	0.16**	0.09	0.08					
A_4B_1	2.54	2.52**	2.50**	2.48**	2.46**	2.38**	2.36**	2.16**	1.06**	1.05**	0.70**	0.41**	0.11	0.10	0.08	0.01						
A_3B_1	2.53	2.51**	2.49**	2.47**	2.45**	2.37**	2.35**	2.15**	1.05**	1.04**	0.69**	0.40**	0.10	0.09	0.07							
A_3B_3	2.46	2.44**	2.42**	2.40**	2.38**	2.30**	2.28**	2.08**	0.98**	0.97**	0.62**	0.33**	0.03	0.02								
A_3B_3	2.44	2.42**	2.40**	2.38**	2.36**	2.28**	2.26**	2.06**	0.96**	0.95**	0.60**	0.31**	0.01									
A_3B_4	2.43	2.41**	2.39**	2.37**	2.35**	2.27**	2.25**	2.05**	0.95**	0.94**	0.59**	0.30**										
A_4B_2	2.13	2.11**	2.09**	2.07**	2.05**	1.97**	1.95**	1.75**	0.65**	0.64**	0.29**											
A_5B_1	1.84	1.82**	1.80**	1.78**	1.76**	1.68**	1.66**	1.46**	0.36**	0.35**												
A_4B_3	1.49	1.47**	1.45**	1.43**	1.41**	1.33**	1.31**	1.11**	0.01													
A_4B_4	1.48	1.46**	1.44**	1.42**	1.40**	1.32**	1.30**	1.10**														
A_5B_2	0.38	0.36**	0.34**	0.32**	0.30**	0.22**	0.20															
A_6B_1	0.18	0.16**	0.14*	0.12	0.10	0.02																
A_5B_3	0.16	0.14*	0.12	0.10	0.08																	
A_5B_4	0.08	0.06	0.04	0.02																		
A_6B_2	0.06	0.04	0.02																			
A_6B_3	0.04	0.02																				
A_6B_4	0.02																					

**为差异极显著（P<0.01）；*为差异显著（P<0.05）

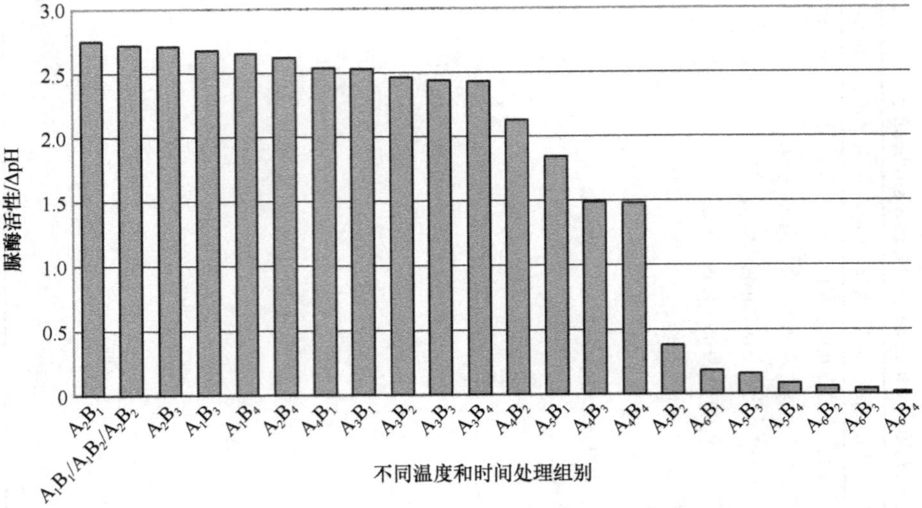

图 4.3 不同的干热处理方法对生豆粕中脲酶活性的影响

Fig 4.3 The influence of the dry-heat treatments on the activity of urea-amidohydrolase in the raw soybean meal

从表 4.12 和图 4.3 中可看到，除各别组合之间差异不显著外，大多数组合之间差异显著，说明干热处理温度和时间的交互作用可对生豆粕中的脲酶产生显著的灭活作用，因此在灭活脲酶时从溶解度和脲酶活性方面的变化情况可知：在蛋白质溶解度允许范围内的脲酶活性安全范围内，对豆粕的合理处理条件是130℃、10min 和 130℃、15min 这两个处理。所以说在配合饲料生产过程中如果只考虑脲酶一个抗营养因子及蛋白质溶解度情况，当生产粉状饲料时，对大宗动物饲料来说则应该事先把生豆粕经过 10min 或 15min 的 130℃干热处理，然后使用就可以了。如果想用这样的生豆粕生产膨化饲料，则要控制膨化机中膨化的温度在 130℃，此条件下保持 10min 或 15min 即可。如果用来饲喂禽类，则以 15min、130℃膨化处理条件效果最佳。

4.2.4 生豆粕经湿热处理后蛋白质溶解度和脲酶活性的变化

生豆粕经过湿热处理后其蛋白质溶解度与脲酶活性变化如下。

4.2.4.1 生豆粕经湿热处理后蛋白质溶解度的变化

湿热处理豆粕是在有水的情况下对豆粕进行热处理，这样豆粕中的蛋白质及各种抗营养因子除了热对其作用外，水分子也要对其产生影响，并且通过系列试验可知这样的处理效果是非常明显的，使用效果非常好。原料豆粕中的蛋白质溶解度为（88.23±1.318）%，所以说该豆粕加热程度不够，属于过生，在实际应用过程中，应先进行加热处理再使用。本试验中系列湿热处理对豆粕中蛋白质溶解度的影响情况见表 4.13。

表 4.13 不同的湿热处理对生豆粕中蛋白质溶解度的影响（平均数±标准差）（%）

Table 4.13 The influence of humid-heat treatments on the protein solubility in the raw soybean meal（mean±S.E.M.）（%）

温度 时间/min	75℃（A_1）	80℃（A_2）	85℃（A_3）	90℃（A_4）	95℃（A_5）	100℃（A_6）	105℃（A_7）	110℃（A_8）	115℃（A_9）	120℃（A_{10}）
10（B_1）	88.12±1.463	88.39±1.754	88.31±1.075	87.82±1.463	87.91±2.540	82.50±0.754	80.00±0.960	76.53±0.864	73.51±1.798	70.46±0.659
20（B_2）	88.26±1.110	88.44±1.724	88.65±0.932	86.96±1.110	86.49±1.452	79.06±0.826	78.86±1.145	75.96±1.111	72.57±1.029	67.00±1.582
30（B_3）	88.63±1.563	88.52±0.894	88.88±1.715	86.83±1.563	86.23±0.844	77.84±2.150	76.98±1.542	73.26±1.239	72.05±1.328	57.83±0.342
40（B_4）	88.83±0.594	88.98±1.673	87.36±0.889	82.63±0.594	80.27±3.630	76.95±0.890	76.55±0.902	72.43±2.270	71.42±0.981	56.84±0.905

注：F_A=2069.525**，F_B=229.433**，$F_{A\times B}$=34.644**；**为差异极显著（P<0.01）

从表 4.13 可见，豆粕在湿热处理情况下，不同的处理温度、处理时间及这两个因素的交互作用对蛋白质溶解度的影响差异都达到了极显著的程度，说明这样的处理是十分有效果的。其中不同的湿热处理温度对豆粕中蛋白质溶解度影响的多重比较见表 4.14。

表 4.14 不同的湿热处理温度对生豆粕中蛋白质溶解度影响的多重比较

Table 4.14 The multi-contrast of the influence of humid-heat treatment temperature on the protein solubility in the raw soybean meal

A 因子	平均数	平均数-A_{10}	平均数-A_9	平均数-A_8	平均数-A_7	平均数-A_6	平均数-A_5	平均数-A_4	平均数-A_3	平均数-A_1
A_2	88.583	25.553**	16.195**	14.038**	10.485**	9.495**	3.358**	2.523**	0.283	0.123
A_1	88.460	25.430**	16.073**	13.915**	10.363**	9.373**	3.235**	2.400**	0.160	
A_3	88.300	25.270**	15.913**	13.755**	10.203**	9.213**	3.075**	2.240**		
A_4	86.060	23.030**	13.673**	11.515**	7.963**	6.973**	0.835**			
A_5	85.225	22.195**	12.833**	10.680**	7.128**	6.138**				
A_6	79.088	16.058**	6.700**	4.543**	0.990**					
A_7	78.098	15.068**	5.710**	3.553**						
A_8	74.545	11.515**	2.158**							
A_9	72.388	9.358**								
A_{10}	63.030									

**为差异极显著（$P<0.01$）

可见不同湿热处理下，各处理温度之间对蛋白质溶解度的影响差异绝大多数为极显著，说明通过控制湿热温度可以达到改变豆粕中蛋白质溶解度的目的。不同湿热处理时间对豆粕中蛋白质溶解度影响的多重比较见表 4.15。

表 4.15 不同的湿热处理时间对生豆粕中蛋白质溶解度影响的多重比较

Table 4.15 The multi-contrast of the influence of humid-heat treatment time on the protein solubility in the raw soybean meal

B 因子	平均数	平均数-B_4	平均数-B_3	平均数-B_2
B_1	82.355	4.130**	2.650**	1.130**
B_2	81.225	3.000**	1.520**	
B_3	79.705	1.480**		
B_4	78.225			

**为差异极显著（$P<0.01$）

表 4.15 说明，豆粕中蛋白质溶解度大小会受到湿热处理时间的影响，并且不同的湿热处理时间之间差异极其显著。豆粕中蛋白质溶解度受到湿热处理温度和时间交互作用影响的情况见表 4.16。

不同湿热处理温度和时间的交互作用对豆粕中蛋白质溶解度的影响情况如图 4.4 所示。

表 4.16　不同的湿热处理方法对豆粕中蛋白质溶解度影响的多重比较

Table 4.16　The multi-contrast of the influence of humid-heat treatments on the protein solubility in the raw soybean meal

组别	平均数	$A_{10}B_4$	$A_{10}B_3$	$A_{10}B_2$	$A_{10}B_1$	A_9B_4	A_9B_3	A_8B_4	A_9B_2	A_8B_3	A_9B_1	A_8B_2	A_8B_1	A_7B_4	A_6B_4	A_7B_3	A_6B_3	A_7B_2	A_6B_2	A_7B_1	A_5B_4	A_6B_1	A_4B_4	A_5B_3	A_5B_2	A_4B_3	A_4B_2	A_3B_4	A_4B_1	A_5B_1	A_1B_1	A_1B_2	A_3B_1	A_2B_1	A_2B_2	A_2B_3	A_1B_3	A_3B_2	A_1B_4	A_3B_3
A_2B_4	88.98	32.15**	31.15**	21.98**	18.52**	17.56**	16.93**	16.55**	16.41**	15.72**	15.47**	13.02**	12.45**	12.43**	12.03**	12.00**	11.14**	10.12**	9.92**	8.98**	8.71**	6.48**	6.35**	2.75**	2.49**	2.15*	2.02*	1.62	1.16	1.07	0.86	0.72	0.67	0.59	0.54	0.46	0.35	0.33	0.15	0.10
A_3B_3	88.88	32.05**	31.05**	21.88**	18.42**	17.46**	16.83**	16.45**	16.31**	15.62**	15.37**	12.92**	12.35**	12.33**	11.93**	11.90**	11.04**	10.02**	9.82**	8.88**	8.61**	6.38**	6.25**	2.65**	2.39**	2.05*	1.92	1.52	1.06	0.97	0.76	0.62	0.57	0.49	0.44	0.36	0.25	0.23	0.05	
A_1B_4	88.83	32.00**	31.00**	21.83**	18.37**	17.41**	16.78**	16.40**	16.26**	15.57**	15.32**	12.87**	12.30**	12.28**	11.88**	11.85**	10.99**	9.97**	9.77**	8.83**	8.56**	6.33**	6.20**	2.60**	2.34**	2.00*	1.87	1.47	1.01	0.92	0.71	0.57	0.52	0.44	0.39	0.31	0.20	0.18		
A_3B_2	88.65	31.82**	30.82**	21.65**	18.19**	17.23**	16.60**	16.22**	16.08**	15.39**	15.14**	12.69**	12.12**	12.10**	11.70**	11.67**	10.81**	9.79**	9.59**	8.65**	8.38**	6.15**	6.02**	2.42**	2.16*	1.82	1.69	1.29	0.83	0.74	0.53	0.39	0.34	0.26	0.21	0.13	0.02			
A_1B_3	88.63	31.80**	30.80**	21.63**	18.17**	17.21**	16.58**	16.20**	16.06**	15.37**	15.12**	12.67**	12.10**	12.08**	11.68**	11.65**	10.79**	9.77**	9.57**	8.63**	8.36**	6.13**	6.00**	2.40**	2.14*	1.80	1.67	1.27	0.81	0.72	0.51	0.37	0.32	0.24	0.19	0.11				
A_2B_3	88.52	31.69**	30.69**	21.52**	18.06**	17.10**	16.47**	16.09**	15.95**	15.26****	15.01**	12.56**	11.99**	11.97**	11.57**	11.54**	10.68**	9.66**	9.46**	8.52**	8.25**	6.02**	5.89**	2.29**	2.03*	1.69	1.56	1.16	0.70	0.61	0.40	0.26	0.21	0.13	0.08					
A_2B_2	88.44	31.61**	30.61**	21.44**	17.98**	17.02**	16.39**	16.01**	15.87**	15.18**	14.93**	12.48**	11.91**	11.89**	11.49**	11.46**	10.60**	9.58**	9.38**	8.44**	8.17**	5.94**	5.81**	2.21**	1.95*	1.61	1.48	1.08	0.62	0.53	0.32	0.18	0.13	0.05						
A_2B_1	88.39	31.56**	30.56**	21.39**	17.93**	16.97**	16.34**	15.96**	15.82**	15.13**	14.88**	12.43**	11.86**	11.84**	11.44**	11.41**	10.55**	9.53**	9.33**	8.39**	8.12**	5.89**	5.76**	2.16*	1.90	1.56	1.43	1.03	0.57	0.48	0.27	0.13	0.08							
A_3B_1	88.31	31.48**	30.48**	21.31**	17.85**	16.89**	16.26**	15.88**	15.74**	15.05**	14.80**	12.35**	11.78**	11.76**	11.36**	11.33**	10.47**	9.45**	9.25**	8.31**	8.04**	5.81**	5.68**	2.08*	1.82	1.48	1.35	0.95	0.49	0.40	0.19	0.05								
A_1B_2	88.26	31.43**	30.43**	21.26**	17.80**	16.84**	16.21**	15.83**	15.69**	15.00**	14.75**	12.30**	11.73**	11.71**	11.31**	11.28**	10.42**	9.40**	9.20**	8.26**	7.99**	5.76**	5.63**	2.03*	1.77	1.43	1.30	0.90	0.44	0.35	0.14									
A_1B_1	88.12	31.29**	30.29**	21.12**	17.66**	16.70**	16.07**	15.69**	15.55**	14.86**	14.61**	12.16**	11.59**	11.57**	11.17**	11.14**	10.28**	9.26**	9.06**	8.12**	7.85**	5.62**	5.49**	1.89	1.63	1.29	1.16	0.76	0.30	0.21										
A_5B_1	87.91	31.08**	30.08**	20.91**	17.45**	16.49**	15.86**	15.48**	15.34**	14.65**	14.40**	11.95**	11.38**	11.36**	10.96**	10.93**	10.07**	9.05**	8.85**	7.91**	7.64**	5.41**	5.28**	1.68	1.42	1.08	0.95	0.55	0.09											
A_4B_1	87.82	30.99**	29.99**	20.82**	17.36**	16.40**	15.77**	15.39**	15.25**	14.56**	14.31**	11.86**	11.29**	11.27**	10.87**	10.84**	9.98**	8.96**	8.76**	7.82**	7.55**	5.32**	5.19**	1.59	1.33	0.99	0.86	0.46												
A_3B_4	87.36	30.53**	29.53**	20.36**	16.90**	15.94**	15.31**	14.93**	14.79**	14.10**	13.85**	11.40**	10.83**	10.81**	10.41**	10.38**	9.52**	8.50**	8.30**	7.36**	7.09**	4.86**	4.73**	1.13	0.87	0.53	0.40													
A_4B_2	86.96	30.13**	29.13**	19.96**	16.50**	15.54**	14.91**	14.53**	14.39**	13.70**	13.45**	11.00**	10.43**	10.41**	10.01**	9.98**	9.12**	8.10**	7.90**	6.96**	6.69**	4.46**	4.33**	0.73	0.47	0.13														
A_4B_3	86.83	30.00**	29.00**	19.83**	16.37**	15.41**	14.78**	14.40**	14.26**	13.57**	13.32**	10.87**	10.30**	10.28**	9.88**	9.85**	8.99**	7.97**	7.77**	6.83**	6.56**	4.33**	4.20**	0.60	0.34															
A_5B_2	86.49	29.66**	28.66**	19.49**	16.03**	15.07**	14.44**	14.06**	13.92**	13.23**	12.98**	10.53**	9.96**	9.94**	9.54**	9.51**	8.65**	7.63**	7.43**	6.49**	6.22**	3.99**	3.86**	0.26																
A_5B_3	86.23	29.40**	28.40**	19.23**	15.77**	14.81**	14.18**	13.80**	13.66**	12.97**	12.72**	10.27**	9.70**	9.68**	9.28**	9.25**	8.39**	7.37**	7.17**	6.23**	5.96**	3.73**	3.60**																	
A_4B_4	82.63	25.80**	24.80**	15.63**	12.17**	11.21**	10.58**	10.20**	10.06**	9.37**	9.12**	6.67**	6.10**	6.08**	5.68**	5.65**	4.79**	3.77**	3.57**	2.63**	2.36**	0.13																		
A_6B_1	82.50	25.67**	24.67**	15.50**	12.04**	11.08**	10.45**	10.07**	9.93**	9.24**	8.99**	6.54**	5.97**	5.95**	5.55**	5.52**	4.66**	3.64**	3.44**	2.50**	2.23**																			
A_5B_4	80.27	23.44**	22.44**	13.27**	9.81**	8.85**	8.22**	7.84**	7.70**	7.01**	6.76**	4.31**	3.74**	3.72**	3.32**	3.29**	2.43**	1.41	1.21	0.27																				
A_7B_1	80.00	23.17**	22.17**	13.00**	9.54**	8.58**	7.95**	7.57**	7.43**	6.74**	6.49**	4.04**	3.47**	3.45**	3.05**	3.02**	2.16*	1.14	0.94																					
A_6B_2	79.06	22.23**	21.23**	12.06**	8.60**	7.64**	7.01**	6.63**	6.49**	5.80**	5.55**	3.10**	2.53**	2.51**	2.11**	2.08*	1.22	0.20																						
A_7B_2	78.86	22.03**	21.03**	11.86**	8.40**	7.44**	6.81**	6.43**	6.29**	5.60**	5.35**	2.90**	2.33**	2.31**	1.91****	1.88	1.02																							
A_6B_3	77.84	21.01**	20.01**	10.84**	7.38**	6.42**	5.79**	5.41**	5.27**	4.58**	4.33**	1.88	1.31**	1.29**	0.89**	0.86																								

续表

组别	平均数	$A_{10}B_4$	$A_{10}B_3$	$A_{10}B_2$	$A_{10}B_1$	A_9B_4	A_9B_3	A_8B_4	A_9B_2	A_8B_3	A_9B_1	A_8B_2	A_8B_1	A_7B_4	A_6B_4	A_7B_3	A_6B_3	A_7B_2	A_6B_2	A_7B_1	A_5B_4	A_6B_1	A_4B_4	A_5B_3	A_5B_2	A_4B_3	A_4B_2	A_3B_4	A_4B_1	A_5B_1	A_1B_1	A_1B_2	A_3B_1	A_2B_1	A_2B_2	A_2B_3	A_1B_3	A_3B_2	A_1B_4	A_3B_3
A_7B_3	76.98	20.15**	19.15**	9.98**	6.52**	5.56**	4.93**	4.55**	4.41**	3.72**	3.47**	1.02	0.45	0.43	0.03**																									
A_6B_4	76.95	20.12**	19.12**	9.95**	6.49**	5.53**	4.90**	4.52**	4.38**	3.69**	3.44**	0.99	0.42	0.40																										
A_7B_4	76.55	19.72**	18.72**	9.55**	6.09**	5.13**	4.50**	4.12**	3.98**	3.29**	3.04**	0.59	0.02																											
A_8B_1	76.53	19.70**	18.70**	9.53**	6.07**	5.11**	4.48**	4.10**	3.96**	3.27**	3.02**	0.57																												
A_8B_2	75.96	19.13**	18.13**	8.96**	5.50**	4.54**	3.91**	3.53**	3.39**	2.70**	2.45**																													
A_9B_1	73.51	16.68**	15.68**	6.51**	3.05**	2.09*	1.46	1.08	0.94	0.25																														
A_8B_3	73.26	16.43**	15.43**	6.26**	2.80**	1.84	1.21	0.83	0.69																															
A_9B_2	72.57	15.74**	14.74**	5.57**	2.11*	1.15	0.52	0.14																																
A_8B_4	72.43	15.60**	14.60**	5.43**	1.97*	1.01	0.38																																	
A_9B_3	72.05	15.22**	14.22**	5.05**	1.59	0.63																																		
A_9B_4	71.42	14.59**	13.59**	4.42**	0.96																																			
$A_{10}B_1$	70.46	13.63**	12.63**	3.46**																																				
$A_{10}B_2$	67.00	10.17**	9.17**																																					
$A_{10}B_3$	57.83	1.00																																						
$A_{10}B_4$	56.83																																							

**为差异极显著（$P<0.01$）；*为差异显著（$P<0.05$）

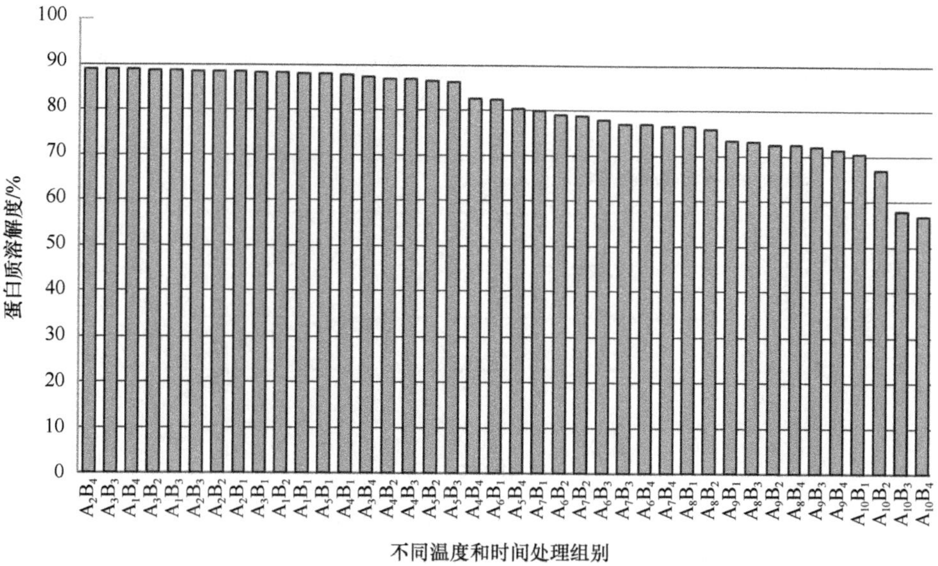

图 4.4　不同的湿热处理方法对生豆粕中蛋白质溶解度的影响

Fig 4.4　The influence of humid-heat treatments on the protein solubility in the raw soybean meal

从表 4.16 和图 4.4 可见，豆粕中蛋白质的溶解度随着不同湿热处理温度和时间组合的交互作用出现不同的变化，各组之间的变化大多数达到了极显著的水平，说明研究湿热处理下蛋白质的溶解度问题时需同时考虑湿热的温度和时间是正确的。同时根据豆粕中蛋白质溶解度最佳范围为 73%～85%的理论，在只考虑豆粕中蛋白质溶解度一个因素时，对豆粕进行湿热处理的条件为 90℃和 95℃时处理 40min，100℃和 105℃时所有处理时间，110℃时处理 10min、20min 和 30min，115℃时处理 10min，此时蛋白质溶解度都为最佳。

4.2.4.2　生豆粕经湿热处理后脲酶活性的变化

系列湿热处理对生豆粕中脲酶活性的影响情况见表 4.17。

表 4.17　不同的湿热处理对生豆粕中脲酶活性的影响（平均数±标准差）（pH 差值）

Table 4.17　The influence of humid-heat treatments on the activity of urea-amidohydrolase in the raw soybean meal（mean±S.E.M）（pH difference）

温度 时间/min	90℃（A_4）	95℃（A_5）	100℃（A_6）	105℃（A_7）	110℃（A_8）	115℃（A_9）	120℃（A_{10}）
10（B_1）	2.36±0.039	2.36±0.018	2.36±0.024	2.30±0.036	2.14±0.027	1.12±0.014	0.81±0.018
20（B_2）	2.36±0.042	2.36±0.012	2.34±0.018	2.28±0.008	1.00±0.028	0.90±0.016	0.56±0.022
30（B_3）	2.34±0.036	2.34±0.029	2.31±0.022	2.23±0.012	0.98±0.018	0.62±0.022	0.34±0.043
40（B_4）	2.28±0.018	2.28±0.029	2.28±0.016	2.14±0.028	0.82±0.022	0.50±0.022	0.28±0.026

注：F_A=1252.804**，F_B=103.664**，$F_{A\times B}$=23.303**；**为差异极显著（P<0.01）

从表 4.17 可见，不同的湿热处理温度、处理时间及这两个因素的交互作用对豆粕中脲酶活性的影响差异均达到了极显著的水平，其变化趋势图如图 4.5 所示。

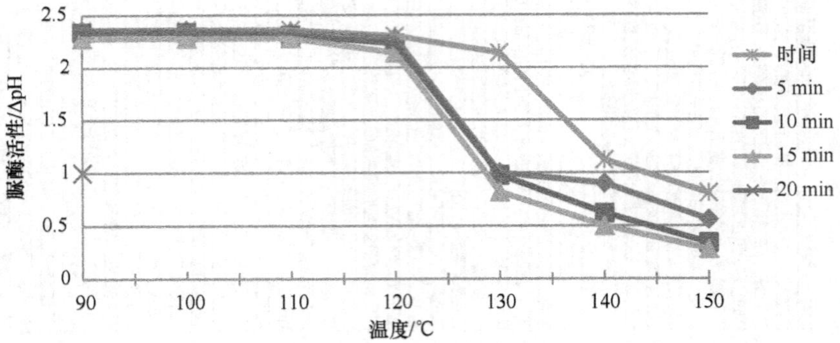

图 4.5　不同湿热处理后豆粕中脲酶活性变化趋势

Fig 4.5　The change tendency of the humid-heat treatments to the activity of urea-amidohydrolase in the soybean meal

由图 4.5 可知，在相同温度条件脲酶活性随着湿热处理时间延长而降低，在相同时间条件下脲酶活性随着温度升高而降低。其中不同的湿热处理温度对豆粕中脲酶活性影响的多重比较见表 4.18。

表 4.18　不同的湿热处理温度对生豆粕中脲酶活性影响的多重比较

Table 4.18　The multi-contrast of the influence of humid-heat treatment temperature on the activity of urea-amidohydrolase in the raw soybean meal

A 因子	平均数	平均数-A_{10}	平均数-A_9	平均数-A_8	平均数-A_7	平均数-A_6
A_4/A_5	2.335**	1.838**	1.550**	1.100**	0.098*	0.013
A_6	2.323**	1.825**	1.538**	1.088**	0.085*	
A_7	2.238**	1.740**	1.453**	1.003**		
A_8	1.235**	0.738**	0.450**			
A_9	0.785**	0.288**				
A_{10}	0.498**					

**为差异极显著（P<0.01）；*为差异显著（P<0.05）

从表 4.18 可看到，不同的湿热处理温度对豆粕中脲酶活性的影响差异是极显著或显著的，说明通过不同的湿热温度处理来灭活豆粕中脲酶活性是有效的。不同的湿热处理时间对豆粕中脲酶活性影响的多重比较见表 4.19。

表 4.19 中各数据之间的差异均达到了极显著水平，说明当对豆粕进行湿热处理以灭活其中的脲酶时，不同的处理时间之间差异极显著，这样的处理是非常有效的。

表 4.19 不同的湿热处理时间对生豆粕中脲酶活性影响的多重比较

Table 4.19 The multi-contrast of the influence of humid-heat treatment time on the activity of urea-amidohydrolase in the raw soybean meal

B 因子	平均数	平均数-B_4	平均数-B_3	平均数-B_2
B_1	1.921	0.410**	0.327**	0.236**
B_2	1.686	0.174**	0.091**	
B_3	1.594	0.083**		
B_4	1.511			

**为差异极显著（$P<0.01$）

不同湿热处理温度和时间之间的交互作用对豆粕中脲酶活性影响的多重比较见表 4.20。

不同湿热处理温度和时间之间的交互作用对豆粕中脲酶活性影响的多重比较如图 4.6 所示。

从上述系列图表中可看到，要想使豆粕中脲酶活性达到 ΔpH 在 0.05～0.5，可以使用的湿热处理条件是 115℃时处理 40min 和 120℃时处理 30min、40min。再综合湿热处理对豆粕中蛋白质溶解度的影响情况，发现这两个处理之间没有公共点，相近的区间是 115℃时处理 10min，这样在生产实践中需要根据实际情况灵活应用，如果当前饲料市场价格较高，则我们可以采用 115℃时 10min 这样的湿热处理，虽然脲酶活性没有达到标准要求，但是蛋白质的利用率较高，可以从蛋白质角度提高饲料利用率；如果当前饲料市场价格较低，即豆粕原料价格不高，特别是当我们在为禽类配制饲料时，则可采用 115℃时 40min 这样的湿热处理，虽然此时蛋白质利用率不高，但是脲酶灭活的效果较好，可以达到安全使用的目的。这样当我们在生产粉状饲料时就可以按照上述的方法预先把豆粕进行处理后再使用；如果生产颗粒状饲料，则制粒过程中在调质器中要经过上述的处理后再压制成颗粒。

4.2.5 提异黄酮豆粕经干热处理后蛋白质溶解度和脲酶活性的变化

提异黄酮豆粕经过干热处理后，其蛋白质溶解度和脲酶活性变化如下。

4.2.5.1 提异黄酮豆粕经干热处理后蛋白质溶解度变化

提异黄酮豆粕中蛋白质溶解度为（85.21±1.520）%，仍然过生，说明提取异黄酮的过程对蛋白质溶解度没有多大的改变，所以在使用提黄酮豆粕时仍需要进行热处理，以提高动物对其蛋白质的利用率。不同干热处理对提异黄酮豆粕中蛋白质溶解度影响的具体数值见表 4.21。

表 4.20 不同的湿热处理方法对豆粕中脲酶活性影响的多重比较

Table 4.20 The multi-contrast of the influence of humid-heat treatments on the activity of urea-amidohydrolase in the raw soybean meal

组别	平均数	$A_{10}B_4$	$A_{10}B_3$	A_9B_4	$A_{10}B_2$	A_6B_3	$A_{10}B_1$	A_8B_4	A_6B_2	A_8B_3	A_8B_2	A_9B_1	A_7B_4/A_8B_1	A_7B_3	A_7B_1	A_6B_3	$A_4B_4/A_5B_4/A_6B_4/A_7B_2$
$A_4B_1/A_4B_2/A_5B_1/A_5B_2/A_6B_1$	2.36	2.08**	2.02**	1.86**	1.80**	1.74**	1.55**	1.54**	1.46**	1.38**	1.36**	1.24**	0.22	0.13	0.06	0.05	0.08
$A_4B_3/A_5B_3/A_6B_2$	2.34	2.06**	2.00**	1.84**	1.78**	1.72**	1.53**	1.52**	1.44**	1.36**	1.34**	1.22**	0.20	0.11	0.04	0.03	
A_6B_3	2.31	2.03**	1.97**	1.81**	1.75**	1.69**	1.50**	1.49**	1.41**	1.33**	1.31**	1.19**	0.17	0.08	0.01		
A_7B_1	2.30	2.02**	1.96**	1.80**	1.74**	1.68**	1.49**	1.48**	1.40**	1.32**	1.30**	1.18**	0.16	0.07			
$A_4B_4/A_5B_4/A_6B_4/A_7B_2$	2.28	2.00**	1.94**	1.78**	1.72**	1.66**	1.47**	1.46**	1.38**	1.30**	1.28**	1.16**	0.14	0.05			
A_6B_4	2.23	1.95**	1.89**	1.73**	1.67**	1.61**	1.42**	1.41**	1.33**	1.25**	1.23**	1.11**	0.09				
A_7B_4/A_8B_1	2.14	1.86**	1.80**	1.64**	1.58**	1.52**	1.33**	1.32**	1.24**	1.16**	1.14**	1.02**					
A_9B_1	1.12	0.84**	0.78**	0.62**	0.56**	0.50**	0.31**	0.30**	0.22	0.14	0.12						
A_8B_2	1.00	0.72**	0.66**	0.50**	0.44**	0.38**	0.19	0.18	0.10	0.02							
A_8B_3	0.98	0.70**	0.64**	0.48**	0.42**	0.36**	0.17	0.16	0.08								
A_9B_2	0.90	0.62**	0.56**	0.40**	0.34**	0.28**	0.09	0.08									
A_8B_4	0.82	0.54**	0.48**	0.32**	0.26*	0.20	0.01										
$A_{10}B_1$	0.81	0.53**	0.47**	0.31**	0.25*	0.19											
A_9B_3	0.62	0.34**	0.28**	0.12	0.06												
$A_{10}B_2$	0.56	0.28**	0.22	0.06													
A_9B_4	0.50	0.22	0.16														
$A_{10}B_3$	0.34	0.06															
$A_{10}B_4$	0.28																

**为差异极显著（$P<0.01$）；*为差异显著（$P<0.05$）

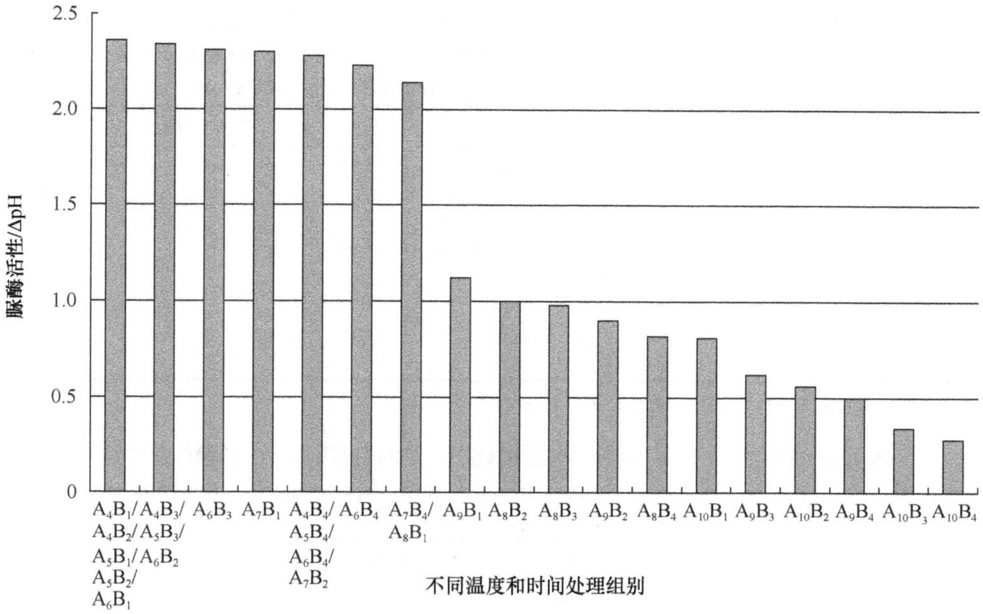

图 4.6 不同的湿热处理方法对生豆粕中脲酶活性的影响

Fig 4.6 The influence of the humid-heat treatments on the activity of urea-amidohydrolase in the raw soybean meal

表 4.21 不同的干热处理对提异黄酮豆粕中蛋白质溶解度的影响（平均数±标准差）（%）

Table 4.21 The influence of dry-heat treatments on the protein solubility in the soybean meal extracted isoflavone（mean±S.E.M.）（%）

温度 时间/min	90℃（A_1）	100℃（A_2）	110℃（A_3）	120℃（A_4）	130℃（A_5）	140℃（A_6）
5（B_1）	82.52±1.175	80.64±2.969	79.61±0.870	79.72±0.943	74.02±1.301	68.00±0.977
10（B_2）	78.91±1.328	73.70±0.719	71.94±0.818	70.85±0.713	70.05±1.040	64.11±4.157
15（B_3）	78.12±1.103	73.20±1.130	70.38±2.549	69.58±1.269	69.86±0.367	60.29±0.909
20（B_4）	72.10±1.579	71.56±1.687	69.41±2.347	67.64±1.337	67.74±0.618	59.64±0.529
25（B_5）	70.74±1.374	70.05±1.853	68.94±1.384	66.83±1.837	65.73±0.956	58.63±0.055

注：$F_A=848.711^{**}$，$F_B=723.349^{**}$，$F_{A\times B}=15.530^{**}$；**为差异极显著（$P<0.01$）

从表 4.21 可看到，不同的干热处理温度、时间及这两个因素的交互作用对提异黄酮豆粕中蛋白质的溶解度都具有极显著影响，其中不同的干热处理温度对豆粕中蛋白质溶解度影响的多重比较见表 4.22。

从表 4.22 可看到，不同的干热处理温度可极显著地改变豆粕中蛋白质的溶解度，说明这样的处理是有效的。不同的干热处理时间对豆粕中蛋白质溶解度影响的多重比较见表 4.23。

表 4.22 不同的干热处理温度对提异黄酮豆粕中蛋白质溶解度影响的多重比较

Table 4.22 The multi-contrast of the influence of dry-heat treatment temperature on the protein solubility in the soybean meal extracted isoflavone

A 因子	平均数	平均数-A_6	平均数-A_5	平均数-A_4	平均数-A_3	平均数-A_2
A_1	76.478	14.344**	7.004**	5.554**	4.422**	2.648**
A_2	73.830	11.696**	4.356**	2.906**	1.774	
A_3	72.056	9.922**	2.582*	1.132		
A_4	70.924	8.790**	1.450			
A_5	69.474	7.340**				
A_6	62.134					

**为差异极显著（P<0.01）；*为差异显著（P<0.05）

表 4.23 不同的干热处理时间对提异黄酮豆粕中蛋白质溶解度影响的多重比较

Table 4.23 The multi-contrast of the influence of dry-heat treatment time on the protein solubility in the soybean meal extracted isoflavone

B 因子	平均数	平均数-B_5	平均数-B_4	平均数-B_3	平均数-B_2
B_1	77.418	10.598**	9.403**	7.180**	5.830**
B_2	71.588	4.768**	3.573**	1.350**	
B_3	70.238	3.418**	2.223**		
B_4	68.015	1.195**			
B_5	66.820				

**为差异极显著（P<0.01）

从表 4.23 可看到，不同的干热处理时间可以对豆粕中蛋白质溶解度产生极其显著的影响，说明通过处理时间可极显著地改变豆粕的蛋白质溶解度，提高蛋白质的利用率。两因子的交互作用对豆粕中蛋白质溶解度影响的多重比较见表 4.24。

两因子的交互作用对豆粕中蛋白质溶解度影响的多重比较如图 4.7 所示。

通过上述系列分析可以看到，提异黄酮豆粕中蛋白质溶解度在安全范围内的干热处理条件是在 90℃和 100℃两个温度时处理 5min、10min 和 15min，110℃、120℃和 130℃三个温度时处理 5min，且这些组合与其他组合之间的差异极显著。

4.2.5.2 提异黄酮豆粕经干热处理后脲酶活性的变化

提取异黄酮后的豆粕中脲酶活性为（2.32±0.029）ΔpH，从经验看，这样的豆粕不能直接应用于动物饲料或饲养。系列干热处理对提异黄酮豆粕中脲酶活性的影响见表 4.25。

用不同的干热温度和时间组合处理提异黄酮豆粕，其脲酶活性随着处理的温度、时间变化及这两个因素的交互作用出现极显著的差异，其曲线变化趋势如图 4.8 所示。

表 4.24 不同的干热处理方法对提异黄酮豆粕中蛋白质溶解度影响的多重比较

Table 4.24 The multi-contrast of the influence of dry-heat treatments on the protein solubility in the soybean meal extracted isoflavone

组别	平均数	A_6B_5	A_6B_4	A_6B_3	A_6B_2	A_5B_5	A_4B_5	A_4B_4	A_5B_4	A_6B_1	A_3B_5	A_3B_4	A_4B_3	A_5B_3	A_2B_5/A_5B_2	A_3B_3	A_1B_5	A_4B_2	A_2B_4	A_3B_2	A_1B_4	A_2B_3	A_2B_2	A_5B_1	A_1B_3	A_1B_2	A_3B_1	A_4B_1	A_2B_1
A_1B_1	82.52	23.89**	22.88**	22.23**	18.41**	16.8**	15.69**	14.88**	14.78**	14.52**	13.58**	13.11**	12.94**	12.66**	12.47**	12.14**	11.78**	11.67**	10.96**	10.58**	10.42**	9.32**	8.82**	8.50**	4.40**	3.61**	2.91**	2.80**	1.88
A_2B_1	80.64	22.01**	21.00**	20.35**	16.53**	14.90**	13.81**	13.00**	12.9**	12.64**	11.70**	11.23**	11.06**	10.78**	10.59**	10.26**	9.90**	9.79**	9.08**	8.70**	8.54**	7.44**	6.94**	6.62**	2.52**	1.73	1.03	0.90	
A_4B_1	79.72	21.09**	20.08**	19.43**	15.61**	14.00**	12.89**	12.08**	11.98**	11.72**	10.78**	10.31**	10.14**	9.86**	9.67**	9.34**	8.98**	8.87**	8.16**	7.78**	7.62**	6.52**	6.02**	5.70**	1.60	0.81	0.11		
A_3B_1	79.61	20.98**	19.97**	19.32**	15.50**	13.90**	12.78**	11.97**	11.87**	11.61**	10.67**	10.20**	10.03**	9.75**	9.56**	9.23**	8.87**	8.76**	8.05**	7.67**	7.51**	6.41**	5.91**	5.59**	1.49	0.70			
A_1B_2	78.91	20.28**	19.27**	18.62**	14.80**	13.20**	12.08**	11.27**	11.17**	10.91**	9.97**	9.50**	9.33**	9.05**	8.86**	8.53**	8.17**	8.06**	7.35**	6.97**	6.81**	5.71**	5.21**	4.89**	0.79				
A_1B_3	78.12	19.49**	18.48**	17.83**	14.01**	12.40**	11.29**	10.48**	10.38**	10.12**	9.18**	8.71**	8.54**	8.26**	8.07**	7.74**	7.38**	7.27**	6.56**	6.18**	6.02**	4.92**	4.42**	4.10**					
A_5B_1	74.02	15.39**	14.38**	13.73**	9.91**	8.29**	7.19**	6.38**	6.28**	6.02**	5.08**	4.61**	4.44**	4.16**	3.97**	3.64**	3.28**	3.17**	2.46**	2.08*	1.92	0.82	0.32						
A_2B_2	73.70	15.07**	14.06**	13.41**	9.59**	7.97**	6.87**	6.06**	5.96**	5.70**	4.76**	4.29**	4.12**	3.84**	3.65**	3.32**	2.96**	2.85**	2.14*	1.76	1.60	0.50							
A_2B_3	73.20	14.57**	13.56**	12.91**	9.09**	7.47**	6.37**	5.56**	5.46**	5.20**	4.26**	3.79**	3.62**	3.34**	3.15**	2.82**	2.46**	2.35**	1.64	1.26	1.10								
A_1B_4	72.10	13.47**	12.46**	11.81**	7.99**	6.37**	5.27**	4.46**	4.36**	4.10**	3.16**	2.69**	2.52**	2.24**	2.05*	1.72	1.36	1.25	0.54	0.16									
A_3B_2	71.94	13.31**	12.30**	11.65**	7.83**	6.21**	5.11**	4.30**	4.20**	3.94**	3.00**	2.53**	2.36**	2.08*	1.89	1.56	1.20	1.09	0.38										
A_2B_4	71.56	12.93**	11.92**	11.27**	7.45**	5.83**	4.73**	3.92**	3.82**	3.56**	2.62**	2.15*	1.98*	1.70	1.51	1.18	0.82	0.71											
A_4B_2	70.85	12.22**	11.21**	10.56**	6.74**	5.12**	4.02**	3.21**	3.11**	2.85**	1.91	1.44	1.27	0.99	0.80	0.47	0.11												
A_1B_5	70.74	12.11**	11.10**	10.45**	6.63**	5.01**	3.91**	3.10**	3.00**	2.74**	1.80	1.33	1.16	0.88	0.69	0.36													
A_3B_3	70.38	11.75**	10.74**	10.09**	6.27**	4.65**	3.55**	2.74**	2.64**	2.38**	1.44	0.97	0.80	0.52	0.33														
A_2B_5/A_5B_2	70.05	11.42**	10.41**	9.76**	5.94**	4.32**	3.22**	2.41**	2.31**	2.05*	1.11	0.64	0.47	0.19															
A_5B_3	69.86	11.23**	10.22**	9.57**	5.75**	4.13**	3.03**	2.22**	2.12*	1.86	0.92	0.45	0.28																
A_4B_3	69.58	10.95**	9.94**	9.29**	5.47**	3.85**	2.75**	1.94*	1.84	1.58	0.64	0.17																	
A_3B_4	69.41	10.78**	9.77**	9.12**	5.30**	3.68**	2.58**	1.77	1.67	1.41	0.47																		
A_3B_5	68.94	10.31**	9.30**	8.65**	4.83**	3.21**	2.11*	1.30	1.20	0.94																			
A_6B_1	68.00	9.37**	8.36**	7.71**	3.89**	2.27**	1.17	0.36	0.26																				
A_5B_4	67.74	9.11**	8.10**	7.45**	3.63**	2.01*	0.91	0.10																					
A_4B_4	67.64	9.01**	8.00**	7.35**	3.53**	1.91	0.81																						
A_4B_5	66.83	8.20**	7.19**	6.54**	2.72**	1.10																							
A_5B_5	65.73	7.10**	6.09**	5.44**	1.62																								
A_6B_2	64.11	5.48**	4.47**	3.82**																									
A_6B_3	60.29	1.66	0.65																										
A_6B_4	59.64	1.01																											
A_6B_5	58.63																												

**为差异极显著（$P<0.01$）；*为差异显著（$P<0.05$）

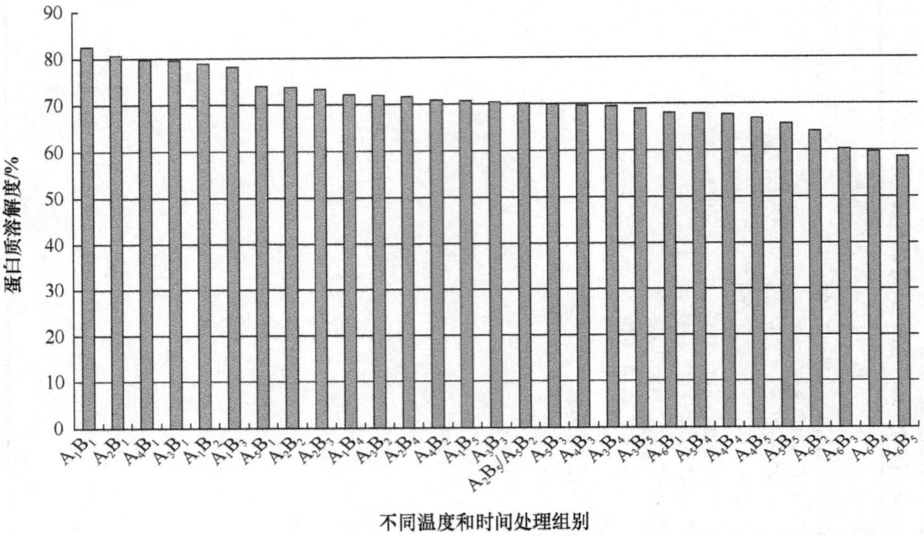

图 4.7 不同的干热处理方法对提异黄酮豆粕中蛋白质溶解度的影响

Fig 4.7 The influence of the dry-heat treatments on the solubility of protein in the soybean meal extracted isoflavone

表 4.25 干热处理对提异黄酮豆粕中脲酶活性的影响（平均数±标准差）（pH 差值）

Table 4.25 The influence of dry-heat treatments on the activity of urea-amidohydrolase in the soybean meal extracted isoflavone（mean± S.E.M）（pH difference）

温度 时间/min	90℃（A_1）	100℃（A_2）	110℃（A_3）	120℃（A_4）	130℃（A_5）	140℃（A_6）
5（B_1）	2.24±0.031	2.23±0.035	2.18±0.029	2.04±0.063	0.26±0.018	0.24±0.021
10（B_2）	2.22±0.018	2.18±0.029	1.98±0.051	1.58±0.018	0.18±0.018	0.12±0.016
15（B_3）	2.22±0.018	2.18±0.029	1.98±0.075	1.51±0.018	0.18±0.014	0.10±0.018
20（B_4）	2.22±0.036	2.12±0.035	1.91±0.038	1.12±0.021	0.10±0.016	0.04±0.021

注：F_A=776.592**，F_B=16.111**，$F_{A\times B}$=3.627**；**为差异极显著（P<0.01）

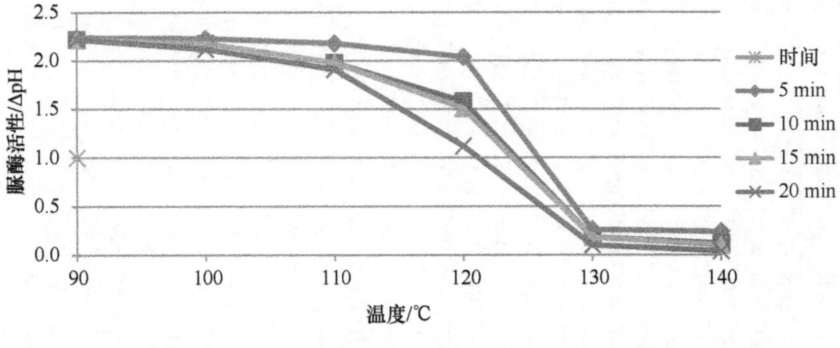

图 4.8 不同干热处理后提异黄酮豆粕中脲酶活性变化趋势

Fig 4.8 The change tendency of the dry-heat treatments to the activity of urea-amidohydrolase in the soybean meal extracted isoflavone

从图 4.8 中可看到，提异黄酮豆粕中脲酶活性在干热处理温度为 130～140℃时降低明显，逐渐接近零点。不同的干热处理温度对提异黄酮豆粕中脲酶活性影响的多重比较如表 4.26 所示。

表 4.26 不同的干热处理温度对提异黄酮豆粕中脲酶活性影响的多重比较

Table 4.26 The multi-contrast of the influence of dry-heat treatment temperature on the activity of urea-amidohydrolase in the soybean meal extracted isoflavone

A 因子	平均数	平均数-A_6	平均数-A_5	平均数-A_4	平均数-A_3	平均数-A_2
A_1	2.225	2.100**	2.045**	0.663**	0.213**	0.048
A_2	2.178	2.053**	1.998**	0.615**	0.165**	
A_3	2.013	1.888**	1.833**	0.450**		
A_4	1.563	1.438**	1.383**			
A_5	0.180	0.055				
A_6	0.125					

**为差异极显著（P<0.01）

从表 4.26 中可见，不同的干热处理温度可极显著地改变提异黄酮豆粕中脲酶的活性。不同的干热处理时间对提异黄酮豆粕中脲酶活性影响的多重比较见表 4.27。

表 4.27 不同的干热处理时间对提异黄酮豆粕中脲酶活性影响的多重比较

Table 4.27 The multi-contrast of the influence of dry-heat treatment time on the activity of urea-amidohydrolase in the soybean meal extracted isoflavone

B 因子	平均数	平均数-B_4	平均数-B_3	平均数-B_2
B_1	1.532	0.280**	0.170**	0.155**
B_2	1.377	0.125**	0.015	
B_3	1.362	0.110**		
B_4	1.252			

**为差异极显著（P<0.01）

由表 4.27 可知，在相同温度条件下脲酶随着干热处理时间延长其活性降低，并且各组之间差异极显著。不同干热处理温度与时间的交互作用对提异黄酮豆粕中脲酶活性影响的多重比较见表 4.28。

不同干热处理温度与时间的交互作用对提异黄酮豆粕中脲酶活性影响的多重比较如图 4.9 所示。

从表 4.28 和图 4.9 可看到，如果只考虑提异黄酮豆粕中脲酶活性一个指标时，则安全使用的干热处理方法是 130℃时处理 5min、10min、15min 和 20min 与 140℃时处理 5min、10min 和 15min。如果再综合提异黄酮豆粕中蛋白质的溶解度考虑，则应该采用 130℃时 5min 这样的干热处理，既可达到脲酶安全使用，又可达到蛋白

表 4.28　不同的干热处理方法对豆粕中脲酶活性影响的多重比较

Table 4.28　The multi-contrast of the influence of dry-heat treatments on the activity of urea-amidohydrolase in the soybean meal extracted isoflavone

组别	平均数	A_6B_4	$A_6B_3A_5B_4$	A_6B_2	$A_5B_2A_5B_3$	A_5B_3	A_6B_1	A_5B_1	A_4B_4	A_4B_3	A_4B_2	A_3B_4	$A_3B_2A_3B_3$	A_4B_1	A_2B_4	$A_3B_1/A_2B_2/A_2B_3$	$A_1B_1/A_1B_3/A_1B_4$	A_2B_1
A_1B_1	2.24	2.20^{**}	2.14^{**}	2.12^{**}	2.06^{**}	2.08^{**}	2.00^{**}	1.98^{**}	1.12^{**}	0.73^{**}	0.66^{**}	0.33	0.26	0.20	0.12	0.06	0.02	0.01
A_2B_1	2.23	2.19^{**}	2.13^{**}	2.11^{**}	2.05^{**}	2.07^{**}	1.99^{**}	1.97^{**}	1.11^{**}	0.72^{**}	0.65^{**}	0.32	0.25	0.19	0.11	0.05	0.01	
$A_1B_2/A_1B_3/A_1B_4$	2.22	2.18^{**}	2.12^{**}	2.10^{**}	2.04^{**}	2.06^{**}	1.98^{**}	1.96^{**}	1.10^{**}	0.71^{**}	0.64^{**}	0.31	0.24	0.18	0.10	0.04		
$A_2B_2/A_2B_3/A_3B_1$	2.18	2.14^{**}	2.08^{**}	2.06^{**}	2.00^{**}	2.02^{**}	1.94^{**}	1.92^{**}	1.06^{**}	0.67^{**}	0.60^{**}	0.27	0.20	0.14	0.06			
A_2B_4	2.12	2.08^{**}	2.02^{**}	2.00^{**}	1.94^{**}	1.96^{**}	1.88^{**}	1.86^{**}	1.00^{**}	0.61^{**}	0.54^{**}	0.21	0.14	0.08				
A_4B_1	2.04	2.00^{**}	1.94^{**}	1.92^{**}	1.86^{**}	1.88^{**}	1.80^{**}	1.78^{**}	0.92^{**}	0.53^{**}	0.46^{**}	0.13	0.06					
A_3B_2/A_3B_3	1.98	1.94^{**}	1.88^{**}	1.86^{**}	1.80^{**}	1.82^{**}	1.74^{**}	1.72^{**}	0.86^{**}	0.47^{**}	0.40^{*}	0.07						
A_3B_4	1.91	1.87^{**}	1.81^{**}	1.79^{**}	1.73^{**}	1.75^{**}	1.67^{**}	1.65^{**}	0.79^{**}	0.40^{*}	0.33							
A_4B_2	1.58	1.54^{**}	1.48^{**}	1.46^{**}	1.40^{**}	1.42^{**}	1.34^{**}	1.32^{**}	0.46^{**}	0.07								
A_4B_3	1.51	1.47^{**}	1.41^{**}	1.39^{**}	1.33^{**}	1.35^{**}	1.27^{**}	1.25^{**}	0.39^{**}									
A_4B_4	1.12	1.08^{**}	1.02^{**}	1.00^{**}	0.94^{**}	0.96^{**}	0.88^{**}	0.86^{**}										
A_5B_1	0.26	0.22	0.16	0.14	0.08	0.10	0.02											
A_6B_1	0.24	0.20	0.14	0.12	0.06	0.08												
A_5B_2 A_5B_3	0.18	0.14	0.08	0.06														
A_6B_2	0.12	0.08	0.02															
A_5B_4 A_6B_3	0.10	0.06																

**为差异极显著（$P<0.01$）；*为差异显著（$P<0.05$）

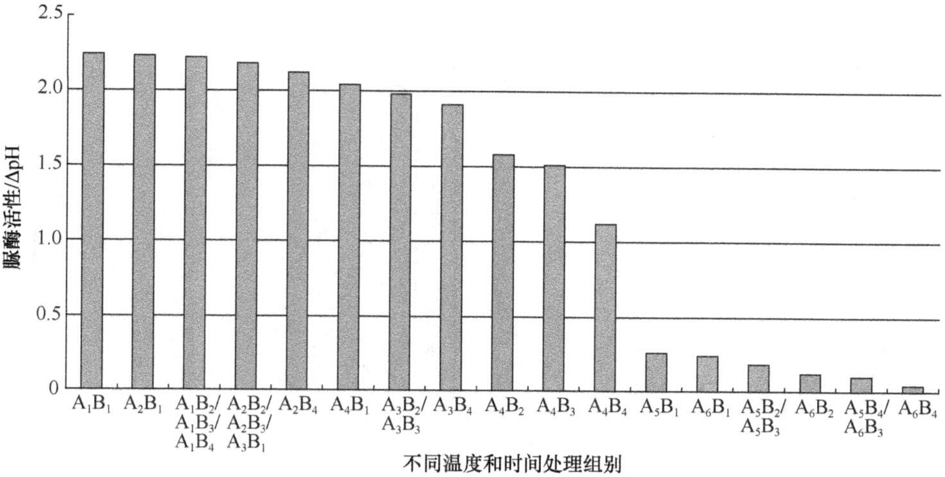

图 4.9　不同的干热处理方法对提异黄酮豆粕中脲酶活性的影响

Fig 4. 9　The influence of the dry-heat treatments on the activity of urea-amidohydrolase in the soybean meal extracted isoflavone

质利用率最高的目的，所以在生产实践中如果想生产粉状饲料还是需要对提异黄酮豆粕进行 130℃时 5min 干热处理后再用，如果为膨化饲料，则膨化处理温度和时间应该是 130℃、5min。

4.2.6　提异黄酮豆粕经湿热处理后蛋白质溶解度和脲酶活性的变化

提异黄酮豆粕经过湿热处理后，其蛋白质溶解度和脲酶活性变化如下。

4.2.6.1　提异黄酮豆粕经湿热处理后蛋白质溶解度的变化

提异黄酮豆粕中蛋白质溶解度为（85.21±1.520）%，仍然过生，说明提取异黄酮的过程对蛋白质溶解度没有多大的改变，所以在使用提异黄酮豆粕时仍需要进行热处理，以提高动物对其蛋白质的利用率。不同湿热处理对提异黄酮豆粕中蛋白质溶解度影响的具体数值见表 4.29。

通过方差分析可知，不同的湿热处理温度、处理时间及这两个因素的交互作用对提异黄酮豆粕中蛋白质溶解度的影响差异均达到了极显著的水平。其中不同的湿热处理时间对蛋白质溶解度影响的多重比较见表 4.30。

可见，不同的湿热处理温度对提异黄酮豆粕中蛋白质溶解度的影响差异都极显著。不同的湿热处理时间对蛋白质溶解度影响的多重比较见表 4.31。

不同的湿热处理时间对蛋白质溶解度的影响差异都达到了极显著的水平。两因子的交互作用对蛋白质溶解度影响的多重比较见表 4.32。

两因子的交互作用对蛋白质溶解度影响的多重比较如图 4.10 所示。

表 4.29 不同的湿热处理对提异黄酮豆粕中蛋白质溶解度的影响（平均数±标准差）（%）

Table 4.29 The influence of humid-heat treatments on the protein solubility in the soybean meal extracted isoflavone（mean± S.E.M.）（%）

温度 时间/min	75℃（A_1）	80℃（A_2）	85℃（A_3）	90℃（A_4）	95℃（A_5）	100℃（A_6）	105℃（A_7）	110℃（A_8）	115℃（A_9）	120℃（A_{10}）
10（B_1）	85.17±0.476	85.13±0.765	84.31±0.907	83.99±1.798	82.83±0.999	76.55±1.444	74.65±1.963	71.36±1.040	68.86±3.154	65.63±1.230
20（B_2）	85.02±0.811	85.04±0.872	84.06±0.962	80.86±0.817	81.33±0.809	75.24±0.988	7.25±1.112	71.03±0.876	67.91±1.176	62.01±1.314
30（B_3）	84.96±1.065	84.57±0.869	83.88±0.755	79.67±0.508	79.58±0.797	71.98±1.147	71.24±0.969	68.04±1.361	66.53±1.169	61.71±1.044
40（B_4）	84.43±0.594	84.28±0.667	83.32±0.838	79.11±0.599	78.68±0.983	71.08±0.969	70.70±0.722	65.17±1.027	65.08±1.056	60.06±1.348

注：F_A=1935.084**，F_B=185.354**，$F_{A\times B}$=8.054**；**为差异极显著（P<0.01）

表 4.30 不同的湿热处理温度对提异黄酮豆粕中蛋白质溶解度影响的多重比较

Table 4.30 The multi-contrast of the influence of humid-heat treatment temperature on the protein solubility in the soybean meal extracted isoflavone

A 因子	平均数	平均数-A_{10}	平均数-A_9	平均数-A_8	平均数-A_7	平均数-A_6	平均数-A_5	平均数-A_4	平均数-A_3	平均数-A_2
A_1	84.895	22.543**	17.800**	15.995**	12.435**	11.183**	4.290**	3.988**	0.140	0.140
A_2	84.755	22.403**	17.660**	15.855**	12.295**	11.043**	4.150**	3.848**	0.863**	
A_3	83.893	21.540**	16.798**	14.993**	11.433**	10.180**	3.288**	2.985**		
A_4	80.908	18.555**	13.813**	12.008**	8.448**	7.195**	0.303			
A_5	80.605	18.253**	13.510**	11.705**	8.145**	6.893**				
A_6	73.713	11.360**	6.618**	4.813**	1.253**					
A_7	72.460	10.108**	5.365**	3.560**						
A_8	68.900	6.545**	1.805**							
A_9	67.095	4.743**								
A_{10}	62.353									

**为差异极显著（P<0.01）

表 4.31　不同的湿热处理时间对提异黄酮豆粕中蛋白质溶解度影响的多重比较

Table 4.31　The multi-contrast of the influence of humid-heat treatment time on the protein solubility in the soybean meal extracted isoflavone

B 因子	平均数	平均数-B_4	平均数-B_3	平均数-B_2
B_1	77.848	3.657**	2.632**	1.273**
B_2	76.575	2.384**	1.359**	
B_3	75.216	1.025**		
B_4	74.191			

**为差异极显著（P<0.01）

从湿热处理对蛋白质溶解度的影响可见，除了经 75℃和 80℃时 10min、20min 的湿热处理后提异黄酮豆粕中蛋白质溶解度较高，豆粕过生外，经 100℃和 105℃时 30min、40min 与 110℃、115℃和 120℃时 10min、20min、30min 和 40min 的湿热处理后所有提异黄酮豆粕中蛋白质溶解度均较低，除说明豆粕过熟外，其余所有的处理组合下蛋白质的溶解度都较好。

4.2.6.2　提异黄酮豆粕经湿热处理后脲酶活性的变化

提取异黄酮后未经任何处理的豆粕中脲酶活性为（2.32±0.029）ΔpH，从数值可知，这样的豆粕仍然不适合直接饲喂动物，必须经过处理才可使用。系列湿热处理对提异黄酮豆粕脲酶活性的影响如表 4.33 所示。

系列湿热处理后提异黄酮豆粕脲酶活性的变化如图 4.11 所示。

分析结果：不同的湿热处理温度、时间及这两者的交互作用对提异黄酮豆饼中脲酶活性的影响差异都达到了极显著水平。

不同的湿热处理温度对提异黄酮豆粕中脲酶活性影响的多重比较如表 4.34 所示。

从表 4.35 中可见，各组之间差异均达到了极显著的水平。不同的湿热处理时间对脲酶活性影响的多重比较见表 4.35。

所有组合之间的差异均达到了极显著的水平，说明通过湿热时间来改变提异黄酮豆粕中脲酶活性是行之有效的。不同湿热处理温度与时间的交互作用对脲酶活性影响的多重比较见表 4.36。

不同湿热处理温度与时间的交互作用对脲酶活性影响的多重比较如图 4.12 所示。

从上述系列分析可见，提异黄酮豆粕中蛋白质溶解度适宜范围和脲酶活性安全范围二者之间没有公共点，也就是说，选用豆粕中蛋白质溶解度较好的湿热处理方法会使其中的脲酶活性超标；而选用豆粕中脲酶活性安全范围内处理方式，其蛋白质溶解度不佳。所以在实际生产中要根据具体情况灵活选用处理方法，如

表 4.32 不同的湿热处理方法对提异黄酮豆粕中蛋白质溶解度影响的多重比较

Table 4.32 The multi-contrast of The influence of humid-heat treatments on the protein solubility in the soybean meal extracted isoflavone

组别	均数	$A_{10}B_4$	$A_{10}B_3$	$A_{10}B_2$	A_9B_4	A_8B_4	$A_{10}B_1$	A_9B_3	A_9B_2	A_8B_3	A_9B_1	A_7B_4	A_8B_2	A_6B_4	A_7B_3	A_8B_1	A_6B_3	A_7B_2	A_7B_1	A_6B_2	A_6B_1	A_5B_4	A_4B_4	A_5B_3	A_4B_3	A_4B_2	A_5B_2	A_5B_1	A_3B_4	A_3B_3	A_4B_1	A_3B_2	A_2B_4	A_3B_1	A_1B_4	A_2B_3	A_1B_3	A_1B_2	A_2B_2	A_2B_1
A_1B_1	85.17	25.11**	23.46**	23.16**	20.09**	20.00**	19.54**	18.64**	17.26**	17.13**	16.31**	14.47**	14.14**	14.09**	13.93**	13.81**	13.19**	11.92**	10.52**	9.93**	8.62**	6.49**	6.06**	5.59**	5.50**	4.31**	3.84**	2.34**	1.85	1.29	1.18	1.11	0.89	0.86	0.74	0.60	0.21	0.15	0.13	0.04
A_2B_1	85.13	25.07**	23.42**	23.12**	20.05**	19.96**	19.50**	18.60**	17.22**	17.09**	16.27**	14.43**	14.10**	14.05**	13.89**	13.77**	13.15**	11.88**	10.48**	9.89**	8.58**	6.45**	6.02**	5.55**	5.46**	4.27**	3.80**	2.30**	1.81	1.25	1.14	1.07	0.85	0.82	0.70	0.56	0.17	0.11	0.09	
A_2B_2	85.04	24.98**	23.33**	23.03**	19.96**	19.87**	19.41**	18.51**	17.13**	17.00**	16.18**	14.34**	14.01**	13.96**	13.80**	13.68**	13.06**	11.79**	10.39**	9.80**	8.49**	6.36**	5.93**	5.46**	5.37**	4.18**	3.71**	2.21**	1.72	1.16	1.05	0.98	0.76	0.73	0.61	0.47	0.08	0.02		
A_1B_2	85.02	24.96**	23.31**	23.01**	19.94**	19.85**	19.39**	18.49**	17.11**	16.98**	16.16**	14.32**	13.99**	13.94**	13.78**	13.66**	13.04**	11.77**	10.37**	9.78**	8.47**	6.34**	5.91**	5.44**	5.35**	4.16**	3.69**	2.19**	1.70	1.14	1.03	0.96	0.74	0.71	0.59	0.45	0.06			
A_1B_3	84.96	24.9**	23.25**	22.95**	19.88**	19.79**	19.33**	18.43**	17.05**	16.92**	16.10**	14.26**	13.93**	13.88**	13.72**	13.60**	12.98**	11.71**	10.31**	9.72**	8.41**	6.28**	5.85**	5.38**	5.29**	4.10**	3.63**	2.13*	1.64	1.08	0.97	0.90	0.68	0.65	0.53	0.39				
A_2B_3	84.57	24.51**	22.86**	22.56**	19.49**	19.4**	18.94**	18.04**	16.66**	16.53**	15.71**	13.87**	13.54**	13.49**	13.33**	13.21**	12.59**	11.32**	9.92**	9.33**	8.02**	5.89**	5.46**	4.99**	4.90**	3.71**	3.24**	1.74	1.25	0.69	0.58	0.51	0.29	0.26	0.14					
A_1B_4	84.43	24.37**	22.72**	22.42**	19.35**	19.26**	18.80**	17.90**	16.52**	16.39**	15.57**	13.73**	13.40**	13.35**	13.19**	13.07**	12.45**	11.18**	9.78**	9.19**	7.88**	5.75**	5.32**	4.85**	4.76**	3.57**	3.10**	1.60	1.11	0.55	0.44	0.37	0.15	0.12						
A_3B_1	84.31	24.25**	22.60**	22.30**	19.23**	19.14**	18.68**	17.78**	16.40**	16.27**	15.45**	13.61**	13.28**	13.23**	13.07**	12.95**	12.33**	11.06**	9.66**	9.07**	7.76**	5.63**	5.20**	4.73**	4.64**	3.45**	2.98**	1.48	0.99	0.43	0.32	0.25	0.03							
A_2B_4	84.28	24.22**	22.57**	22.27**	19.20**	19.11**	18.65**	17.75**	16.37**	16.24**	15.42**	13.58**	13.25**	13.20**	13.04**	12.92**	12.30**	11.03**	9.63**	9.04**	7.73**	5.60**	5.17**	4.70**	4.61**	3.42**	2.95**	1.45	0.96	0.40	0.29	0.22								
A_3B_2	84.06	24.00**	22.35**	22.05**	18.98**	18.89**	18.43**	17.53**	16.15**	16.02**	15.20**	13.36**	13.03**	12.98**	12.82**	12.70**	12.08**	10.81**	9.41**	8.82**	7.51**	5.38**	4.95**	4.48**	4.39**	3.20**	2.73**	1.23	0.74	0.18	0.07									
A_4B_1	83.99	23.93**	22.28**	21.98**	18.91**	18.82**	18.36**	17.46**	16.08**	15.95**	15.13**	13.29**	12.96**	12.91**	12.75**	12.63**	12.01**	10.74**	9.34**	8.75**	7.44**	5.31**	4.88**	4.41**	4.32**	3.13**	2.66**	1.16	0.67	0.11										
A_3B_3	83.88	23.82**	22.17**	21.87**	18.80**	18.71**	18.25**	17.35**	15.97**	15.84**	15.02**	13.18**	12.85**	12.80**	12.64**	12.52**	11.90**	10.63**	9.23**	8.64**	7.33**	5.20**	4.77**	4.30**	4.21**	3.02**	2.55**	1.05	0.56											
A_3B_4	83.32	23.26**	21.61**	21.31**	18.24**	18.15**	17.69**	16.79**	15.41**	15.28**	14.46**	12.62**	12.29**	12.24**	12.08**	11.96**	11.34**	10.07**	8.67**	8.08**	6.77**	4.64**	4.21**	3.74**	3.65**	2.46**	1.99**	0.49												
A_5B_1	82.83	22.77**	21.12**	20.82**	17.75**	17.66**	17.20**	16.30**	14.92**	14.79**	13.97**	12.13**	11.80**	11.75**	11.59**	11.47**	10.85**	9.58**	8.18**	7.59**	6.28**	4.15**	3.72**	3.25**	3.16**	1.97**	1.50													
A_5B_2	81.33	21.27**	19.62**	19.32**	16.25**	16.16**	15.70**	14.80**	13.42**	13.29**	12.47**	10.63**	10.30**	10.25**	10.09**	9.97**	9.35**	8.08**	6.68**	6.09**	4.78**	2.65**	2.22**	1.75	1.66	0.47														
A_4B_2	80.86	20.80**	19.15**	18.85**	15.78**	15.69**	15.23**	14.33**	12.95**	12.82**	12.00**	10.16**	9.83**	9.78**	9.62**	9.50**	8.88**	7.61**	6.21**	5.62**	4.31**	2.18**	1.75	1.28	1.19															
A_4B_3	79.67	19.61**	17.96**	17.66**	14.59**	14.50**	14.04**	13.14**	11.76**	11.63**	10.81**	8.97**	8.64**	8.59**	8.43**	8.31**	7.69**	6.42**	5.02**	4.43**	3.12**	0.99	0.56	0.09																
A_5B_3	79.58	19.52**	17.87**	17.57**	14.50**	14.41**	13.95**	13.05**	11.67**	11.54**	10.72**	8.88**	8.55**	8.50**	8.34**	8.22**	7.60**	6.33**	4.93**	4.34**	3.03**	0.90	0.47																	
A_4B_4	79.11	19.05**	17.40**	17.10**	14.03**	13.94**	13.48**	12.58**	11.20**	11.07**	10.25**	8.41**	8.08**	8.03**	7.87**	7.75**	7.13**	5.86**	4.46**	3.87**	2.56**	0.43																		
A_5B_4	78.68	18.62**	16.97**	16.67**	13.60**	13.51**	13.05**	12.15**	10.77**	10.64**	9.82**	7.98**	7.65**	7.60**	7.44**	7.32**	6.70**	5.43**	4.03**	3.44**	2.13*																			
A_6B_1	76.55	16.49**	14.84**	14.54**	11.47**	11.38**	10.92**	10.02**	8.64**	8.51**	7.69**	5.85**	5.52**	5.47**	5.31**	5.19**	4.57**	3.30**	1.90	1.31																				
A_6B_2	75.24	15.18**	13.53**	13.23**	10.16**	10.07**	9.61**	8.71**	7.33**	7.20**	6.38**	4.54**	4.21**	4.16**	4.00**	3.88**	3.26**	1.99**	0.59																					
A_7B_1	74.65	14.59**	12.94**	12.64**	9.57**	9.48**	9.02**	8.12**	6.74**	6.61**	5.79**	3.95**	3.62**	3.57**	3.41**	3.29**	2.67**	1.40																						

续表

组别	均数	$A_{10}B_4$	$A_{10}B_3$	$A_{10}B_2$	A_9B_4	A_8B_4	$A_{10}B_1$	A_9B_3	A_9B_2	A_8B_3	A_9B_1	A_7B_4	A_8B_2	A_6B_4	A_7B_3	A_8B_1	A_6B_3	A_7B_2	A_7B_1	A_6B_2	A_6B_1	A_5B_4	A_4B_4	A_5B_3	A_4B_3	A_4B_2	A_5B_2	A_5B_1	A_3B_4	A_3B_3	A_4B_1	A_3B_2	A_2B_4	A_3B_1	A_1B_4	A_2B_3	A_1B_3	A_1B_2	A_2B_2	A_2B_1
A_7B_2	73.25	13.19**	11.54**	11.24**	8.17**	8.08**	7.62**	6.72**	5.34**	5.21**	4.39**	2.55**	2.22**	2.17**	2.01**	1.89	1.27																							
A_6B_3	71.98	11.92**	10.27**	9.97**	6.90**	6.81**	6.35**	5.45**	4.07**	3.94**	3.12**	1.28	0.95	0.90	0.74	0.62																								
A_8B_1	71.36	11.30**	9.65**	9.35**	6.28**	6.19**	5.73**	4.83**	3.45**	3.32**	2.50**	0.66	0.33	0.28	0.12																									
A_7B_3	71.24	11.18**	9.53**	9.23**	6.16**	6.07**	5.61**	4.71**	3.33**	3.20**	2.38**	0.54	0.21	0.16																										
A_6B_4	71.08	11.02**	9.37**	9.07**	6.00**	5.91**	5.45**	4.55**	3.17**	3.04**	2.22**	0.38	0.05																											
A_8B_2	71.03	10.97**	9.32**	9.02**	5.95**	5.86**	5.40**	4.50**	3.12**	2.99**	2.17**	0.33																												
A_7B_4	70.7	10.64**	8.99**	8.69**	5.62**	5.53**	5.07**	4.17**	2.79**	2.66**	1.84																													
A_9B_1	68.86	8.80**	7.15**	6.85**	3.78**	3.69**	3.23**	2.33**	0.95	0.82																														
A_8B_3	68.04	7.98**	6.33**	6.03**	2.96**	2.87**	2.41**	1.51	0.13																															
A_9B_2	67.91	7.85**	6.20**	5.90**	2.83**	2.74**	2.28**	1.38																																
A_9B_3	66.53	6.47**	4.82**	4.52**	1.45	1.36	0.90																																	
$A_{10}B_1$	65.63	5.57**	3.92**	3.62**	0.55	0.46																																		
A_8B_4	65.17	5.11**	3.46**	3.16**	0.09																																			
A_9B_4	65.08	5.02**	3.37**	3.07**																																				
$A_{10}B_2$	62.01	1.95**	0.30																																					
$A_{10}B_3$	61.71	1.65																																						
$A_{10}B_4$	60.06																																							

**为差异极显著（$P<0.01$）；*为差异显著（$P<0.05$）

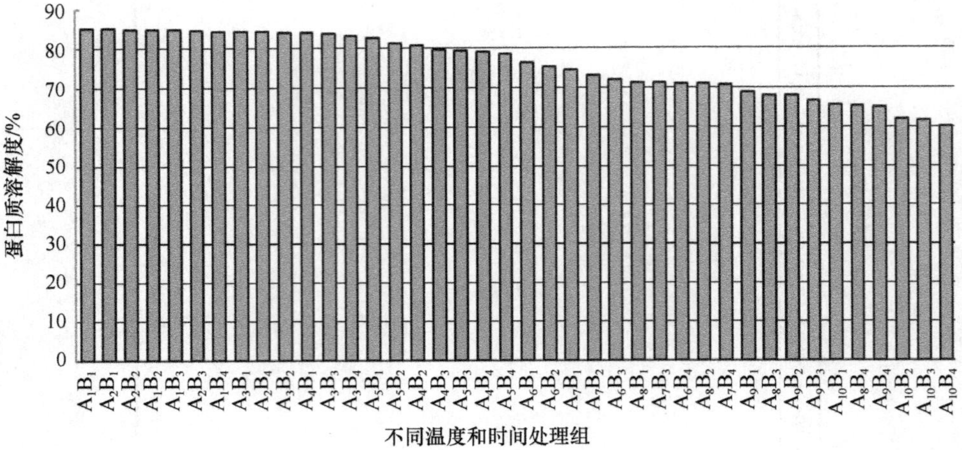

图 4.10　不同的湿热处理方法对提异黄酮豆粕中蛋白质溶解度的影响

Fig 4.10　The influence of humid-heat treatments on the protein solubility in the soybean meal extracted isoflavone

表 4.33　不同的湿热处理对提异黄酮豆粕中脲酶活性的影响（平均数±标准差）（pH 差值）

Table 4.33　The influence of humid-heat treatments on the activity of urea-amidohydrolase in the soybean meal extracted isoflavone（mean±S.E.M.）（pH difference）

温度 时间/min	90℃（A_4）	95℃（A_5）	100℃（A_6）	105℃（A_7）	110℃（A_8）	115℃（A_9）	120℃（A_{10}）
10（B_1）	2.24±0.036	2.20±0.022	2.00±0.018	2.02±0.048	2.01±0.026	1.96±0.008	0.68±0.018
20（B_2）	2.14±0.027	2.13±0.026	1.96±0.016	1.92±0.016	1.78±0.016	0.87±0.022	0.59±0.012
30（B_3）	2.12±0.063	2.08±0.032	1.94±0.029	1.72±0.088	0.78±0.018	0.44±0.048	0.42±0.016
40（B_4）	2.06±0.052	1.68±0.029	1.68±0.067	1.63±0.026	0.45±0.012	0.40±0.014	0.31±0.014

注：F_A=466.684**，F_B=196.972**，$F_{A×B}$=29.071**；**为差异极显著（P<0.01）

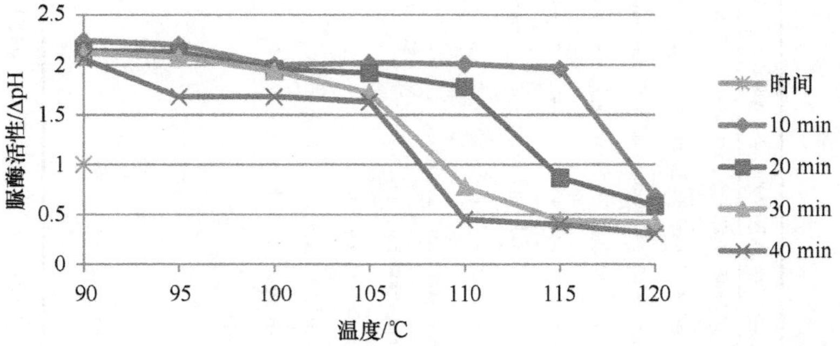

图 4.11　不同湿热处理后提异黄酮豆粕中脲酶活性变化趋势

Fig 4.11　The change tendency of the humid-heat treatments to the activity of urea-amidohydrolase in the soybean meal extracted isoflavone

表 4.34　不同的湿热处理温度对提异黄酮豆粕中脲酶活性影响的多重比较

Table 4.34　The multi-contrast of the influence of humid-heat treatment temperature on the activity of urea-amidohydrolase in the soybean meal extracted isoflavone

A 因子	平均数	平均数-A_{10}	平均数-A_9	平均数-A_8	平均数-A_7	平均数-A_6	平均数-A_5
A_4	2.140	1.640**	1.223**	0.885**	0.318**	0.245**	0.118**
A_5	2.023	1.523**	1.105**	0.768**	0.200**	0.128**	
A_6	1.895	1.395**	0.978**	0.640**	0.073**		
A_7	1.823	1.323**	0.905**	0.568**			
A_8	1.255	0.755**	0.338**				
A_9	0.918	0.418**					
A_{10}	0.500						

**为差异极显著（P<0.01）

表 4.35　不同的湿热处理时间对提异黄酮豆粕中脲酶活性影响的多重比较

Table 4.35　The multi-contrast of the influence of humid-heat treatment time on the activity of urea-amidohydrolase in the soybean meal extracted isoflavone

B 因子	平均数	平均数-B_4	平均数-B_3	平均数-B_2
B_1	1.873	0.700**	0.516**	0.246**
B_2	1.627	0.454**	0.270**	
B_3	1.357	0.184**		
B_4	1.173			

**为差异极显著（P<0.01）

为禽类配制饲料，我们尽可能选择脲酶活性较低的湿热处理方法，即 115℃时 30min 这样的湿热处理，同时为克服蛋白质利用率低的问题，我们可以只用少量的这种提异黄酮豆粕，改用其他的杂粕或传统豆粕进行配制；如果为反刍动物配制饲料，我们尽可使其蛋白质利用率高些，最好形成保护性蛋白质，而脲酶活性稍高一些问题不太大，因为反刍动物瘤胃中的微生物可以部分分解豆粕中的脲酶，这时我们会采取 105℃时 20min 这样的湿热处理。另外，如果当前饲料原料市场豆粕价格较高，特别是在为毛皮动物配制饲料时，我们可以尽量采用蛋白质溶解度较好的湿热处理方法，可以缓解毛皮动物对植物性蛋白质饲料原料利用率本来就较低的问题，最大限度地利用提异黄酮豆粕饲料原料，为避免脲酶的抗营养作用，可以尽量减少其用量，不足的部分用其他饼、粕类或动物蛋白质类饲料代替，于是我们采用 105℃时 20min 这样的湿热方法处理提异黄酮豆粕；如果当前饲料原料价格较低，特别是在为宠物配制饲料时，我们会尽量使脲酶活性保持在较低的水平，这样即使浪费一些豆粕饲料原料，但损失也不会在大，所以我们会采用 115℃时 30min 的湿热方法处理提异黄酮豆粕。

表 4.36　不同的湿热处理方法对提异黄酮豆粕中脲酶活性影响的多重比较

Table 4.36　The multi-contrast of the influence of humid-heat treatments on the activity of urea-amidohydrolase in the soybean meal extracted isoflavone

组别	平均数	$A_{10}B_4$	A_9B_4	$A_{10}B_3$	A_9B_3	A_8B_4	$A_{10}B_2$	$A_{10}B_1$	A_8B_3	A_9B_2	A_7B_4	A_6B_4 A_5B_4	A_7B_3	A_8B_2	A_7B_2	A_6B_3	A_6B_2 A_9B_1	A_6B_1	A_8B_1	A_7B_1	A_4B_5	A_5B_3	A_4B_3	A_5B_2	A_4B_2	A_5B_1
A_4B_1	2.24	1.93^{**}	1.84^{**}	1.82^{**}	1.80^{**}	1.79^{**}	1.65^{**}	1.56^{**}	1.46^{**}	1.37^{**}	0.61^{**}	0.56^{**}	0.52^{**}	0.46^{**}	0.32^{*}	0.30	0.28	0.24	0.23	0.22	0.18	0.16	0.12	0.11	0.10	0.04
A_5B_1	2.20	1.89^{**}	1.80^{**}	1.78^{**}	1.76^{**}	1.75^{**}	1.61^{**}	1.52^{**}	1.42^{**}	1.33^{**}	0.57^{**}	0.52^{**}	0.48^{**}	0.42^{**}	0.28	0.26	0.24	0.20	0.19	0.18	0.14	0.12	0.08	0.07	0.06	
A_4B_2	2.14	1.83^{**}	1.74^{**}	1.72^{**}	1.70^{**}	1.69^{**}	1.55^{**}	1.46^{**}	1.36^{**}	1.27^{**}	0.51^{**}	0.46^{**}	0.42^{**}	0.36^{**}	0.22	0.20	0.18	0.14	0.13	0.12	0.08	0.06	0.02	0.01		
A_5B_2	2.13	1.82^{**}	1.73^{**}	1.71^{**}	1.69^{**}	1.68^{**}	1.54^{**}	1.45^{**}	1.35^{**}	1.26^{**}	0.50^{**}	0.45^{**}	0.41^{**}	0.35^{**}	0.21	0.19	0.17	0.13	0.12	0.11	0.07	0.05	0.01			
A_4B_3	2.12	1.81^{**}	1.72^{**}	1.70^{**}	1.68^{**}	1.67^{**}	1.53^{**}	1.44^{**}	1.34^{**}	1.25^{**}	0.49^{**}	0.44^{**}	0.40^{**}	0.34^{*}	0.20	0.18	0.16	0.12	0.11	0.10	0.06	0.04				
A_5B_3	2.08	1.77^{**}	1.68^{**}	1.66^{**}	1.64^{**}	1.63^{**}	1.49^{**}	1.40^{**}	1.30^{**}	1.21^{**}	0.45^{**}	0.40^{**}	0.36^{**}	0.30	0.16	0.14	0.12	0.08	0.07	0.06	0.02					
A_4B_5	2.06	1.75^{**}	1.66^{**}	1.64^{**}	1.62^{**}	1.61^{**}	1.47^{**}	1.38^{**}	1.28^{**}	1.19^{**}	0.43^{**}	0.38^{**}	0.34^{*}	0.28	0.14	0.12	0.10	0.06	0.05	0.04						
A_7B_1	2.02	1.71^{**}	1.62^{**}	1.60^{**}	1.58^{**}	1.57^{**}	1.43^{**}	1.34^{**}	1.24^{**}	1.15^{**}	0.39^{**}	0.34^{*}	0.30	0.24	0.10	0.08	0.06	0.02	0.01							
A_8B_1	2.01	1.70^{**}	1.61^{**}	1.59^{**}	1.57^{**}	1.56^{**}	1.42^{**}	1.33^{**}	1.23^{**}	1.14^{**}	0.38^{**}	0.33^{*}	0.29	0.23	0.09	0.07	0.05	0.01								
A_6B_1	2.00	1.69^{**}	1.60^{**}	1.58^{**}	1.56^{**}	1.55^{**}	1.41^{**}	1.32^{**}	1.22^{**}	1.13^{**}	0.37^{**}	0.32^{*}	0.28	0.22	0.08	0.06	0.04									
A_6B_2 A_9B_1	1.96	1.65^{**}	1.56^{**}	1.54^{**}	1.52^{**}	1.51^{**}	1.37^{**}	1.28^{**}	1.18^{**}	1.09^{**}	0.33^{*}	0.28	0.24	0.18	0.04	0.02										
A_6B_3	1.94	1.63^{**}	1.54^{**}	1.52^{**}	1.50^{**}	1.49^{**}	1.35^{**}	1.26^{**}	1.16^{**}	1.07^{**}	0.31^{*}	0.26	0.22	0.16	0.02											
A_7B_2	1.92	1.61^{**}	1.52^{**}	1.50^{**}	1.48^{**}	1.47^{**}	1.33^{**}	1.24^{**}	1.14^{**}	1.05^{**}	0.29	0.24	0.20	0.14												
A_8B_2	1.78	1.47^{**}	1.38^{**}	1.36^{**}	1.34^{**}	1.33^{**}	1.19^{**}	1.10^{**}	1.00^{**}	0.91^{**}	0.15	0.10	0.06													
A_7B_3	1.72	1.41^{**}	1.32^{**}	1.30^{**}	1.28^{**}	1.27^{**}	1.13^{**}	1.04^{**}	0.94^{**}	0.85^{**}	0.09	0.04														
A_6B_4 A_5B_4	1.68	1.37^{**}	1.28^{**}	1.26^{**}	1.24^{**}	1.23^{**}	1.09^{**}	1.00^{**}	0.90^{**}	0.81^{**}	0.05															
A_7B_4	1.63	1.32^{**}	1.23^{**}	1.21^{**}	1.19^{**}	1.18^{**}	1.04^{**}	0.95^{**}	0.85^{**}	0.76^{**}																
A_9B_2	0.87	0.56^{**}	0.47^{**}	0.45^{**}	0.43^{**}	0.42^{**}	0.28	0.19	0.09																	
A_8B_3	0.78	0.47^{**}	0.38^{**}	0.36^{**}	0.34^{*}	0.33^{*}	0.19	0.10																		
$A_{10}B_1$	0.68	0.37^{**}	0.28	0.26	0.24	0.23	0.09																			
$A_{10}B_2$	0.59	0.28	0.19	0.17	0.15	0.14																				
A_8B_4	0.45	0.14	0.05	0.03	0.01																					
A_9B_3	0.44	0.13	0.04	0.02																						
$A_{10}B_3$	0.42	0.11	0.02																							
A_9B_4	0.4	0.09																								
A_7B_4	0.31																									

**为差异极显著（$P<0.01$）；*为差异显著（$P<0.05$）

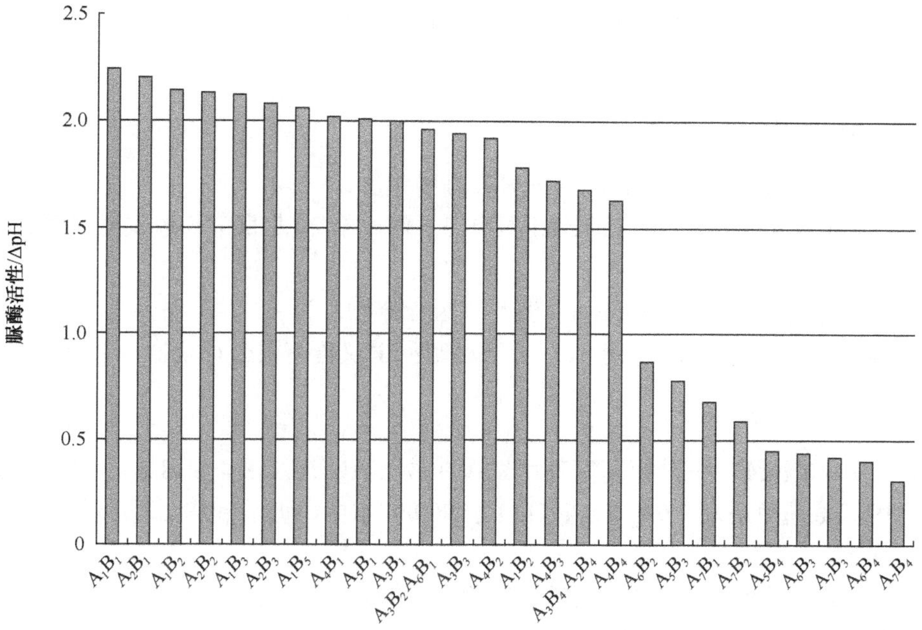

图 4.12　不同的湿热处理方法对提异黄酮豆粕中脲酶活性的影响

Fig 4.12　The influence of humid-heat treatments on the activity of urea-amidohydrolase in the soybean meal extracted isoflavone

4.3　经干热及湿热处理后胰蛋白酶抑制因子灭活情况

本节的主要内容是样本经过不同的热处理后，分析其中胰蛋白酶抑制因子的灭活情况及蛋白质溶解度变化情况，以期找到合适蛋白质溶解度条件下胰蛋白酶抑制因子的最佳灭活方法。

4.3.1　胰蛋白酶抑制因子活性的测定方法

测定胰蛋白酶活性所用试验原理、仪器设备、试剂及结果计算方法如下。

4.3.1.1　基本原理

生大豆饼粕中至少存在有 7 种具不同化学结构的蛋白酶抑制因子，这些抗营养因子干扰动物对营养物质的消化和吸收，阻碍蛋白质合成，加快胰蛋白酶合成速度。大豆饼粕中胰蛋白酶抑制因子的活性对单胃动物是很重要的，它是评价大豆饼粕质量最为可靠的指标。

胰蛋白酶抑制因子活性的测定是把大豆饼粕粉样品在 0.01mol/L 氢氧化钠溶液中浸泡 1h 后进行过滤，然后吸取一部分过滤液用 PABA（对氨基苯甲酸，

4-aminobenzoic acid）作用物溶液水解，用来测定 TIA 活性，并以胰蛋白酶抑制因子活力单位（TIU）来表示活性大小。

4.3.1.2 仪器设备

（1）分光光度计：在 410nm 处有良好吸光度。

（2）恒温水浴锅：HH·SY11-Ni 型电热恒温水浴锅[北京市长风仪器仪表公司，可控温（37±0.5）℃]。

（3）磁力搅拌器：HKCB-3（温州市医疗器械厂）。

（4）电子天平：FA/JA 系列（上海精密科学仪器有限公司仪器厂）。

4.3.1.3 试验试剂

（1）0.05mol/L 三羟甲基氨基甲烷缓冲液（Tris 缓冲液，pH8.2）：溶解 6.05g 三羟甲基氨基甲烷及 2.94g $CaCl_2 \cdot H_2O$ 于 900ml 水中，调节 pH8.2，并用水稀释至 1000ml。

（2）底物溶液：溶解 40mg 苯甲酰-D(L)-精氨酸-P-硝基酰替苯胺盐酸盐于 1ml 二甲基亚砜中，并将 Tirs 缓冲液预热至 37℃，然后用作溶剂。将上述试剂稀释至 100ml。

（3）胰蛋白酶液：称取 4.0mg 胰蛋白酶（不含盐）溶于 200ml 0.001mol/L 盐酸中。

（4）乙酸溶液：量取 30ml 冰醋酸溶于 70ml 水中。

（5）0.01mol/L 氢氧化钠溶液。

4.3.1.4 试验方法

称取 0.01g 样品于三角瓶中，每瓶样品加入 10ml 0.01mol/L 氢氧化钠溶液，提取 1h。在 1h 内，不时摇动内容物，然后过滤。将滤液稀释 10 倍，分别吸取 0ml、0.5ml、1.0ml、1.5ml、2.0ml 稀释液注入 5 支试管中，每管加入 Tris-$CaCl_2$ 缓冲溶液稀释至 2ml。另用一试管加入 2ml Tris-$CaCl_2$ 缓冲溶液作空白对照。除空白对照试管外，分别加入 2ml 胰蛋白酶溶液于每支试管中，混匀。将全部试管置于 37℃水浴中，温度平衡后，再加入 5ml 预热至 37℃的 PABA 溶液，并严格地于 10min 后加入 1ml 乙酸溶液并混匀，以停止反应。然后在空白试管中加入 2ml 胰蛋白酶溶液。将所有试管的溶液用滤纸过滤（滤液为反应液），用空白调分光光度计的零点，并于 410nm 波长处测定样品过滤液的吸光度。

4.3.1.5 结果计算

（1）胰蛋白酶抑制因子活力（TIU）可按下式计算：

$$\text{胰蛋白酶抑制因子活力（TIU）}=\frac{A_{\text{标准}}-A_{\text{样品}}}{0.01}$$

式中，0.01 表示一个胰蛋白酶抑制因子活力单位使酶反应产物光吸收值减少 0.01；

$A_{标准}$表示未抑制的酶反应体系的吸光度值；$A_{样品}$表示抑制的酶反应体系的吸光度值。

（2）每毫升原样本提取液的胰蛋白酶抑制因子活力 T 可按下式计算：

$$T=\frac{TIU_{0.5}+TIU_{1.0}+TIU_{1.5}+TIU_{2}}{4}$$

式中，T 表示每毫升样本稀释液的 TIU 值；$TIU_{0.5}$ 表示取 0.5ml 样本稀释液时算出的 TIU 值；$TIU_{1.0}$ 表示取 1.0ml 样本稀释液时算出的 TIU 值；$TIU_{1.5}$ 表示取 1.5ml 样本稀释液时算出的 TIU 值；$TIU_{2.0}$ 表示取 2.0ml 样本稀释液时算出的 TIU 值。

（3）样品中胰蛋白酶抑制剂的活性可由下式计算：

$$TIA=\frac{T\times 0.01}{0.019}\times\frac{10}{1000}\times\frac{D}{W}$$

式中，TIA 表示胰蛋白酶抑制因子的活性（mg/g）；T（TIU/ml）表示每毫升样本稀释液的 TIU 值；W 表示样品质量（g）；0.019 表示 1g 牛胰蛋白酶于 410nm 处的吸光度值；D 表示稀释倍数。

4.3.2　生豆粕经干热处理后胰蛋白酶抑制因子活性的变化

不同的干热处理对生豆粕中蛋白质溶解度的影响情况见表 4.5。

纵观大豆胰蛋白酶抑制因子及其钝化技术的研究进展，虽有重大突破，但对其含量、成分、生化结构、活性特点、致活条件、作用机制、作用过程等都有待于进一步深入研究，由于胰蛋白酶抑制剂和大豆凝集素本质上都是亲水性糖蛋白，特别是在有水的条件下容易变性，因此，国际上常用监测大豆中的脲酶活性来确定大豆中胰蛋白酶抑制因子等抗营养因子的破坏程度。本试验原料生豆粕中胰蛋白酶抑制因子的活性为（46.78±0.145）mg/g，说明生豆粕中胰蛋白酶抑制因子的活性很强，不可以直接用于喂饲动物，必须经过处理后才可应用。经过不同的干热温度和时间处理后生豆粕中胰蛋白酶抑制因子活性的变化见表 4.37。

表 4.37　不同的干热处理对生豆粕中胰蛋白酶抑制因子活性的影响（平均数±标准差）（mg/g）

Table 4.37　The influence of dry-heat treatments on the activity of trypsin inhibitors in the raw soybean meal（mean± S.E.M.）（mg/g）

时间/min \ 温度	90℃（A_1）	100℃（A_2）	110℃（A_3）	120℃（A_4）	130℃（A_5）	140℃（A_6）
5（B_1）	41.88±0.300	41.00±0.496	38.19±0.247	36.85±0.305	27.83±0.381	28.25±0.294
10（B_2）	41.32±0.906	40.75±0.381	38.09±0.575	35.62±0.363	27.54±0.374	24.85±0.753
15（B_3）	40.56±0.420	40.39±0.699	37.61±0.459	34.92±0.857	26.86±0.304	24.45±0.292
20（B_4）	40.06±0.658	40.02±0.675	37.59±0.559	34.16±0.348	26.65±0.248	24.40±0.313

注：F_A=1798.67**，F_B=43.07**，$F_{A\times B}$=2.80**；**为差异极显著（P<0.01）

从表 4.37 可看到，生豆粕中胰蛋白酶抑制因子的活性在相同温度条件下随着干热处理时间延长而下降，在相同时间条件下则随着干热处理温度升高而下降。

并且不同干热处理温度、处理时间及两者的交互作用对胰蛋白酶抑制因子活性的影响差异均达到了极显著水平，其变化趋势如图 4.13 所示。

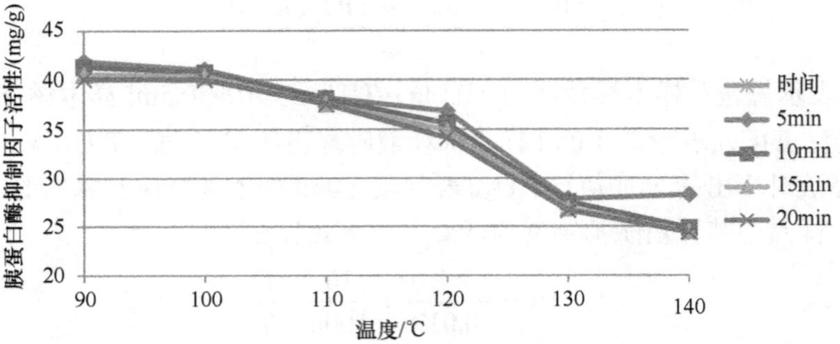

图 4.13　不同干热处理后生豆粕中胰蛋白酶抑制因子活性变化趋势

Fig 4.13　The change tendency of the dry-heat treatments to the activity of trypsin inhibitors in the raw soybean meal

其中，不同的干热处理温度对生豆粕中胰蛋白酶抑制因子活性影响的多重比较见表 4.38。

表 4.38　不同的干热处理温度对生豆粕中胰蛋白酶活性影响的多重比较

Table 4.38　The multi-contrast of the influence of dry-heat treatment temperature on the activity of trypsin inhibitors in the raw soybean meal

A 因子	平均数	平均数-A_6	平均数-A_5	平均数-A_4	平均数-A_3	平均数-A_2
A_1	40.955**	15.468**	13.731**	5.568**	3.085**	0.415
A_2	40.540**	15.053**	13.316**	5.153**	2.670**	
A_3	37.870**	12.383**	10.646**	2.483**		
A_4	35.388**	9.900**	8.164**			
A_5	27.224**	1.736**				
A_6	25.488**					

**为差异极显著（P<0.01）

从表 4.38 可看到，除了 A_1 和 A_2 之间差异不显著外，其他各不同干热处理温度对豆粕中胰蛋白酶抑制因子的影响差异均极显著，说明干热法可以很好地灭活豆粕中的胰蛋白酶抑制因子。

不同的干热处理时间对豆粕中胰蛋白酶抑制因子活性影响的多重比较见表 4.39。

从表 4.39 可看到，除 B_3 和 B_4 之间差异不显著外，其他各处理时间之间差异均极显著，说明通过控制不同的干热处理时间可较好地灭活生豆粕中胰蛋白酶抑制因子的活性，达到安全使用的目的。

不同干热处理温度与时间之间的交互作用对豆粕中胰蛋白酶抑制因子活性的影响情况见表 4.40。

表 4.39　不同的干热处理时间对生豆粕中胰蛋白酶抑制因子活性影响的多重比较

Table 4.39　The multi-contrast of the influence of dry-heat treatment time on the activity of trypsin inhibitors in the raw soybean meal

B 因子	平均数	平均数-B_4	平均数-B_3	平均数-B_2
B_1	35.667	1.851**	1.535**	0.972**
B_2	34.695	0.879**	0.563**	
B_3	34.132	0.316		
B_4	33.816			

**为差异极显著（$P<0.01$）

不同干热处理温度与时间之间的交互作用对豆粕中胰蛋白酶抑制因子活性的影响情况如图 4.14 所示。

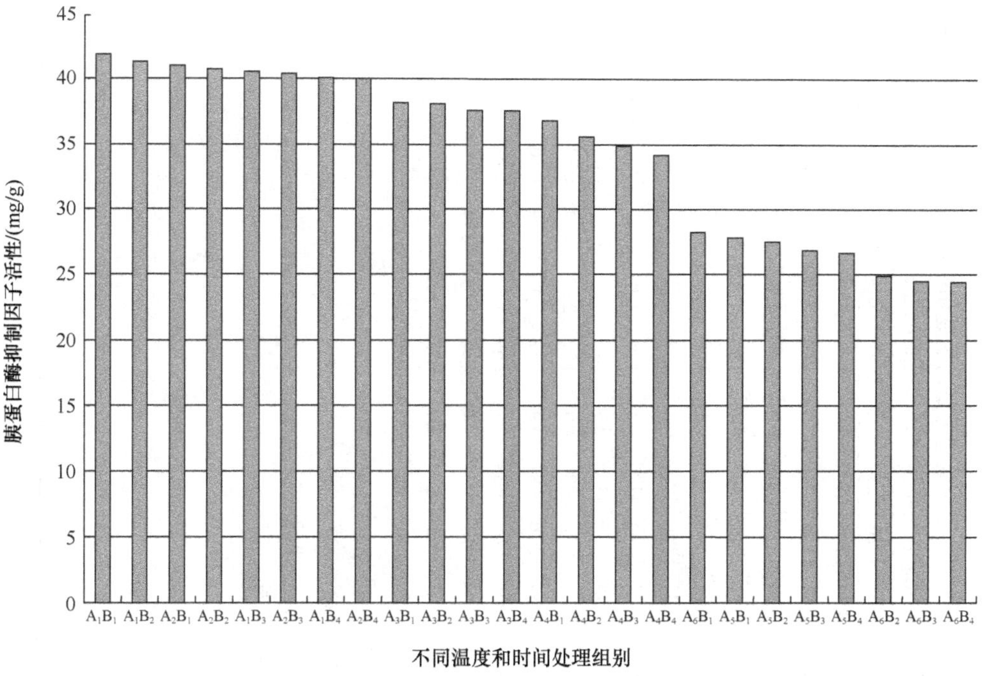

图 4.14　不同的干热处理方法对生豆粕中胰蛋白酶抑制因子活性的影响

Fig 4.14　The influence of the dry-heat treatments on the activity of trypsin inhibitors in the raw soybean meal

从上述系列图表中可看到，大多数组合之间的差异都达到了极显著水平，说明不同温度和时间的交互作用对生豆粕中胰蛋白酶抑制因子的灭活具有显著的作用。

到目前为止，我国还未对饲料豆粕中胰蛋白酶抑制因子的活性标准作出允许使用的量值规定。但从动物营养角度来讲，其活性越低越好，因为有时候虽

表 4.40　不同的干热处理方法对生豆粕中胰蛋白酶抑制因子活性影响的多重比较

Table 4.40　The multi-contrast of the influence of dry-heat treatments on the activity of trypsin inhibitors in the raw soybean meal

组别	平均数	A_6B_4	A_6B_3	A_6B_2	A_5B_4	A_5B_3	A_5B_2	A_5B_1	A_6B_1	A_4B_4	A_4B_3	A_4B_2	A_4B_1	A_3B_4	A_3B_3	A_3B_2	A_3B_1	A_2B_4	A_1B_4	A_2B_3	A_1B_3	A_2B_2	A_2B_1	A_1B_2
A_1B_1	41.88	17.48**	17.43**	17.03**	15.23**	15.02**	14.34**	14.05**	13.63**	7.72**	6.96**	6.26**	5.03**	4.29**	4.27**	3.79**	3.69**	1.86*	1.82*	1.49	1.32	1.13	0.88	0.56
A_1B_2	41.32	16.92**	16.87**	16.47**	14.67**	14.46**	13.78**	13.49**	13.07**	7.16**	6.40**	5.70**	4.47**	3.73**	3.71**	3.23**	3.13**	1.30	1.26	0.93	0.76	0.57	0.32	
A_2B_1	41.00	16.60**	16.55**	16.15**	14.35**	14.14**	13.46**	13.17**	12.75**	6.84**	6.08**	5.38**	4.15**	3.41**	3.39**	2.91**	2.81**	0.98	0.94	0.61	0.44	0.25		
A_2B_2	40.75	16.35**	16.30**	15.90**	14.10**	13.89**	13.21**	12.92**	12.50**	6.59**	5.83**	5.13**	3.90**	3.16**	3.14**	2.66**	2.56**	0.73	0.69	0.36	0.19			
A_1B_3	40.56	16.16**	16.11**	15.71**	13.91**	13.70**	13.02**	12.73**	12.31**	6.40**	5.64**	4.94**	3.71**	2.97**	2.95**	2.47**	2.37**	0.54	0.50	0.17				
A_2B_3	40.39	15.99**	15.94**	15.54**	13.74**	13.53**	12.85**	12.56**	12.14**	6.23**	5.47**	4.77**	3.54**	2.80**	2.78**	2.30**	2.20**	0.37	0.33					
A_1B_4	40.06	15.66**	15.61**	15.21**	13.41**	13.20**	12.52**	12.23**	11.81**	5.90**	5.14**	4.44**	3.21**	2.47**	2.45**	1.97**	1.87*	0.04						
A_2B_4	40.02	15.62**	15.57**	15.17**	13.37**	13.16**	12.48**	12.19**	11.77**	5.86**	5.10**	4.40**	3.17**	2.43**	2.41**	1.93**	1.83*							
A_3B_1	38.19	13.79**	13.74**	13.34**	11.54**	11.33**	10.65**	10.36**	9.94**	4.03**	3.27**	2.57**	1.34	0.60	0.58	0.10								
A_3B_2	38.09	13.69**	13.64**	13.24**	11.44**	11.23**	10.55**	10.26**	9.84**	3.93**	3.17**	2.47**	1.24	0.50	0.48									
A_3B_3	37.61	13.21**	13.16**	12.76**	10.96**	10.75**	10.07**	9.78**	9.36**	3.45**	2.69**	1.99**	0.76	0.02										
A_3B_4	37.59	13.19**	13.14**	12.74**	10.94**	10.73**	10.05**	9.76**	9.34**	3.43**	2.67**	1.97**	0.74											
A_4B_1	36.85	12.45**	12.40**	12.00**	10.20**	9.99**	9.31**	9.02**	8.60**	2.69**	1.93**	1.23												
A_4B_2	35.62	11.22**	11.17**	10.77**	8.97**	8.76**	8.08**	7.79**	7.37**	1.46	0.70													
A_4B_3	34.92	10.52**	10.47**	10.07**	8.27**	8.06**	7.38**	7.09**	6.67**	0.76														
A_4B_4	34.16	9.76**	9.71**	9.31**	7.51**	7.30**	6.62**	6.33**	5.91**															
A_6B_1	28.25	3.85**	3.80**	3.40**	1.60*	1.39	0.71	0.42																
A_5B_1	27.83	3.43**	3.38**	2.98**	1.18	0.97	0.29																	
A_5B_2	27.54	3.14**	3.09**	2.69**	0.89	0.68																		
A_5B_3	26.86	2.46**	2.41**	2.01**	0.21																			
A_5B_4	26.65	2.25**	2.20**	1.80*																				
A_6B_2	24.85	0.45	0.40																					
A_6B_3	24.45	0.05																						
A_6B_4	24.40																							

**为差异极显著（$P<0.01$）；*为差异显著（$P<0.05$）

然其活性没有达到使饲喂动物出现明显中毒症状的值，但是在出现此症状之前，由于其活性的存在，会严重地影响动物生产性能的发挥。通过上述系列试验可看到：对于原料豆粕来说，在蛋白质溶解度最佳范围内，综合脲酶活性灭活条件（脲酶活性与胰蛋白酶抑制因子活性之间存在极强的相关性，在另一个试验中），胰蛋白酶抑制因子活性最低的处理条件是干热 130℃时处理 15min，并且这一组合总体效果明显优于其他组合，所以建议饲料厂及动物饲养场在为动物配制粉状饲料时，如果使用干热法处理普通豆粕，其最佳处理方法是 130℃时处理 15min；如果为水产动物或毛皮动物生产膨化饲料，则膨化机内的生豆粕应在 130℃条件下处理 15min，这可使胰蛋白酶抑制因子活性最低，同时动物对豆粕中蛋白质的利用率最高。

4.3.3　生豆粕经湿热处理后胰蛋白酶抑制因子活性的变化

本试验原始豆粕中胰蛋白酶抑制因子的活性为（46.78±0.145）mg/g，其活性较高，所以不可以在动物饲料中直接使用。系列湿热处理方法对豆粕中胰蛋白酶抑制因子活性的影响见表 4.41。

由表 4.41 可知，豆粕中胰蛋白酶抑制因子受不同湿热处理温度和时间的影响可出现极显著的差异，但是这两个因素的交互作用对其影响效果不显著，其变化趋势如图 4.15 所示。

其中，不同的湿热处理温度对豆粕中胰蛋白酶抑制因子活性影响的多重比较见表 4.42。

从表 4.42 中可看到，豆粕中胰蛋白酶抑制因子活性受不同湿热处理温度的影响呈现极显著的差异，说明通过控制湿热处理温度来灭活豆粕中胰蛋白酶抑制因子的活性这种方法是行之有效的。

不同的湿热处理时间对豆粕中胰蛋白酶抑制因子活性影响的多重比较见表 4.43。

从表 4.43 可看到，不同的湿热处理时间对豆粕中胰蛋白酶抑制因子活性的影响差异都达到了极显著的水平，说明通过控制湿热时间可以改变豆粕中胰蛋白酶抑制因子的活性。由于不同湿热温度和时间之间的交互作用差异不显著，所以我们没有进行交互作用差异的显著性分析。

综合湿热处理对豆粕中蛋白质溶解度影响的图表，发现在豆粕蛋白质溶解度安全范围内胰蛋白酶活性最低的湿热处理条件是 115℃时处理 10min。所以在生产实践中如果需要生产粉状饲料，则需要预先把生豆粕进行这样的湿热处理再用来生产配合饲料；如果需要生产颗粒饲料，则制粒过程中在调质室内要将生豆粕进行这样的湿热调质后再制粒，这样既可提高蛋白质的利用率，又可最大限度地灭活豆粕中的抗营养因子，达到合理利用豆粕的目的。

表 4.41 不同的湿热处理对生豆粕中胰蛋白酶抑制因子活性的影响（平均数±标准差）（mg/g）

Table 4.41 The influence of humid-heat treatments on the activity of trypsin inhibitors in the raw soybean meal（mean±S.E.M.）（mg/g）

温度 / 时间/min	90℃（A_4）	95℃（A_5）	100℃（A_6）	105℃（A_7）	110℃（A_8）	115℃（A_9）	120℃（A_{10}）
10（B_1）	39.87±0.415	39.85±0.290	39.82±0.233	36.28±0.238	27.89±0.163	25.46±0.376	22.65±0.202
20（B_2）	39.80±0.376	39.79±0.491	39.74±0.415	34.76±0.820	27.31±0.295	24.37±0.372	22.15±0.095
30（B_3）	36.15±0.305	36.09±0.190	36.03±0.194	34.24±0.264	26.85±0.832	24.10±0.283	20.43±0.310
40（B_4）	36.08±0.171	36.05±0.143	35.96±0.503	33.88±0.508	26.21±0.202	23.66±0.422	19.74±0.354

注：F_A=944.587**，F_B=43.140**，$F_{A\times B}$=2.812；**为差异极显著（P<0.01）

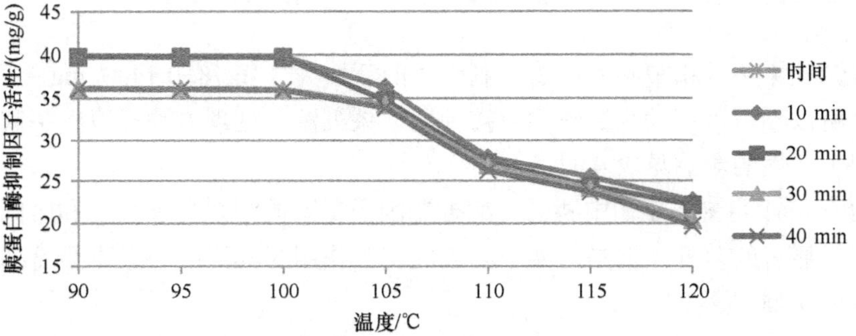

图 4.15 不同湿热处理后生豆粕中胰蛋白酶抑制因子活性变化趋势

Fig 4.15 The change tendency of the humid-heat treatments to the activity of trypsin inhibitors in the raw soybean meal

表 4.42 不同的湿热处理温度对生豆粕中胰蛋白酶抑制因子活性影响的多重比较

Table 4.42 The multi-contrast of the influence of humid-heat treatment temperature on the activity of trypsin inhibitors in the raw soybean meal

A 因子	平均数	平均数-A_{10}	平均数-A_9	平均数-A_8	平均数-A_7	平均数-A_6
A_4A_5	2.335	1.838**	1.550**	1.100**	0.098*	0.013
A_6	2.323	1.825**	1.538**	1.088**	0.085*	
A_7	2.238	1.740**	1.453**	1.003**		
A_8	1.235	0.738**	0.450**			
A_9	0.785	0.288**				
A_{10}	0.498					

**为差异极显著（P<0.01）；*为差异显著（P<0.05）

表 4.43 不同的湿热处理时间对生豆粕中胰蛋白酶抑制因子活性影响的多重比较

Table 4.43 The multi-contrast of the influence of humid-heat treatment time on the activity of trypsin inhibitors in the raw soybean meal

B 因子	平均数	平均数-B_4	平均数-B_3	平均数-B_2
B_1	1.921	0.410^{**}	0.327^{**}	0.236^{**}
B_2	1.686	0.174^{**}	0.091^{**}	
B_3	1.594	0.083^{**}		
B_4	1.511			

**为差异极显著（P<0.01）

4.3.4 提异黄酮豆粕经干热处理后胰蛋白酶抑制因子活性的变化

未经任何处理的提异黄酮豆粕中胰蛋白酶抑制因子的活性为（33.37±0.128）mg/g，说明在提取异黄酮的过程中，化学试剂对豆粕中胰蛋白酶抑制因子具有一定的灭活作用。但这样的豆粕仍然不能直接用于饲料生产。不同干热处理对提异黄酮豆粕中胰蛋白酶抑制因子活性的影响如表 4.44 所示。

表 4.44 不同的干热处理对提取异黄酮豆粕胰蛋白酶抑制因子活性的影响（平均数±标准差）(mg/g)

Table 4.44 The influence of dry-heat treatments on the activity of trypsin inhibitors in the soybean meal extracted isoflavone（mean±S.E.M.）（mg/g）

时间/min \ 温度	90℃（A_1）	100℃（A_2）	110℃（A_3）	120℃（A_4）	130℃（A_5）	140℃（A_6）
5（B_1）	30.71±0.238	29.67±0.616	25.42±0.426	24.43±0.246	16.25±0.269	13.64±0.554
10（B_2）	30.65±0.160	29.34±0.130	25.08±0.201	24.08±0.299	15.37±0.208	12.36±0.460
15（B_3）	30.28±0.181	28.96±0.474	24.37±0.152	23.86±0.564	15.29±0.285	11.24±0.280
20（B_4）	30.19±0.938	28.76±0.699	24.19±0.294	23.17±0.174	15.11±0.081	10.98±1.201

注：$F_A=1251.894^{**}$，$F_B=11.025^{**}$，$F_{A\times B}=0.760$；**为差异极显著（P<0.01）

从表 4.44 可看到，不同的干热处理温度和时间都对提异黄酮豆粕中胰蛋白酶抑制因子的活性具有极显著的影响，但是这两个因素的交互作用对其影响不显著。随着处理温度和时间的不同，其活性变化趋势如图 4.16 所示。

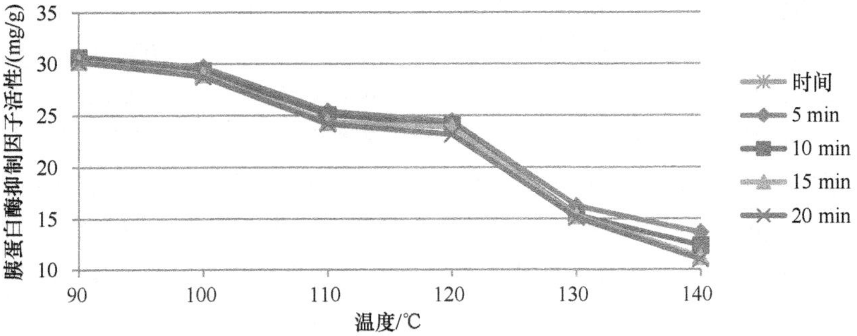

图 4.16 不同干热处理后提异黄酮豆粕中胰蛋白酶抑制因子活性变化趋势

Fig 4.16 The change tendency of the dry-heat treatments to the activity of trypsin inhibitors in the soybean meal extracted isoflavone

不同的干热处理温度对提异黄酮豆粕中胰蛋白酶抑制因子活性影响的多重比较见表 4.45。

表 4.45　不同的干热处理温度对提异黄酮豆粕中胰蛋白酶抑制因子活性影响的多重比较

Table 4.45　The multi-contrast of the influence of dry-heat treatment temperature on the activity of trypsin inhibitors in the soybean meal extracted isoflavone

A 因子	平均数	平均数-A_6	平均数-A_5	平均数-A_4	平均数-A_3	平均数-A_2
A_1	30.458	18.402**	14.953**	6.573**	5.693**	1.275**
A_2	29.183	17.127**	13.678**	5.298**	4.418**	
A_3	24.765	12.710**	9.260**	0.880**		
A_4	23.885	11.830**	8.380**			
A_5	15.505	3.450**				
A_6	12.055					

**为差异极显著（P<0.01）

由表 4.45 可见，不同的干热处理温度对提异黄酮豆粕中胰蛋白酶抑制因子活性的影响差异均达到了极显著的水平，说明通过控制干热处理温度可以灭活胰蛋白酶抑制因子的活性。不同的干热处理时间对胰蛋白酶抑制因子活性影响的多重比较见表 4.46。

表 4.46　不同的干热处理时间对提异黄酮豆粕中胰蛋白酶抑制因子活性影响的多重比较

Table 4.46　The multi-contrast of the influence of dry-heat treatment time on the activity of trypsin inhibitors in the soybean meal extracted isoflavone

B 因子	平均数	平均数-B_4	平均数-B_3	平均数-B_2
B_1	23.353	1.287**	1.020**	0.540*
B_2	22.813	0.747**	0.480	
B_3	22.333	0.267		
B_4	22.067			

**为差异极显著（P<0.01）；*为差异显著（P<0.05）

从表 4.46 可见，大多数干热处理时间之间差异都是极显著或显著，说明通过控制干热处理时间来灭活胰蛋白酶抑制因子是有效的。由于两因子的交互作用对胰蛋白酶抑制因子活性的影响差异不显著，所以没有进行交互作用的多重比较。

由于豆粕中胰蛋白酶抑制因子活性值没有标准限定，根据其活性越低越好的原则、蛋白质溶解度最佳及与脲酶活性相关的原则（用干热处理提异酮豆粕时，其中的胰蛋白酸抑制因子活性和脲酶活性之间的相关系数为 r=0.966*，相关系数显著，另一试验中），因此我们最终锁定 130℃时 5min 这样的干热处理条件。

4.3.5　提异黄酮豆粕经湿热处理后胰蛋白酶抑制因子活性的变化

提异黄酮豆粕未经任何处理时胰蛋白酶抑制因子的活性为（18.32±0.537）mg/g,

根据以往的经验看，其活性较高，不适合直接给动物使用，不同的湿热处理方法对提异黄酮豆粕中胰蛋白酶抑制因子活性的影响见表 4.47。

表 4.47 不同的湿热处理对提异黄酮豆粕中胰蛋白酶抑制因子活性的影响
（平均数±标准差）（mg/g）

Table 4.47 The influence of humid-heat treatments on the activity of trypsin inhibitors in the soybean meal extracted isoflavone（mean± S.E.M.）（mg/g）

时间/min \ 温度	90℃（A_4）	95℃（A_5）	100℃（A_6）	105℃（A_7）	110℃（A_8）	115℃（A_9）	120℃（A_{10}）
10（B_1）	16.23±0.246	15.67±0.308	14.63±0.373	14.05±0.388	10.83±0.461	8.29±0.172	6.56±0.347
20（B_2）	16.04±0.192	15.34±0.148	14.29±0.187	14.00±0.116	10.35±0.207	6.54±0.131	5.37±0.204
30（B_3）	15.98±0.086	14.82±0.174	13.76±0.241	13.26±0.120	10.09±0.225	6.03±0.131	4.96±0.088
40（B_4）	15.76±0.144	14.34±0.101	13.05±0.115	12.92±0.236	9.56±0.329	5.64±0.390	4.37±0.238

注：F_A=775.717**，F_B=31.826**，$F_{A\times B}$=1.370；**为差异极显著（P<0.01）

通过表 4.47 的方差分析可知，不同的湿热处理温度和处理时间对提异黄酮豆粕中胰蛋白酶抑制因子活性的影响差异达到了极显著的水平，而这两个因素的交互作用对胰蛋白酶抑制因子活性的影响差异不显著，其活性变化趋势如图 4.17 所示。

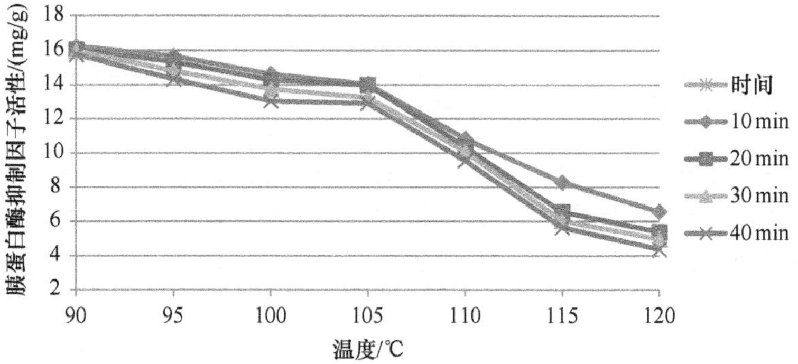

图 4.17 不同湿热处理后提异黄酮豆粕中胰蛋白酶抑制因子活性变化趋势

Fig 4.17 The change tendency of the humid-heat treatments to the activity of trypsin inhibitors in the soybean meal extracted isoflavone

不同的湿热处理温度对提异黄酮豆粕中胰蛋白酶抑制因子活性影响的多重比较见表 4.48。

从表 4.48 中可见，几乎全部组合之间的差异均达到了极显著的水平。不同的湿热处理时间对提异黄酮豆粕中胰蛋白酶抑制因子活性影响的多重比较见表 4.49。

表 4.48 不同的湿热处理温度对提异黄酮豆粕中胰蛋白酶抑制因子活性影响的多重比较

Table 4.48 The multi-contrast of the influence of humid-heat treatment temperature on the activity of trypsin inhibitors in the soybean meal extracted isoflavone

A 因子	平均数	平均数-A_{10}	平均数-A_9	平均数-A_8	平均数-A_7	平均数-A_6	平均数-A_5
A_4	16.003	10.688**	9.378**	5.795**	2.445**	2.070**	0.960**
A_5	15.043	9.728**	8.418**	4.835**	1.485**	1.110**	
A_6	13.933	8.618**	7.308**	3.725**	0.375		
A_7	13.558	8.243**	6.933**	3.350**			
A_8	10.208	4.893**	3.583**				
A_9	6.625	1.310**					
A_{10}	5.315						

**为差异极显著（P<0.01）

表 4.49 不同的湿热处理时间对提异黄酮豆粕中胰蛋白酶抑制因子活性影响的多重比较

Table 4.49 The multi-contrast of the influence of humid-heat treatment time on the activity of trypsin inhibitors in the soybean meal extracted isoflavone

B 因子	平均数	平均数-B_4	平均数-B_3	平均数-B_2
B_1	12.323	1.517**	1.051**	0.619**
B_2	11.704	0.899**	0.433**	
B_3	11.271	0.466**		
B_4	10.806			

**为差异极显著（P<0.01）

可见各组之间差异都是极显著的，说明通过控制湿热处理时间来灭活提异黄酮豆粕中胰蛋白酶抑制因子是十分有效的。由于不同湿热处理温度与时间之间的交互作用对胰蛋白酶抑制因子活性的影响差异不显著，所以没有进行它们之间的多重比较。

从对湿热处理温度和时间这两个因素的分析可见，在蛋白质溶解度最佳范围内使胰蛋白酶抑制因子活性最低的湿热处理条件为 105℃时处理 20min，但由于豆粕中胰蛋白酶抑制因子与脲酶活性存在强相关，考虑到脲酶活性最佳即胰蛋白酶抑制因子灭活较好的选择应该是 115℃时 30min 的湿热处理。

4.4 经干热及湿热处理后大豆凝集素的灭活情况

本节的主要内容是样本经过不同的热处理后，分析其中大豆凝集素的灭活情况及蛋白质溶解度变化情况，以期找到合适蛋白质溶解度条件下大豆凝集素的最佳灭活方法。

4.4.1 大豆凝集素活性的测定方法

测定大豆凝集素活性所用试验原理、仪器设备、试剂及结果计算方法如下。

4.4.1.1 基本原理

植物凝集素与动物细胞膜上的特异糖基有很高的亲和力，不同动物细胞表面有不同类型的糖基，因而不同来源的植物凝集素与不同动物的细胞膜有特异性的结合反应。大豆凝集素与红细胞有特异性凝血反应，故可根据凝血反应程度，用凝血效价表示其含量。

4.4.1.2 仪器设备

正低温高速离心机，10 000r/min（Sigma 3K30）；微量“V”形血凝板；生物显微镜，CX40（OLYMPUS）；海尔冰箱；三角瓶（150ml）。

4.4.1.3 试验试剂

0.85%生理盐水；0.44%柠檬酸钠（用 85%氯化钠生理盐水溶液配制）；石油醚；PBS 液（0.02mol/L 磷酸缓冲液-0.15mol/L NaCl，pH7.4）；标准凝集素 PHA-P 或 PHA-M；8.5g/L 氢氧化钠溶液。

4.4.1.4 试验方法

（1）红细胞制备：取兔血液，1ml 加 3 滴 0.44%柠檬酸钠，以破坏血液中纤维蛋白原，用高出细胞 2～3 倍的 0.85%生理盐水洗涤 3 次，分别离心 3 次。倾去上清液，配成 2.5%的红细胞悬液。置 4℃冰箱中保存，1 周之内有效，若摇起来浑浊则不能再用。

（2）凝集素活性测定：准确称取 1g 粉碎样品用 8ml 石油醚（沸程 30～60℃）于室温下抽提 8h。过滤后脱脂试样与 PBS（0.02mol/L 磷酸缓冲液-0.15mol/L NaCl，pH7.4）以 1∶8 比例（*w*/*V*）抽提 8h，4000r/min 下离心 10min 后上清用 PBS 定容至 10.0ml，在微量“V”形血凝板上进行活性测定。以产生 50%血凝作用时试样的最大稀释度为试样的大豆凝集素凝集效价即活性单位（hemagglutination unit，HU），并以初始大豆凝集素活性为 100 作对照。

4.4.2 生豆粕经干热处理后大豆凝集素活性的变化

到目前为止，有关饲料豆粕中大豆凝集素活性的最高限量国家级标准还没有出台，只有一些学者在各类动物饲养中的应用研究。其中大豆凝集素对仔猪、禽类及反刍动物的生长抑制作用的研究结果都不一致，并且存在较大的争议。所以说，理论上饲料用大豆粕中大豆凝集素的含量应该是越少越好。本试验原料生豆粕的凝集素活性为 85.3HU，其活力较高，这样的豆粕不适合直接用来喂饲动物，必须经过处理才可使用。经过不同的干热温度和时间处理后豆粕中凝集素活性变化情况见表 4.50。

表 4.50 不同的干热处理对生豆粕中大豆凝集素活性的影响（平均数±标准差）（HU）

Table 4.50 The influence of dry-heat treatments on the activity of soybean agglutinin in the raw soybean meal（mean±S.E.M.）（HU）

时间/min \ 温度	90℃（A_1）	100℃（A_2）	110℃（A_3）	120℃（A_4）	130℃（A_5）	140℃（A_6）
5（B_1）	74.88±0.230	65.05±0.310	56.19±0.427	46.85±0.385	34.02±0.394	16.49±0.722
10（B_2）	73.71±0.294	63.75±0.411	54.09±0.815	45.81±0.343	31.59±0.843	13.59±0.794
15（B_3）	72.91±0.482	62.93±0.244	52.94±0.455	43.92±0.274	26.40±0.395	12.41±0.958
20（B_4）	71.04±0.571	61.92±0.295	51.59±0.359	41.05±0.341	21.01±0.492	10.48±0.395
25（B_5）	70.01±0.149	60.82±0.125	49.25±0.414	38.27±0.762	13.95±0.834	8.52±0.625

注：F_A=12528.91**，F_B=107.24**，$F_{A×B}$=70.60**；**为差异极显著（P<0.01）

从表 4.50 可看出，原料豆粕中凝集素的活性在相同温度条件下随着干热时间延长而下降，在相同时间条件下随着干热温度升高而下降。并且豆粕中凝集素活性随着不同的干热处理温度、时间及两者的交互作用呈现极显著的变化，说明这样的处理效果是明显的。在干热处理条件下豆粕中大豆凝集素活性变化的差异随着不同的处理温度、时间及这两个因素的交互作用均达到了极显著的水平，其中不同的干热处理温度对大豆凝集素活力影响的多重比较见表 4.51。

表 4.51 不同的干热处理温度对生豆粕中大豆凝集素活性影响的多重比较

Table 4.51 The multi-contrast of the influence of dry-heat treatment temperature on the activity of soybean agglutinin in the raw soybean meal

A 因子	平均数	平均数-A_6	平均数-A_5	平均数-A_4	平均数-A_3	平均数-A_2
A_1	72.511	61.113**	46.617**	29.331**	19.699**	9.617**
A_2	62.894	51.496**	37.000**	19.714**	10.082**	
A_3	52.812	41.414**	26.918**	9.632**		
A_4	43.180	31.782**	17.286**			
A_5	25.894	14.496**				
A_6	11.398					

**为差异极显著（P<0.01）

从表 4.51 可看出，不同的干热处理温度对豆粕中大豆凝集素活性的影响差异都达到了极显著的水平，说明要想灭活豆粕中大豆凝集素通过控制干热处理温度是有效的，这一点与个别资料中认为干热温度对豆粕中大豆凝集素活性变化影响不明显的结论不相同，而与大多数资料认同的可通过调节干热温度对豆粕中大豆凝集素进行灭活的结论相一致。不同的干热处理时间对豆粕中大豆凝集素活性影响的多重比较见表 4.52。

表 4.52　不同的干热处理时间对生豆粕中大豆凝集素活性影响的多重比较

Table 4.52　The multi-contrast of the influence of dry-heat treatment time on the activity of soybean agglutinin in the raw soybean meal

B 因子	平均数	平均数-B_5	平均数-B_4	平均数-B_3	平均数-B_2
B_1	48.330	8.193**	5.481**	3.078**	0.990**
B_2	47.340	7.204**	4.492**	2.089**	
B_3	45.252	5.115**	2.403**		
B_4	42.848	2.712**			
B_5	40.137				

**为差异极显著（P<0.01）

表 4.52 可说明，同一干热处理温度下不同时间之间也具有明显的差异，说明处理时间同样会对豆粕中大豆凝集素活性产生极显著的影响。不同干热处理温度与时间的交互作用对豆粕中大豆凝集素活性影响的多重比较见表 4.53。

不同干热处理温度与时间的交互作用对豆粕中大豆凝集素活性影响的多重比较如图 4.18 所示。

通过各组合的多重比较可知，在干热条件下，豆粕中凝集素活性大小在 90℃、100℃、110℃、120℃时各处理时间和 130℃时 5min、10min 处理下活力都较大，说明凝集素对干热具有较强的抵抗力，干热不易使其失活。从 130℃时 15min、20min、25min 到 140℃时各处理时间凝集素的活性开始快速下降，此时从外观上看，大豆粕开始变色。当干热温度在 90～110℃时豆粕颜色变化基本不大，从 110℃开始，相同温度下，加热 5～10min，颜色变化不明显，浅黄色或灰白色；加热 10～20min，大豆粕的颜色明显加深，呈深黄色或黄褐色；随着温度升高，这种变化越来越明显，130℃时 20～25min、140℃时 10min 以后颜色由黄褐色变成了暗褐色，同时产生焦味，表明赖氨酸与还原糖发生了美拉德反应（Maillard reaction）。其结果是赖氨酸分子不能被利用，蛋白质的消化率降低；蛋白质分子中的其他氨基酸，如精氨酸、组氨酸和色氨酸也发生受热过度的变化。美拉德反应的程度受温度、加热时间、粉碎粒度和水分含量等因素影响，感观上美拉德反应的产物呈棕褐色，可从处理后大豆粕的颜色变化得到证实，这一点也提示我们在采购豆粕时，可以先简单从豆粕外观的颜色来初步判定豆粕的质量好坏。从以上分析可知，如果仅考虑凝集素活性最低，最佳的干热处理条件应该是 130℃时处理 15min 和 140℃时处理 5min；再综合豆粕中蛋白质溶解度大小，最佳的干热灭活条件是 130℃时处理 15min，所以用这样的豆粕生产粉状饲

表 4.53　不同的干热处理方法对豆粕中大豆凝集素活性影响的多重比较

Table 4.53　The multi-contrast of the influence of dry-heat treatments on the activity of soybean agglutinin in the raw soybean meal

组别	平均数	A_6B_5	A_6B_4	A_6B_3	A_6B_2	A_6B_1	A_5B_5	A_5B_4	A_5B_3	A_5B_2	A_5B_1	A_4B_5	A_4B_4	A_4B_3	A_4B_2	A_4B_1	A_3B_5	A_3B_4	A_3B_3	A_3B_2	A_3B_1	A_2B_5	A_2B_4	A_2B_3	A_2B_2	A_2B_1	A_1B_5	A_1B_4	A_1B_3	A_1B_2
A_1B_1	74.88	66.36**	64.40**	62.47**	62.29**	61.89**	60.90**	53.87**	48.48**	43.29**	40.86**	36.61**	33.83**	30.96**	29.07**	28.00**	25.63**	23.29**	21.94**	20.79**	18.69**	14.06**	12.96**	11.95**	11.10**	9.83**	4.87**	3.84**	1.97*	1.17
A_1B_2	73.71	65.19**	63.23**	61.30**	61.12**	60.72**	59.80**	52.70**	47.31**	42.12**	39.69**	35.44**	32.66**	29.79**	27.90**	26.90**	24.46**	22.12**	20.77**	19.62**	17.52**	12.89**	11.79**	10.78**	9.96**	8.66**	3.70**	2.67*	0.80	
A_1B_3	72.91	64.39**	62.43**	60.50**	60.32**	59.92**	59.00**	51.90**	46.51**	41.32**	38.89**	34.64**	31.86**	28.99**	27.10**	26.10**	23.66**	21.32**	19.97**	18.82**	16.72**	12.09**	10.99**	9.98**	9.16**	7.86**	2.90**	1.87		
A_1B_4	71.04	62.52**	60.56**	58.63**	58.45**	58.05**	57.10**	50.03**	44.64**	39.45**	37.02**	32.77**	29.99**	27.12**	25.23**	24.20**	21.79**	19.45**	18.10**	16.95**	14.85**	10.22**	9.12**	8.11**	7.29**	5.99**	1.03			
A_1B_5	70.01	61.49**	59.53**	57.60**	57.42**	57.02**	56.10**	49.00**	43.61**	38.42**	35.99**	31.74**	28.96**	26.09**	24.20**	23.20**	20.76**	18.42**	17.07**	15.92**	13.82**	9.19**	8.09**	7.08**	6.26**	4.96**				
A_2B_1	65.05	56.53**	54.57**	52.64**	52.46**	52.06**	51.10**	44.04**	38.65**	33.46**	31.03**	26.78**	24.00**	21.13**	19.24**	18.20**	15.80**	13.46**	12.11**	10.96**	8.86**	4.23**	3.13**	2.12	1.30**					
A_2B_2	63.75	55.23**	53.27**	51.34**	51.16**	50.76**	49.80**	42.74**	37.35**	32.16**	29.73**	25.48**	22.70**	19.83**	17.94**	16.90**	14.50**	12.16**	10.81**	9.66**	7.56**	2.93**	1.83	0.82						
A_2B_3	62.93	54.41**	52.45**	50.52**	50.34**	49.94**	49.00**	41.92**	36.53**	31.34**	28.91**	24.66**	21.88**	19.01**	17.12**	16.10**	13.68**	11.34**	9.99**	8.84**	6.74**	2.11	1.01							
A_2B_4	61.92	53.40**	51.44**	49.51**	49.33**	48.93**	48.00**	40.91**	35.52**	30.33**	27.90**	23.65**	20.87**	18.00**	16.11**	15.10**	12.67**	10.33**	8.98**	7.83**	5.73**	1.10								
A_2B_5	60.82	52.30**	50.34**	48.41**	48.23**	47.83**	46.90**	39.81**	34.42**	29.23**	26.80**	22.55**	19.77**	16.90**	15.01**	14.00**	11.57**	9.23**	7.88**	6.73**	4.63**									
A_3B_1	56.19	47.67**	45.71**	43.78**	43.60**	43.20**	42.20**	35.18**	29.79**	24.60**	22.17**	17.92**	15.14**	12.27**	10.38**	9.34**	6.94**	4.60**	3.25**	2.10										
A_3B_2	54.09	45.57**	43.61**	41.68**	41.50**	41.10**	40.10**	33.08**	27.69**	22.50**	20.07**	15.82**	13.04**	10.17**	8.28**	7.24**	4.84**	2.50*	1.15											
A_3B_3	52.94	44.42**	42.46**	40.53**	40.35**	39.95**	39.00**	31.93**	26.54**	21.35**	18.92**	14.67**	11.89**	9.02**	7.13**	6.09**	3.69**	1.35												
A_3B_4	51.59	43.07**	41.11**	39.18**	39.00**	38.60**	37.60**	30.58**	25.19**	20.00**	17.57**	13.32**	10.54**	7.67**	5.78**	4.74**	2.34													
A_3B_5	49.25	40.73**	38.77**	36.84**	36.66**	36.26**	35.30**	28.24**	22.85**	17.66**	15.23**	10.98**	8.20**	5.33**	3.44**	2.40*														
A_4B_1	46.85	38.33**	36.37**	34.44**	34.26**	33.86**	32.90**	25.84**	20.45**	15.26**	12.83**	8.58**	5.80**	2.93**	1.04															
A_4B_2	45.81	37.29**	35.33**	33.40**	33.22**	32.82**	31.90**	24.80**	19.41**	14.22**	11.79**	7.54**	4.76**	1.89**																
A_4B_3	43.92	35.40**	33.44**	31.51**	31.33**	30.93**	30.00**	22.91**	17.52**	12.33**	9.90**	5.65**	2.87**																	
A_4B_4	41.05	32.53**	30.57**	28.64**	28.46**	28.06**	27.10**	20.04**	14.65**	9.46**	7.03**	2.78**																		
A_4B_5	38.27	29.75**	27.79**	25.86**	25.68**	25.28**	24.30**	17.26**	11.87**	6.68**	4.25**																			
A_5B_1	34.02	25.50**	23.54**	21.61**	21.43**	21.03**	20.10**	13.01**	7.62**	2.43*																				
A_5B_2	31.59	23.07**	21.11**	19.18**	19.00**	18.60**	17.60**	10.58**	5.19**																					
A_5B_3	26.4	17.88**	15.92**	13.99**	13.81**	13.41**	12.50**	5.39**																						
A_5B_4	21.01	12.49**	10.53**	8.60**	8.42**	8.02**	7.06**																							
A_5B_5	13.95	5.43**	3.47**	1.54	1.36	0.96																								
A_6B_1	12.99	4.47**	2.51*	0.58	0.40																									
A_6B_2	12.59	4.07**	2.11	0.18																										
A_6B_3	12.41	3.89**	1.93																											
A_6B_4	10.48	1.96																												
A_6B_5	8.52																													

**为差异极显著（$P<0.01$）；*为差异显著（$P<0.05$）

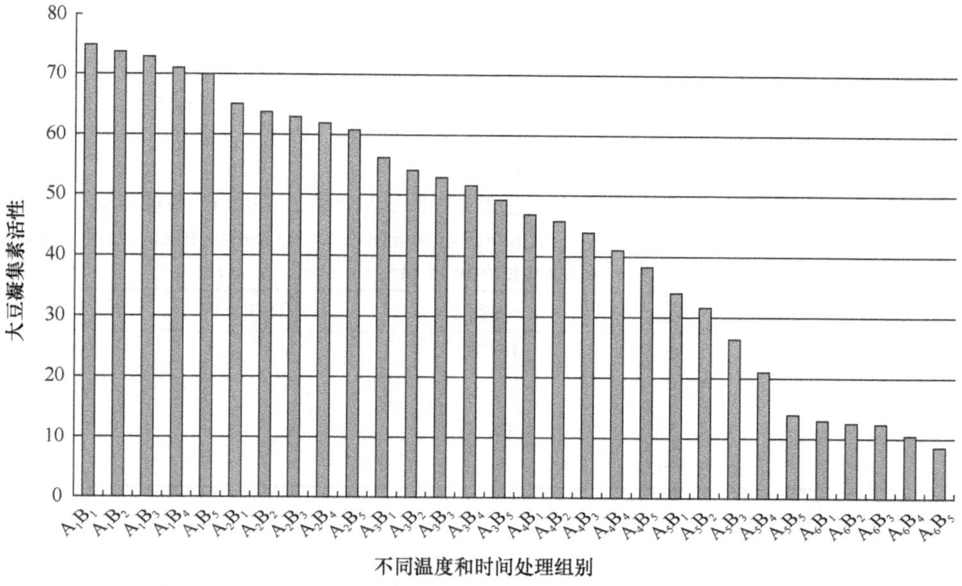

图 4.18　不同的干热处理方法对生豆粕中大豆凝集素活性的影响

Fig 4.18　The influence of the dry-heat treatments on the activity of soybean agglutinin in the raw soybean meal

料时应提前进行上述处理再用于配料；如果用来生产膨化饲料的话，则膨化处理以温度为 130℃、时间为 15min 最佳。

4.4.3　生豆粕经湿热处理后大豆凝集素活性的变化

与干热相比，大豆凝集素在有水的情况下比较易被灭活。本试验原料豆粕的大豆凝集素活性为 85.3HU，根据实际应用豆粕的经验，我们知道这样的数值很高，是不可以直接应用于动物饲料中的。经过不同温度和时间的湿热处理后豆粕中大豆凝集素的活性变化情况见表 4.54。

表 4.54　不同的湿热处理对生豆粕中大豆凝集素活性的影响（平均数±标准差）（HU）

Table 4.54　The influence of humid-heat treatments on the activity of soybean agglutinin in the raw soybean meal（mean±S.E.M.）（HU）

温度 / 时间/min	75℃（A_1）	80℃（A_2）	85℃（A_3）	90℃（A_4）	95℃（A_5）	100℃（A_6）	105℃（A_7）
10（B_1）	72.57±0.758	61.56±0.723	50.64±0.864	39.52±0.572	31.57±0.743	10.32±1.2422	4.35±1.642
20（B_2）	59.85±0.856	52.57±0.634	44.03±0.468	35.63±0.757	16.53±0.733	4.16±1.094	0
30（B_3）	52.96±0.686	46.06±0.974	45.63±0.642	30.63±0.648	8.42±0.936	0	0
40（B_4）	48.93±0.684	41.56±0.754	34.35±0.745	26.52±0.638	1.63±1.734	0	0

注：F_A=20 008.250**，F_B=3 357.454**，$F_{A\times B}$=153.846**；**为差异极显著（$P<0.01$）

由表 4.54 可见，不同的湿热处理温度、处理时间及这两个因子的交互作用对豆粕中大豆凝集素活性的影响差异均达到了极显著的水准。

其中，不同的湿热处理温度对豆粕中大豆凝集素活性影响的多重比较见表 4.55。

表 4.55　不同的湿热处理温度对生豆粕中大豆凝集素活性影响的多重比较

Table 4.55　The multi-contrast of the influence of humid-heat treatment temperature on the activity of soybean agglutinin in the raw soybean meal

B 因子	平均数	平均数-B_4	平均数-B_3	平均数-B_2
B_1	38.647	16.787**	12.411**	8.251**
B_2	30.396	8.536**	4.160**	
B_3	26.236	4.376**		
B_4	21.860			

**为差异极显著（P<0.01）

可见不同的湿热处理温度对豆粕中大豆凝集素活性的影响差异是极显著的，说明这样的处理对灭活豆粕中大豆凝集素是有效的。不同的湿热处理时间对豆粕中大豆凝集素活性影响的多重比较见表 4.56。

表 4.56　不同的湿热处理时间对生豆粕中大豆凝集素活性影响的多重比较

Table 4.56　The multi-contrast of the influence of humid-heat treatment time on the activity of soybean agglutinin in the raw soybean meal

B 因子	平均数	平均数-B_4	平均数-B_3	平均数-B_2
B_1	38.647	16.787**	12.411**	8.251**
B_2	30.396	8.536**	4.160**	
B_3	26.236	4.376**		
B_4	21.860			

**为差异极显著（P<0.01）

从表 4.56 可知，不同的湿热处理时间对豆粕中大豆凝集素活性的影响效果是极其显著的，说明可以通过控制湿热处理时间来调整豆粕中凝集素活性的大小，从而达到灭活的目的。不同湿热处理温度与时间的交互作用对豆粕中大豆凝集素活性影响的多重比较见表 4.57。

不同湿热处理温度与时间的交互作用对豆粕中大豆凝集素活性影响的多重比较如图 4.19 所示。

综合分析上述图表可看到，经过 100℃时 30min、100℃时 30min 或 105℃时 20min、105℃时 30min、105℃时 40min 的处理，豆粕中大豆凝集素的活性为零即全部灭活，在此范围内选择处理强度较弱的组合，为 100℃时 30min 或者 105℃时 20min。再综合湿热处理豆粕中蛋白质溶解度最佳范围，豆粕受湿热处理的最佳条

表 4.57 不同的湿热处理方法对豆粕中大豆凝集素活性影响的多重比较

Table 4.57 The multi-contrast of the influence of humid-heat treatments on the activity of soybean hemagglutinin in the raw soybean meal

组别	平均数	A_5B_4	A_6B_2	A_7B_1	A_5B_3	A_6B_1	A_5B_2	A_4B_4	A_4B_3	A_5B_1	A_3B_4	A_4B_2	A_4B_1	A_2B_4	A_3B_2	A_3B_3	A_2B_3	A_1B_4	A_3B_1	A_2B_2	A_1B_3	A_1B_2	A_2B_1
A_1B_1	72.57	70.94**	68.41**	68.22**	64.15**	62.25**	56.04**	46.05**	41.94**	41.00**	38.22**	36.94**	33.05**	31.01**	28.54**	26.94**	26.56**	23.61**	21.93**	20.00**	19.61**	12.72**	11.01**
A_2B_1	61.56	59.93**	57.40**	57.21**	53.14**	51.24**	45.03**	35.04**	30.93**	29.99**	27.21**	25.93**	22.04**	20.00**	17.53**	15.93**	15.55**	12.60**	10.92**	8.99**	8.60**	1.71*	
A_1B_2	59.85	58.22**	55.69**	55.50**	51.43**	49.53**	43.32**	33.33**	29.22**	28.28**	25.50**	24.22**	20.33**	18.29**	15.82**	14.22**	13.84**	10.89**	9.21**	7.28**	6.89**		
A_1B_3	52.96	51.33**	48.80**	48.61**	44.54**	42.64**	36.43**	26.44**	22.33**	21.39**	18.61**	17.33**	13.44**	11.40**	8.93**	7.33**	6.95**	4.00**	2.32**	0.39			
A_2B_2	52.57	50.94**	48.41**	48.22**	44.15**	42.25**	36.04**	26.05**	21.94**	21.00**	18.22**	16.94**	13.05**	11.01**	8.54**	6.94**	6.56**	3.61**	1.93*				
A_3B_1	50.64	49.01**	46.48**	46.29**	42.22**	40.32**	34.11**	24.12**	20.01**	19.07**	16.29**	15.01**	11.12**	9.08**	6.61**	5.01**	4.63**	1.68					
A_1B_4	48.96	47.33**	44.80**	44.61**	40.54**	38.64**	32.43**	22.44**	18.33**	17.39**	14.61**	13.33**	9.44**	7.40**	4.93**	3.33**	2.95**						
A_2B_3	46.01	44.38**	41.85**	41.66**	37.59**	35.69**	29.48**	19.49**	15.38**	14.44**	11.66**	10.38**	6.49**	4.45**	1.98**	0.38							
A_3B_3	45.63	44.00**	41.47**	41.28**	37.21**	35.31**	29.10**	19.11**	15.00**	14.06**	11.28**	10.00**	6.11**	4.07**	1.60								
A_3B_2	44.03	42.40**	39.87**	39.68**	35.61**	33.71**	27.50**	17.51**	13.40**	12.46**	9.68**	8.40**	4.51**	2.47**									
A_2B_4	41.56	39.93**	37.40**	37.21**	33.14**	31.24**	25.03**	15.04**	10.93**	9.99**	7.21**	5.93**	2.04**										
A_4B_1	39.52	37.89**	35.36**	35.17**	31.10**	29.20**	22.99**	13.00**	8.89**	7.95**	5.17**	3.89**											
A_4B_2	35.63	34.00**	31.47**	31.28**	27.21**	25.31**	19.10**	9.11**	5.00**	4.06**	1.28												
A_3B_4	34.35	32.72**	30.19**	30.00**	25.93**	24.03**	17.82**	7.83**	3.72**	2.78**													
A_5B_1	31.57	29.94**	27.41**	27.22**	23.15**	21.25**	15.04**	5.05**	0.94														
A_4B_3	30.63	29.00**	26.47**	26.28**	22.21**	20.31**	14.10**	4.11**															
A_4B_4	26.52	24.89**	22.36**	22.17**	18.10**	16.20**	9.99**																
A_5B_2	16.53	14.90**	12.37**	12.18**	8.11**	6.21**																	
A_6B_1	10.32	8.69**	6.16**	5.97**	1.90*																		
A_5B_3	8.42	6.79**	4.26**	4.07**																			
A_7B_1	4.35	2.72**	0.19																				
A_6B_2	4.16	2.53**																					
A_5B_4	1.63																						

**为差异极显著（$P<0.01$）；*为差异显著（$P<0.05$）

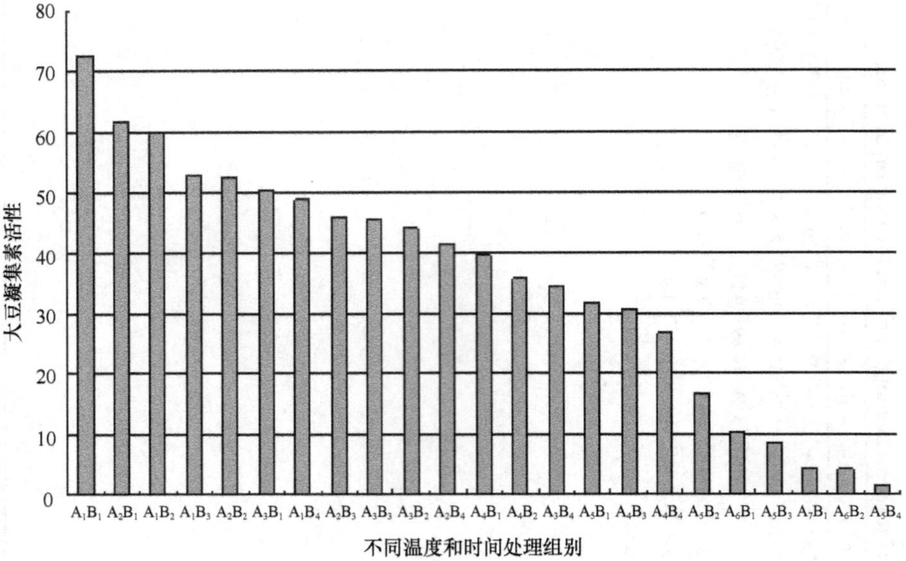

图 4.19 不同的湿热处理方法对生豆粕中大豆凝集素活性的影响

Fig 4.19 The influence of humid-heat treatments on the the activity of soybean agglutinin in the raw soybean meal

件即为 100℃时 30min 或者是 105℃时 20min。所以在生产实践中如果要想生产粉状饲料，则需要把豆粕预先进行 100℃时 30min 或者 105℃时 20min 的处理再使用；如果想生产颗粒饲料，则制粒过程中豆粕在调质器中要经过 100℃时 30min 或者 105℃时 20min 的处理再进行制粒，这都可以使豆粕中大豆凝集素全部灭活，但蛋白质溶解度在安全范围内，其利用率较高。

4.4.4 提异黄酮豆粕经干热处理后大豆凝集素活性的变化

未经任何处理的提异黄酮豆粕中凝集素活性为（72.8±0.162）HU，其活力较高，根据我们多年的实践经验，这样的豆粕是不能直接用于喂饲动物的。经过系列干热处理后提异黄酮豆粕中凝集素的活性变化情况见表 4.58。

表 4.58 不同的干热处理对提异黄酮豆粕中凝集素活性的影响（平均数±标准差）（HU）

Table 4.58 The influence of dry-heat treatments on the activity of soybean agglutinin in the soybean meal extracted isoflavone（mean± S.E.M.）（HU）

温度 / 时间/min	90℃（A_1）	100℃（A_2）	110℃（A_3）	120℃（A_4）	130℃（A_5）	140℃（A_6）
5（B_1）	71.59±0.924	63.42±0.563	55.83±0.449	45.83±0.535	23.52±0.364	13.74±0.678
10（B_2）	70.85±0.840	61.74±0.503	52.69±0.581	42.85±0.753	18.55±0.684	11.56±0.676
15（B_3）	68.41±0.834	59.59±0.524	50.93±0.846	41.95±0.852	15.47±0.837	10.75±0.596
20（B_4）	65.42±0.542	58.09±0.955	48.35±0.753	38.50±0.356	13.75±0.464	7.54±0.965
25（B_5）	62.45±0.663	54.38±0.514	46.25±0.549	35.67±0.677	10.55±0.783	3.65±0.664

注：F_A=29 426.07**，F_B=930.385**，$F_{A\times B}$=21.047**；**为差异极显著（P<0.01）

通过方差分析可知，提异黄酮豆粕中大豆凝集素活性的变化随着干热处理的温度、时间变化及这两个因素的交互作用而差异极其显著。

其中，不同的干热处理温度对提异黄酮豆粕中大豆凝集素活性影响的多重比较见表 4.59。

表 4.59　不同的干热处理温度对提异黄酮豆粕中大豆凝集素活性影响的多重比较

Table 4.59　The multi-contrast of the influence of dry-heat treatment temperature on the activity of soybean agglutinin in the soybean meal extracted isoflavone

A 因子	平均数	平均数-A_6	平均数-A_5	平均数-A_4	平均数-A_3	平均数-A_2
A_1	67.744	58.396^{**}	51.340^{**}	26.784^{**}	16.934^{**}	8.300^{**}
A_2	59.444	50.096^{**}	43.040^{**}	18.484^{**}	8.634^{**}	
A_3	50.810	41.462^{**}	34.406^{**}	9.850^{**}		
A_4	40.960	31.612^{**}	24.556^{**}			
A_5	16.404	7.056^{**}				
A_6	9.348					

**为差异极显著（$P<0.01$）

从表 4.59 可看出，不同的干热处理温度可使提异黄酮豆粕中大豆凝集素的活性之间具有极显著的差异，说明通过控制温度可以有效地灭活大豆凝集素。不同的干热处理时间对大豆凝集素活性影响的多重比较见表 4.60。

表 4.60　不同的干热处理时间对提异黄酮豆粕中大豆凝集素活性影响的多重比较

Table 4.60　The multi-contrast of the influence of dry-heat treatment time on the activity of soybean agglutinin in the soybean meal extracted isoflavone

B 因子	平均数	平均数-B_5	平均数-B_4	平均数-B_3	平均数-B_2
B_1	45.685	10.193^{**}	7.160^{**}	4.502^{**}	2.645^{**}
B_2	43.040	7.548^{**}	4.515^{**}	1.857^{**}	
B_3	41.183	5.692^{**}	2.658^{**}		
B_4	38.525	3.033^{**}			
B_5	35.492				

**为差异极显著（$P<0.01$）

不同的干热处理时间和温度可以极显著地影响提异黄酮豆粕中大豆凝集素活性的大小。两因子的交互作用对大豆凝集素活力影响的多重比较见表 4.61。

两因子的交互作用对大豆凝集素活力影响的多重比较如图 4.20 所示。

从上述系列分析中可看到，随着干热处理温度的升高、时间的延长，提异黄酮豆粕中大豆凝集素活性呈明显的下降趋势，各梯度之间差异极其显著，即如果只考虑豆粕中大豆凝集素活性一个指标的话，处理的强度越大灭活的效果越好，但是如果同时考虑其蛋白质溶解度的话，在蛋白质溶解度安全范围内达到大豆凝集素活性最低是我们的选择目标，这样的目标就是 130℃时 5min 这样的处理。

表 4.61 不同的干热处理方法对提异黄酮豆粕中大豆凝集素活性影响的多重比较

Table 4.61 The multi-contrast of the influence of dry-heat treatments on the activity of soybean hemagglutinin in the soybean meal extracted isoflavone

组别	平均数	A_6B_5	A_6B_4	A_5B_5	A_6B_3	A_6B_2	A_6B_1	A_5B_4	A_5B_3	A_5B_2	A_5B_1	A_4B_5	A_4B_4	A_4B_3	A_4B_2	A_4B_1	A_3B_5	A_3B_4	A_3B_3	A_3B_2	A_2B_5	A_3B_1	A_2B_4	A_2B_3	A_2B_2	A_1B_5	A_2B_1	A_1B_4	A_1B_3	A_1B_2
A_1B_1	71.59	67.94**	64.05**	61.04**	60.84**	60.03**	57.85**	57.84**	56.12**	53.04**	48.07**	35.92**	33.09**	29.64**	28.74**	25.76**	25.34**	23.24**	20.66**	18.90**	17.21**	15.76**	13.50**	12.00**	9.85**	9.14**	8.17**	6.17**	3.18**	0.74
A_1B_2	70.85	67.20**	63.31**	60.30**	60.10**	59.29**	57.11**	57.10**	55.38**	52.30**	47.33**	32.58**	32.35**	28.90**	28.00**	25.02**	24.60****	22.50**	19.92**	18.16**	16.47**	15.02**	12.76**	11.26**	9.11**	8.40**	7.43**	5.43**	2.44**	
A_1B_3	68.41	64.76**	60.87**	57.86**	57.66**	56.85**	54.67**	54.66**	52.94**	49.86**	44.89**	30.14**	29.91**	26.46**	25.56**	22.58**	22.16**	20.06**	17.48**	15.72**	14.03**	12.58**	10.32**	8.82**	6.67**	5.96**	4.99**	2.99**		
A_1B_4	65.42	61.77**	57.88**	54.87**	54.67**	53.86**	51.68**	51.67**	49.95**	46.87**	41.90**	27.15**	26.92**	23.47**	22.57**	19.59**	19.17**	17.07**	14.49**	12.73**	11.04**	9.59**	7.33**	5.83**	3.68**	2.97**	2.00**			
A_2B_1	63.42	59.77**	55.88**	52.87**	52.67**	51.86**	49.68**	49.67**	47.95**	44.87**	39.90**	25.15**	24.92**	21.47**	20.57**	17.59**	17.17**	15.07**	12.49**	10.73**	9.04**	7.59**	5.33**	3.83**	1.68**	0.97				
A_1B_5	62.45	58.80**	54.91**	51.90**	51.70**	50.89**	48.71**	48.70**	46.98**	43.90**	38.93**	24.18**	23.95**	20.50**	19.60**	16.62**	16.20**	14.10**	11.52**	9.76**	8.07**	6.62**	4.36**	2.86**	0.71					
A_2B_2	61.74	58.09**	54.20**	51.19**	50.99**	50.18**	48.00**	47.99**	46.27**	43.19**	38.22**	23.47**	23.24**	19.79**	18.89**	15.91**	15.49**	13.39**	10.81**	9.05**	7.36**	5.91**	3.65**	2.15**						
A_2B_3	59.59	55.94**	52.05**	49.04**	48.84**	48.03**	45.85**	45.84**	44.12**	41.04**	36.07**	21.32**	21.09**	17.64**	16.74**	13.76**	13.34**	11.24**	8.66**	6.90**	5.21**	3.76**	1.50							
A_2B_4	58.09	54.44**	50.55**	47.54**	47.34**	46.53**	44.35**	44.34**	42.62**	39.54**	34.57**	19.82**	19.59**	16.14**	15.24**	12.26**	11.84**	9.74**	7.16**	5.40**	3.71**	2.26**								
A_3B_1	55.83	52.18**	48.29**	45.28**	45.08**	44.27**	42.09**	42.08**	40.36**	37.28**	32.31**	17.56**	17.33**	13.88**	12.98**	10.00**	9.58**	7.48**	4.90**	3.14**	1.45									
A_2B_5	54.38	50.73**	46.84**	43.83**	43.63**	42.82**	40.64**	40.63**	38.91**	35.83**	30.86**	16.11**	15.88**	12.43**	11.53**	8.55**	8.13**	6.03**	3.45**	1.69*										
A_3B_2	52.69	49.04**	45.15**	42.14**	41.94**	41.13**	38.95**	38.94**	37.22**	34.14**	29.17**	14.42**	14.19**	10.74**	9.84**	6.86**	6.44**	4.34**	1.76*											
A_3B_3	50.93	47.28**	43.39**	40.38**	40.18**	39.37**	37.19**	37.18**	35.46**	32.38**	27.41**	12.66**	12.43**	8.98**	8.08**	5.10**	4.68**	2.58**												
A_3B_4	48.35	44.70**	40.81**	37.80**	37.60**	36.79**	34.61**	34.60**	32.88**	29.80**	24.83**	10.08**	9.85**	6.40**	5.50**	2.52**	2.10**													
A_3B_5	46.25	42.60**	38.71**	35.70**	35.50**	34.69**	32.51**	32.50**	30.78**	27.70**	22.73**	7.98**	7.75**	4.30**	3.40**	0.42														
A_4B_1	45.83	42.18**	38.29**	35.28**	35.08**	34.27**	32.09**	32.08**	30.36**	27.28**	22.31**	7.56**	7.33**	3.88**	2.98**															
A_4B_2	42.85	39.20**	35.31**	32.30**	32.10**	31.29**	29.11**	29.10**	27.38**	24.30**	19.33**	4.58**	4.35**	0.90																
A_4B_3	41.95	38.30**	34.41**	31.40**	31.20**	30.39**	28.21**	28.20**	26.48**	23.40**	18.43**	3.68**	3.45**																	
A_4B_4	38.50	34.85**	30.96**	27.95**	27.75**	26.94**	24.76**	24.75**	23.03**	19.95**	14.98**	0.23																		
A_4B_5	35.67	32.02**	28.13**	25.12**	24.92**	24.11**	21.93**	21.92**	20.20**	17.12**	12.15**																			
A_5B_1	23.52	19.87**	15.98**	12.97**	12.77**	11.96**	9.78**	9.77**	8.05**	4.97**																				
A_5B_2	18.55	14.90**	11.01**	8.00**	7.80**	6.99**	4.81**	4.80**	3.08**																					
A_5B_3	15.47	11.82**	7.93**	4.92**	4.72**	3.91**	1.73*	1.72*																						
A_5B_4	13.75	10.10**	6.21**	3.20**	3.00**	2.19**	0.01																							
A_6B_1	13.74	10.09**	6.20**	3.19**	2.99**	2.18**																								
A_6B_2	11.56	7.91**	4.02**	1.01	0.81																									
A_6B_3	10.75	7.10**	3.21**	0.20																										
A_5B_5	10.55	6.90**	3.01**																											
A_6B_4	7.54	3.89**																												
A_6B_5	3.65																													

**为差异极显著（$P<0.01$）；*为差异显著（$P<0.05$）

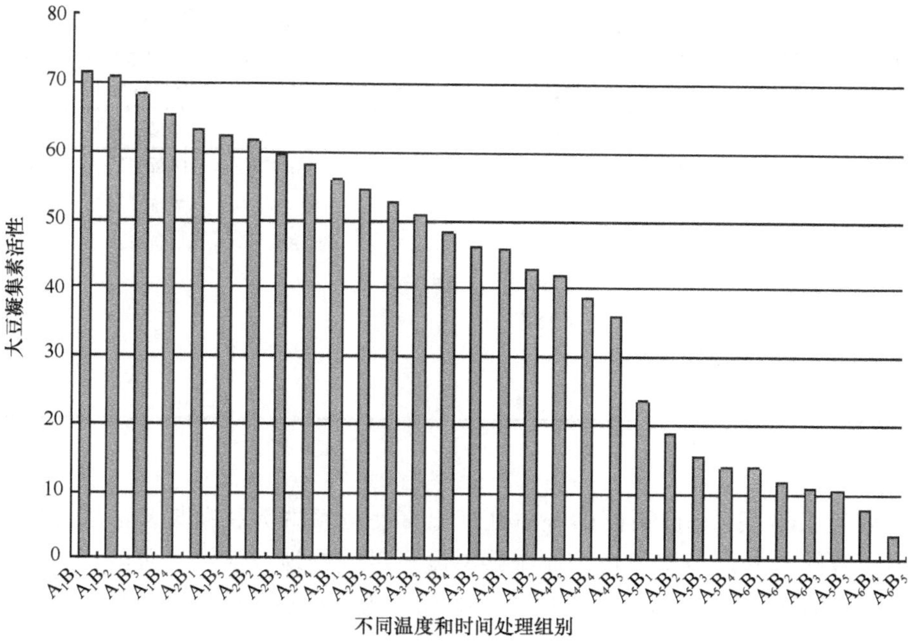

图 4.20　不同的干热处理方法对提异黄酮豆粕中大豆凝集素活性的影响

Fig 4.20　The influence of the dry-heat treatments on the activity of soybean agglutinin in the soybean meal extracted isoflavone

4.4.5　提异黄酮豆粕经湿热处理后大豆凝集素活性的变化

未经任何处理的提异黄酮豆粕中凝集素活性为 72.8HU，其活力较高，所以提取异黄酮后的豆粕不能直接用于动物饲料生产。经过系列干热处理后的提异黄酮豆粕中凝集素的活性变化情况见表 4.62。

表 4.62　不同的湿热处理对提异黄酮豆粕中大豆凝集素活性的影响（平均数±标准差）（HU）

Table 4.62　The influence of humid-heat treatments on the activity of soybean agglutinin in the soybean meal extracted isoflavone（mean± S.E.M.）（HU）

温度 时间/min	75℃（A_1）	80℃（A_2）	85℃（A_3）	90℃（A_4）	95℃（A_5）	100℃（A_6）	105℃（A_7）
10（B_1）	70.63±0.967	60.57±0.783	48.67±1.086	37.85±1.245	30.55±0.974	8.62±0.972	1.33±0.964
20（B_2）	58.83±0.985	51.77±0.683	43.63±0.946	33.65±0.785	14.53±1.073	2.19±0.974	0
30（B_3）	51.93±0.876	45.80±0.937	43.63±0.684	21.56±0.668	6.42±1.193	0	0
40（B_4）	46.93±0.768	40.54±0.875	32.95±0.764	20.52±0.866	0.63±1.734	0	0

注：F_A=20 222.430**，F_B=3 485.585**，$F_{A\times B}$=197.225**；**为差异极显著（P<0.01）

可见不同的湿热处理温度、时间及这两个因子的交互作用都可使大豆凝集素的活性表现出极显著的差异。其中不同的湿热处理温度对大豆凝集素活性影响的多重比较见表 4.63。

表 4.63 不同的湿热处理温度对提异黄酮豆粕中大豆凝集素活性影响的多重比较

Table 4.63 The multi-contrast of the influence of humid-heat treatment temperature on the activity of soybean agglutinin in the soybean meal extracted isoflavone

A 因子	平均数	平均数-A_7	平均数-A_6	平均数-A_5	平均数-A_4	平均数-A_3	平均数-A_2
A_1	57.083	56.750**	54.380**	44.048**	28.688**	14.863**	7.413**
A_2	49.670	49.338**	46.968**	36.635**	21.275**	7.450**	
A_3	42.220	41.888**	39.518**	29.185**	13.825**		
A_4	28.395	28.063**	25.693**	15.360**			
A_5	13.035	12.703**	10.333**				
A_6	2.703	2.370**					
A_7	0.333						

**为差异极显著（P<0.01）

从表 4.63 可看出，不同的湿热处理温度使豆粕中大豆凝集素的活性发生了极其显著的差异，说明通过控制湿热温度可以较好地改变提异黄酮豆粕中大豆凝集素的活性。不同的湿热处理时间对大豆凝集素活性影响的多重比较如表 4.64 所示。

表 4.64 不同的湿热处理时间对提异黄酮豆粕中大豆凝集素活性影响的多重比较

Table 4.64 The multi-contrast of the influence of humid-heat treatment time on the activity of soybean agglutinin in the soybean meal extracted isoflavone

B 因子	平均数	平均数-B_4	平均数-B_3	平均数-B_2
B_1	36.889	16.664**	12.696**	7.659**
B_2	29.230	9.006**	5.037**	
B_3	24.193	3.969**		
B_4	20.224			

**为差异极显著（P<0.01）

从表 4.64 可见，不同的湿热处理时间对提异黄酮豆粕中大豆凝集素活性的影响差异都达到了极显著，说明通过控制湿热处理时间可以达到较好地灭活大豆凝集素活性的目的。不同温度和时间这两个因子的交互作用对大豆凝集素活性影响的多重比较见表 4.65。

两个因子的交互作用对大豆凝集素活性影响的多重比较如图 4.21 所示。

首先通过综合分析可见，提取异黄酮后豆粕中大豆凝集素在湿热处理条件下更易灭活，如果只考虑提异黄酮豆粕中大豆凝集素活性一个因素，则以 100℃时处理 30min、40min 及 105℃时处理 20min、30min、40min 灭活效果较佳，活力为零即完全不含有大豆凝集素。同时考虑大豆凝集素与蛋白质溶解度两个因素时，则在蛋白质溶解度安全范围内的湿热处理条件以 105℃时处理 20min 最佳。

表 4.65 不同的湿热处理方法对提异黄酮豆粕中大豆凝集素活性影响的多重比较

Table 4.65 The multi-contrast of the influence of humid-heat treatments on the activity of soybean hemagglutinin in the soybean meal extracted isoflavone

组别	平均数	A_5B_4	A_7B_1	A_6B_2	A_5B_3	A_6B_1	A_5B_2	A_4B_4	A_4B_3	A_5B_1	A_3B_4	A_4B_2	A_4B_1	A_2B_4	A_3B_2/A_3B_3	A_2B_3	A_1B_4	A_3B_1	A_2B_2	A_1B_3	A_1B_2	A_2B_1
A_1B_1	70.63	70.03**	69.30**	68.44**	64.20**	62.01**	56.10**	50.11**	49.07**	40.18**	37.70**	36.98**	32.80**	30.09**	27.00**	24.83**	23.70**	22.00**	18.90**	18.70**	11.80**	10.10**
A_2B_1	60.57	59.97**	59.24**	58.48**	54.14**	51.95**	46.04**	40.05**	39.01**	30.02**	27.60**	26.92**	22.70**	20.03**	16.94**	14.77**	13.64**	11.90**	8.80**	8.64**	1.73*	
A_1B_2	58.84	58.24**	57.51**	56.75**	52.41**	50.22**	44.31**	38.32**	37.28**	28.39**	25.90**	25.19**	21.00**	18.30**	15.21**	13.04**	11.91**	10.20**	7.07**	6.91**		
A_1B_3	51.93	51.33**	50.6**	49.74**	45.50**	43.31**	37.40**	31.41**	30.37**	21.48**	19.00**	18.28**	14.10**	11.39**	8.30**	6.13**	5.00**	3.26**	0.16			
A_2B_2	51.77	51.17**	50.44**	49.68**	45.34**	43.15**	37.24**	31.25**	30.21**	21.22**	18.80**	18.12**	13.90**	11.23**	8.14**	5.97**	4.84**	3.10**				
A_3B_1	48.67	48.07**	47.34**	46.58**	42.24**	40.05**	34.14**	28.15**	27.11**	18.12**	15.70**	15.02**	10.80**	8.13**	5.04**	2.87**	1.74*					
A_1B_4	46.93	46.33**	45.60**	44.74**	40.50**	38.31**	32.40**	26.41**	25.37**	16.48**	14.00**	13.28**	9.08**	6.39**	3.30**	1.13						
A_2B_3	45.8	45.20**	44.47**	43.61**	39.37**	37.18**	31.27**	25.28**	24.24**	15.35**	12.90**	12.15**	7.95**	5.26**	2.17**							
A_3B_2/A_3B_3	43.63	43.03**	42.30**	41.44**	37.20**	35.01**	29.10**	23.11**	22.07**	13.18**	10.70**	9.98**	5.78**	3.09**								
A_2B_4	40.54	39.94**	39.21**	38.45**	34.11**	31.92**	26.01**	20.02**	18.98**	9.99**	7.59**	6.89**	2.69**									
A_4B_1	37.85	37.25**	36.52**	35.76**	31.42**	29.23**	23.32**	17.33**	16.29**	7.30**	4.90**	4.20**										
A_4B_2	33.65	33.05**	32.32**	31.56**	27.22**	25.03**	19.12**	13.13**	12.09**	3.10**	0.70											
A_3B_4	32.95	32.35**	31.62**	30.86**	26.52**	24.33**	18.42**	12.43**	11.39**	2.40**												
A_5B_1	30.55	29.95**	29.22**	28.46**	24.12**	21.93**	16.02**	10.03**	8.99**													
A_4B_3	21.56	20.96**	20.23**	19.47**	15.13**	12.94**	7.03**	1.04														
A_4B_4	20.52	19.92**	19.19**	18.33**	14.09**	11.90**	5.99**															
A_5B_2	14.53	13.93**	13.20**	12.34**	8.10**	5.91**																
A_6B_1	8.62	8.02**	7.29**	6.43**	2.19**																	
A_5B_3	6.43	5.83**	5.10**	4.24**																		
A_6B_2	2.19	1.59	0.86																			
A_7B_1	1.33	0.73																				
A_5B_4	0.63																					
A_6B_4/A_7B_2/A_7B_3/A_7B_4	0.00																					

**为差异极显著（P<0.01）；*为差异显著（P<0.05）

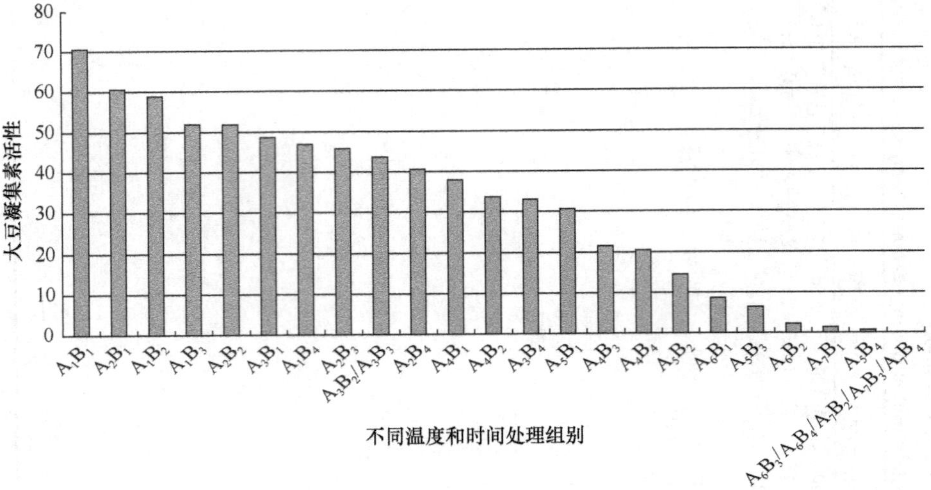

图 4.21　不同的湿热处理方法对提异黄酮豆粕中大豆凝集素活性的影响

Fig 4.21　The influence of humid-heat treatments on the activity of soybean agglutinin in the soybean meal extracted isoflavone

4.5　市售普通豆粕及提异黄酮豆粕的蛋白质溶解度及抗营养因子

本部分试验的目的是分析从市场购买的产品不经过任何处理其抗营养因子的情况，看是否可以直接把这类产品应用于动物饲料中。

4.5.1　市售普通豆粕的蛋白质溶解度及抗营养因子

我们从哈尔滨市成高子饲料厂、九三油脂厂等多家公司采集了普通豆粕试样，进行抗营养因子及蛋白质溶解度分析，不论是蛋白质溶解度还是脲酶、胰蛋白酶抑制因子或大豆凝集素活性，结果都非常分散，没有规律性，为此我们只测定了几个样，而没有进行统计分析，具体数据见表 4.66。

表 4.66　市售豆粕测定值

Table 4.66　Measure data of the market soybean meal

采样点	蛋白质溶解度/%	脲酶活性/ΔpH	胰蛋白酶抑制因子活性/（mg/g）	大豆凝集素活性/HU
成高子	68.57	0.35	24.37	14.27
市场	89.08	2.13	35.69	31.37
九三	65.36	0.27	21.97	13.53

对于测定结果，没有分析出有任何规律性，所以我们的建议是饲料厂及养殖场最好根据自己实际情况购买生豆粕，然后根据使用目的进行针对性地处理后再使用。

4.5.2　市售提异黄酮豆粕的蛋白质溶解度及抗营养因子

我们选用了试验所用的提异黄酮豆粕进行无任何处理情况下的蛋白质溶解度、脲酶活性、胰蛋白酶抑制因子活性及凝集素活性测定，其结果见表 4.67。

表 4.67　市售提异黄酮豆粕中蛋白质溶解度及抗营养因子活性的测定值

Table 4.67　Measure data of the protein solubility and the activity of anti-nutrional factors in the market soybean meal extracted isoflavone

试样	蛋白质溶解度/%	脲酶活性（pH 差值）	胰蛋白酶抑制因子活性/（mg/g）	大豆凝集素活性/HU
提异黄酮豆粕	85.21±1.520	2.32±0.029	33.37±0.128	72.8±0.162

从表 4.67 中可看出，提取异黄酮后的豆粕是不可以直接用于动物饲料生产的，不仅是因为其含有的抗营养因子量较高，还因为其蛋白质溶解度也不是我们所期待的值，所以对其进行适当地处理是完全必要的，具体的处理方法因使用目的的不同而异，见上述试验结果。

4.6　抗营养因子最佳灭活方法研究的体会

通过查阅资料及做系列试验，我们对各种豆粕及不同的处理效果都有了较好的了解，同时也发现了一些问题，现分析总结如下。

（1）胰蛋白酶抑制因子是生大豆中的一种蛋白酶抑制物，它在动物消化道内能使胰蛋白酶和凝乳酶失活，因而可降低蛋白质的消化率，并引起胰代偿性增大；大豆中含脲酶，脲酶本身无营养意义，但它遇热变性失活的程度与胰蛋白酶抑制因子相关，而在实际生产中，测定脲酶活性比测定胰蛋白酶抑制因子活性简单，因此可用脲酶活性作为豆粕加工适宜度的间接估测指标。

（2）大豆加工过程中，被破坏的抗营养因子的数量取决于：大豆加热过程中的最高温度；大豆原料最初的水分含量；大豆的粒度；加热过程中压力的大小；大豆加热时间的长短。

因此我们处理豆粕时，除了试验因素外，其他的因素都应尽量使其恒定，以减少试验误差。

（3）在本试验的热处理过程中，短时间的热处理对脲酶、胰蛋白酶抑制因子和大豆凝集素的影响不大。提异黄酮豆粕比未经加工豆粕经热处理后脲酶、胰蛋白酶抑制因子和大豆凝集素活性降低明显。

（4）热处理能够使豆粕中脲酶、胰蛋白酶抑制因子、大豆凝集素活性和蛋白质溶解度随着温度的升高和时间的延长而降低。其中在测定脲酶、胰蛋白酶抑制因子和大豆凝集素活性的试验中，我们发现湿热处理要比同温度的干热处理使脲酶活性、胰蛋白酶抑制因子活性和大豆凝集素活性降低明显，说明这些抗营养因子在干燥条件下具有耐热性。

（5）热处理能够使豆粕中蛋白质溶解度降低，试验中提异黄酮豆粕比普通豆粕在同样处理条件下蛋白质溶解度要低一些，因为异黄酮生产工艺不同，提异黄酮过程中的一些其他条件会对蛋白质溶解度产生一定的影响，这方面我们将进行后续研究。同时，我们看到提异黄酮豆粕中脲酶、胰蛋白酶抑制因子和大豆凝集素的灭活更加容易。因此，提取异黄酮后的豆粕更适于生产配合饲料。

（6）通过系列分析可看到，在一些指标的取舍过程中存在一些问题：对于蛋白质溶解度大小我们比较好掌握，因为有现成的应用指标即 85%～75%，而对于脲酶活性也比较好选择，我们采用的是国内通用标准即 0.05～0.5ΔpH，但是对于豆粕中胰蛋白酶抑制因子和大豆凝集素就不太好办，因为到目前为止我们还没有标准，缺乏具体的限定数值，当然这也是我们今后需要继续进行的工作。因此我们只能根据以往的经验，同时尽量照顾到蛋白质溶解度因素进行选择。

（7）统计分析中的问题，如果我们分析知道两个因素交互作用产生的影响极显著，然后下结论某组合效果好，这时我们的错误概率只有 1%，但是如果两个因素产生的影响分别极显著，而它们的交互作用不显著，那么此时我们下结论说某组合较好时，错误概论会是多少呢，到目前为止还不知道，这也是以后需要进行的工作。

（8）本文只对大豆粕中的脲酶、胰蛋白酶抑制因子及大豆凝集素进行了分析，而没有对大豆中其他抗营养因子进行分析测定，而其他抗营养因子的灭活情况需要我们进一步进行研究。

4.7 本章小结

通过系列分析试验，对生豆粕、提异黄酮豆粕及市场随机购买豆粕的合理使用方法总结如下。

4.7.1 用干热法对生豆粕进行最佳处理的条件

采用 130℃时 15min 这样的干热处理对生豆粕效果最佳。如果生产粉状饲料，则要求我们在生产前预先进行这样的处理，然后再用于配合饲料的生产；如果用于生产膨化饲料，则要求膨化的条件达到 130℃时 15min。

4.7.2 用湿热法对生豆粕进行最佳处理的条件

为了有效地灭活脲酶，需要对生豆粕进行 115℃时 10min 或 115℃时 40min 的湿热处理；为了灭活胰蛋白酶抑制因子，需要经过 115℃时 10min 的湿热处理；

而大豆凝集素比较易被湿热灭活，只要在 100℃时 30min 或 105℃时 20min 的条件下即可完全灭活。因此当我们需要生产粉状饲料时，先把生豆粕进行 115℃时 10min 湿热处理后即可正常使用；如果生产颗粒饲料，则需要在调质器中进行 115℃时 10min 这样的一个调质过程即可成形。

4.7.3 用干热法对提异黄酮豆粕进行最佳处理的条件

如果生产粉状饲料，需要预先把提异黄酮豆粕进行 130℃时 5min 干热处理再使用；如果生产膨化饲料，需要在膨化机内于 130℃时膨化 5min 即可。

4.7.4 用湿热法对提异黄酮豆粕进行最佳处理的条件

如果在实际生产中需要更加关注蛋白质利用率时，我们必须选择 105℃时 20min 的湿热处理，并且这样的处理对大豆凝集素的灭活效果最佳；如果我们必须更多地关注脲酶和胰蛋白酶抑制因子的灭活情况，则要选择 115℃时处理 30min，这样的湿热处理效果会更好些。

4.7.5 市售豆粕的合理使用

对市售豆粕我们建议最好是直接到油脂厂采购生豆粕，根据使用情况自己进行加工，如果生产料型较单一的话，也可委托油脂厂按照自己的要求有针对性地进行加工。如果不行，我们应该针对每批原料豆粕实际分析其中的蛋白质溶解度及抗营养因子活性情况，再进行处理；而提取异黄酮后的豆粕我们更是应该每批样都进行分析，处理后再使用。

5　大豆中主要抗营养因子分析方法

大豆中主要抗营养因子的分析方法多种多样，并且有些方法为不同级别的标准，但是在生产实践中，人们还是在不断地寻找简单可行的、可用于生产现场的分析方法。

5.1　试验材料及设备

5.1.1　试验材料

大豆粉：来源于普通市售生大豆。产地：吉林。

5.1.2　试验仪器

（1）酸度计（配 HI 1230B 塑料体双透膜凝胶复合 pH 电极）：HI 9025 型便携式防水型酸碱度测试仪；意大利哈纳仪器中国总代理北京哈纳科仪科技有限公司；精度±0.01pH。

（2）电热恒温水浴锅：HH·SY11-Ni 型；北京市长风仪器仪表公司。

（3）紫外-可见分光光度计：ultrospec 2100 pro UV/visible spectrophotometer；美国 Amersham Biosciences 公司。

（4）电热恒温鼓风干燥箱：101-2-S 型；上海跃进医疗器械厂。

（5）分析天平：BS 244S 型；北京赛多利斯仪器系统有限公司；max=220g，d=0.0001g。

（6）台式秤：BS 4202S 型；北京赛多利斯仪器系统有限公司；max=4200g，d=0.01g。

（7）离心机。

（8）精密计时器。

（9）粉碎机。

（10）试管：直径 18mm，长 150mm，有磨口塞子。

（11）25ml 比色管。

（12）碱式滴定管；酸式滴定管。

（13）烧杯。

（14）1000ml 试剂瓶。

（15）1000ml 容量瓶。

（16）洗瓶。

（17）普通玻璃试管。

（18）量筒。

（19）长颈漏斗。

5.1.3 试验试剂

（1）磷酸氢二钠（$Na_2HPO_4 \cdot 12H_2O$）：分析纯；天津市天河化学试剂厂。

（2）磷酸二氢钾（KH_2PO_4）：分析纯；天津市博迪化工有限公司。

（3）尿素［$(NH_2)_2CO$］：分析纯；天津开发区德信化工有限公司试剂分厂。

（4）盐酸（HCl）：吉林市北龙化工有限公司。

（5）氢氧化钠（NaOH）：分析纯；天津开发区德信化工有限公司。

（6）邻苯二甲酸氢钾[（$C_8H_5KO_4$）：用于标定 NaOH 溶液；分析纯；天津市巴斯夫化工有限公司。

（7）酚酞指示剂：北京芳草医药化工研制公司。

（8）pH 缓冲剂：混合磷酸盐（pH6.86±0.01，25℃）；邻苯二甲酸氢钾（pH4.00±0.01，25℃）；硼砂（pH9.18±0.01，25℃）；哈尔滨市东方化学试剂研究所。

（9）硫酸铵［$(NH_4)_2SO_4$］（60℃干燥至恒重）：分析纯；天津市申泰化学试剂有限公司。

（10）三氯乙酸（Cl_3CCOOH）：分析纯；天津市科密欧化学试剂有限公司。

（11）碘化钾（KI）：分析纯；姜堰市环球试剂厂。

（12）碘化汞（HgI_2）：分析纯；姜堰市环球试剂厂。

（13）三羟甲基氨基甲烷（Tris-Base，$C_4H_{11}NO_3$）：美国 BioSharp 公司。

（14）氯化钙（$CaCl_2 \cdot H_2O$）：分析纯；天津市博迪化工有限公司。

（15）苯甲酸-D(L) -精氨酸-P-硝基酸替苯胺盐酸盐（BAPNA，$C_{19}H_{22}N_6O_4HCl$）：上海源聚生物科技有限公司。

（16）二甲基亚砜（C_2H_6OS）：分析纯；天津市科密欧化学试剂有限公司。

（17）胰蛋白酶（不含盐）：北京格源天润生物技术有限公司。

（18）乙酸（CH_3COOH）：99.8%；天津市坤华化工有限公司。

5.1.4 试验方法与试验设计

将普通市售生大豆（产地：吉林）粉碎（非强热），过 40 目标准分析筛。在 140℃干热条件下分别处理 0min、3min、6min、9min、12min、15min、18min、21min、24min、27min、30min、33min、36min、39min、42min、45min、48min、

51min、54min、57min、60min、63min、66min、69min、72min、75min、78min、81min、84 min、87min，冷却后装入封口袋备用。本章试验结果分析方法同 4.1.3。

5.2 脲酶活性的分析测定方法

5.2.1 常用的脲酶活性分析方法

下面按照脲酶活性的滴定法、pH 增值法和分光光度法分别进行介绍。

5.2.1.1 滴定法

滴定法为测定脲酶活性的国家标准（标准编号 GB/T 8622）方法。下面分别介绍试剂配制、操作方法及结果计算等内容。

1. 试剂配制

（1）尿素缓冲溶液（pH6.9～7.0）：称取 4.45g 磷酸氢二钠（$Na_2HPO_4 \cdot 12H_2O$，分析纯）和 3.40g 磷酸二氢钾（KH_2PO_4，分析纯）溶于水中并稀释至 1000ml，再将 30g 尿素［$(NH_2)_2CO$，分析纯］溶于此溶液中。

（2）酚酞指示剂：2g/L 乙醇溶液。

（3）邻苯二甲酸氢钾（$KHC_8H_4O_4$）基准物质：在 100～125℃干燥 1h 后，置于干燥器中备用。

（4）氢氧化钠标准溶液：0.1mol/L，用邻苯二甲酸氢钾标定。用烧杯在电子台秤上称取 4g 固体 NaOH，加入煮沸除去 CO_2 的蒸馏水，完全溶解后，转入带橡皮塞的试剂瓶中，加水稀释至 1L，充分摇匀。在称量瓶中以差减法称量邻苯二甲酸氢钾 3 份，每份 0.4～0.6g，分别倒入 250ml 三角瓶中，加入 40～50ml 蒸馏水，待试剂完全溶解后，加入 2～3 滴酚酞指示剂，用待标定的 NaOH 溶液滴定至呈微红色并保持半分钟即为终点，计算 NaOH 溶液的浓度。

2. 操作方法

称取 0.2000g 样品于 25ml 比色管中，加入 10ml 尿素缓冲液，立即盖好比色管塞并剧烈摇动，置于（30±0.5）℃恒温水浴中，每隔 5min 振摇一次，准确计时，保持 30min 后即刻加入 10ml 0.1mol/L 盐酸溶液，迅速冷却到 20℃以下，将试管内容物全部转入烧杯，用 5ml 水冲洗比色管 2～3 次，立即用氢氧化钠标准溶液滴定至 pH4.70。另取比色管做空白试验，称取上述等量的样品，加入 10ml 0.1mol/L 盐酸溶液、10ml 尿素缓冲液，立即盖好比色管塞并剧烈摇动，置于（30±0.5）℃恒温水浴中，每隔 5min 振摇一次，准确计时，保持 30min，迅速冷却到 20℃以下，将试管内容物全部转入烧杯，用 5ml 水冲洗比色管 2～3 次，立即用氢氧化钠标准溶液滴定至 pH4.70。

3. 结果计算

$$U = \frac{14 \times c(V_0 - V)}{30 \times m}$$

式中，*U* 表示每分钟每克大豆制品释放氮的毫克量，表示的脲酶活性；*c* 表示氢氧化钠标准溶液的摩尔浓度（mol/L）；V_0 表示空白试验消耗的标准氢氧化钠溶液体积（ml）；*V* 表示测定试样消耗的标准氢氧化钠溶液体积（ml）；*m* 表示试样质量（g）。

5.2.1.2　pH 增值法（pH 法）

pH 增值法也称为 pH 法，下面分别介绍试剂配制、操作方法及结果计算等内容。

1. 试剂配制

（1）磷酸盐缓冲液：取 4.335g 磷酸氢二钾溶于 100ml 水中，再称取 3.4038g 磷酸二氢钾溶于 100ml 水中，合并上述两溶液并定容至 1000ml，调节此溶液 pH 至 7.0。

（2）尿素磷酸盐缓冲液：称取 15g 尿素溶于上述磷酸盐缓冲液中，并调节 pH 至 7.0。

2. 操作方法

准确称取 0.400g 样品两份，分别置于两支 25ml 比色管中，其中一支加入 20ml 磷酸盐缓冲液，作为空白试验（A 管），另一支加入 20ml 尿素磷酸盐缓冲液，作为试验管（B 管），立即盖好比色管塞并剧烈摇动，置于（30±0.50）℃恒温水浴中，每隔 5min 振摇一次，准确计时，保持 30min 后，每管立即加入 4 滴饱和氯化汞溶液，以终止反应。分别测定其 pH。

3. 结果计算

$$\text{脲酶活性（}\Delta\text{pH）} = B - A$$

式中，*B* 表示 B 管的 pH；*A* 表示 A 管的 pH。

5.2.1.3　分光光度法

分试剂配制、操作方法及结果计算进行介绍。

1. 试剂配制

（1）硫酸铵标准贮存液：精确称取$(NH_4)_2SO_4$ 0.9910g（60℃干燥至恒量重），加蒸馏水溶解后转入 1000ml 容量瓶中，定容至刻度，此溶液为 1ml≈15mol 的 NH_4^+。

（2）硫酸铵标准应用液：精确吸取 10ml 贮存液，置入 100ml 容量瓶中，加蒸馏水至刻度，此溶液 1ml≈1.5mol 的 NH_4^+。

（3）3%尿素：称取 3g 尿素（分析纯）溶于 100ml 磷酸盐缓冲溶液中（0.68mol/L，pH=7.0）。

（4）25%三氯乙酸：称取 25g 三氯乙酸加蒸馏水至 100ml。

（5）纳氏试剂：称取 115g HgI_2 和 80g KI 溶于蒸馏水中，稀释至 500ml，再加入 500ml 6mol/L 的 NaOH 溶液，静置后，取上清液存放于棕色瓶中。

2. 操作方法

（1）制作硫酸铵标准曲线：按表 5.1 进行操作，然后用 722 型光栅分光光度计比色，用蒸馏水调零，测其吸光度 *A*（480nm）。以硫酸铵标准液（摩尔数）为横坐标，吸光度为纵坐标绘制标准曲线。求得曲线方程及其相关系数。

表 5.1　硫酸铵标准曲线制作操作步骤

Table 5.1　The operating sequence of standard curve of ammonium sulfate

操作步骤	管号							
	1	2	3	4	5	6	7	8
加硫酸铵标准应用液/ml	0.00	0.50	1.00	1.50	2.00	2.50	3.00	3.50
加蒸馏水/ml	9.00	8.50	8.00	7.50	7.00	6.50	6.00	5.50
加纳氏试剂/ml	1.00	1.00	1.00	1.00	1.00	1.00	1.00	1.00
加 NH_4^+ /mol	0.00	0.75	1.50	2.25	3.00	3.75	4.50	5.25
测吸光度（*A*）								

（2）样品测定：待测样品按表 5.2 操作测定。

表 5.2　样品测定操作步骤

Table 5.2　The operating sequence of the sample determination

操作步骤	空白管	样品
豆粉	0.01g	0.01g
加蒸馏水	1.0ml	1.0ml
加 25%三氯乙酸	1.0ml	0.0ml
加 3%尿素	1.0ml	1.0ml
37℃水浴 5min		
加 25%三氯乙酸	0.0ml	1.0ml
3000r/min 下离心 5min		
分别取上清液 0.5ml 加入 10ml 比色管中		
各管加蒸馏水 8.5ml		
各管加纳氏试剂 1.0ml，混匀，比色（操作同标准管）		

3. 结果计算

$$豆粉脲酶活性（活性单位）=\frac{a\times 4.0}{0.5\times 1\times 5}\times 豆粉溶解稀释倍数$$

式中，a 表示经标准曲线查得的样品管中 NH_4^+的摩尔数。

5.2.1.4 分析方法研究中数据处理用小程序编制

研究的试验数据处理采用 Microsoft Excel 软件。试验过程中得到的试验数据用 Microsoft Excel 电子表格进行统计、计算、记录和绘制图表，以明确不同测定方法其结果在数值上的关系。之后，通过数据分析建立起能表示这种关系的方程，从而实现同种物质不同测定方法各测定结果之间的数值代换。在此过程中，采用 Excel VBA 编程及窗体设计进行数据处理，这样可以在窗体界面上方便地实现对 Excel 的后台操作，使数据的处理、图表的生成等功能都在窗体上完成，准确快速地获得图表、数据等试验结果，使试验数据的处理过程变得更加方便、简单、快捷、明了。VBA 窗体的具体设计方法一般可分为以下几个步骤。

1. 新建工作簿

建立一个新的 Excel 工作簿文件，点击“文件”菜单项的“另存为”选项，给新工作簿命名，将其保存。

2. 创建用户窗体

在 Excel 菜单栏中选择“视图”→“工具栏”→“Visual Basic” →“Visual Basic 编辑器”，或在菜单栏选择“工具”→“宏”→“Visual Basic 编辑器”，单击“插入”，选择“用户窗体”即可插入一个用户窗体“Userform1”。鼠标右键单击窗体，选择“属性”，即可对窗体进行重新命名、设置大小、改换背景颜色等工作。

3. 设计用户窗体

在窗体的工具箱中选取“命令按钮”、“框架”、“多页”、“标签”、“文字框”等控件添加到窗体中，鼠标右键单击控件，选择“属性”，即可对控件进行重新命名、改换背景色、改变前景色等工作。

本研究将“脲酶活性测定数据处理（pH 增值法-滴定法）”、“脲酶活性测定数据处理（分光光度法-滴定法）”、“胰蛋白酶抑制因子活性测定数据处理”3 个数据处理过程进行了如下的窗体设计。

（1）“脲酶活性测定数据处理（pH 增值法-滴定法）”窗体中，设置了 4 个命令按钮、3 个标签及 3 个文字框，并分别对其重命名、改换背景色。在以下窗体设置中均进行了重命名、改换背景色等工作。

（2）“脲酶活性测定数据处理（分光光度法-滴定法）”窗体中，同样也设置了

4 个命令按钮、3 个标签及 3 个文字框。

（3）“胰蛋白酶抑制剂活性测定数据处理”窗体中，共设置了 4 个命令按钮、3 个标签及 3 个文字框。

4. 在“命令按钮”等控件中写入 VBA 程序代码

Excel 中应用程序的 VBA 是以 Visual Basic 语言为基础进行适当改造而成的，其语法、函数调用等都与 Visual Basic 语言的规范基本相同。编写程序代码的一般方法为：在设计好的窗体上双击需要编写程序代码的某个控件，即可进入代码编辑窗口，通过键盘输入代码，也可对代码进行复制、剪切、删除、粘贴等操作。本文为上述 3 个数据处理过程的窗体设计编写了代码程序。以“脲酶活性测定数据处理（pH 增值法-滴定法）”为例，在其窗体设计中，对“数据转换”、“将数据导入工作表”、“作图”、“清除工作表中数据”等命令按钮进行了程序代码的编写。下面以该窗体设计中“作图”按钮的程序代码为例，说明程序代码的结构和组成。

```
Private Sub CommandButton6_Click ()

Dim mychart1 As ChartObject
 Set mychart1 = Worksheets(“sheet1”).ChartObjects.Add(380，
50，420，270)
 mychart1.Chart.ChartType = xlXYScatter
mychart1.Chart.SetSourceData Source: =Sheets (“sheet1”) .
Range (“A4: C50”), PlotBy _
 : =xlColumns
mychart1.Copy
mychart1.Chart.SeriesCollection (1) .Delete
mychart1.Chart.SeriesCollection (1) .Delete
mychart1.Chart.SeriesCollection.NewSeries
mychart1.Chart.SeriesCollection (1) .XValues= “=sheet1!
R4C1: R50C1”
mychart1.Chart.SeriesCollection (1) .Values = “=sheet1!
R4C3: R50C3”

With mychart1.Chart
   .HasTitle = True
   .ChartTitle.Characters.Text = "脲酶活性图"
   .Axes (xlCategory, xlPrimary) .HasTitle = True
   .Axes(xlCategory,xlPrimary).AxisTitle.Characters.Text
```

```
= "试样编号"
      .Axes (xlValue, xlPrimary) .HasTitle = True
      .Axes (xlValue, xlPrimary) .AxisTitle.Characters.Text =
"脲酶活性/ NH3mg/g·min"
    .Axes (xlValue, xlPrimary) .MajorUnit = 0.5
      .Axes (xlCategory, xlPrimary) .MajorUnit = 1

    End With

    mychart1.Chart.HasLegend = False
    With mychart1.Chart.Axes (xlValue)
    .HasMajorGridlines = False
    .HasMinorGridlines = False

    End With

    With mychart1.Chart.PlotArea
    .Interior.ColorIndex = xlNone

    End With

    With mychart1.Chart.PlotArea.Border
    .Weight = xlThin
    .LineStyle = xlNone

    End With

    mychart1.Chart.Axes (xlValue) .TickLabels.NumberFormat-
Local = "0.0_"
    With mychart1.Chart.Axes (xlCategory)
    .TickLabels.NumberFormatLocal = "0_"

    End With

     mychart1.Chart.SeriesCollection(1).Trendlines.Add Type:
=xlPolynomial
     With mychart1.Chart.SeriesCollection(1).Trendlines.Item
(1)
     .Order = 2
```

```
 .DisplayRSquared = True
.DisplayEquation = True

End With

 mychart1.Chart.SeriesCollection (1) .Trendlines (1) .
DataLabel.NumberFormatLocal = “0.000000E+00”
With mychart1.Chart.SeriesCollection (1) .Trendlines (1) .
DataLabel
   .Left = 60
.Top = 42

End With

End Sub
```

5. 运行程序

用户创建的窗体（Userform1）等在 Excel 中并不能直接被执行，必须通过运行相关的程序来调用窗体。具体操作为：在 Excel 菜单栏中选择“视图”→“工具”→“窗体”，单击“按钮”控件，在工作簿上拖拽出一个范围，即会出现一个“命令按钮”，鼠标右键单击此按钮，选“查看代码”，键盘输入如“Userform1.show”的程序代码，再返回 Excel 工作簿，右击按钮，选择“退出编辑”，此时此按钮处于运行状态，可单击它调用窗体；或者创建一个用于执行窗体的宏，例如，

Sub 宏名称（）
Userform1.show '显示窗体
End Sub'结束执行宏

在拖拽出命令按钮后，会直接显示“指定宏”对话框，可将此宏指定给按钮，此时再右击按钮，选择“退出编辑”，则此按钮处于运行状态，单击按钮即可调用所设计的用户窗体，此窗体可被执行。

6. 调试程序

当程序代码有错误时，程序运行会中断，此时可重新修改 VBA 程序代码进行调试，直到程序成功运行为止。

5.2.2 脲酶活性的测定结果与分析

下面介绍用 pH 增值法与滴定法测定脲酶活性和用分光光度法与滴定法测定脲酶活性，以及分析其测定结果。

5.2.2.1 pH 增值法与滴定法测定脲酶活性的结果

用 pH 增值法和滴定法测定干热 140℃下经过不同处理时间的大豆粉试样（共 30 个）的脲酶活性，其中每种方法对每个样品均进行三次平行测定，分别将平行测定得到的数据求平均值，最后得到试验结果数据 60 个，测定结果数据见表 5.3。

表 5.3 pH 增值法与滴定法测定脲酶活性的结果数据

Table 5.3 The result data of the activity of urea-amidohydrolase determined with pH value-added and titration

处理时间/min	脲酶含量测定	
	pH 增值法/ΔpH	滴定法/[NH_3 mg/(g·min)]
0	2.47	3.2165
3	2.45	3.1703
6	2.42	3.1056
9	2.41	3.1148
12	2.36	3.0039
15	2.29	2.9115
18	2.21	2.8653
21	2.18	2.8098
24	2.10	2.6619
27	2.06	2.5510
30	2.03	2.4077
33	1.98	2.3015
36	1.92	2.2368
39	1.70	2.1813
42	1.58	1.9317
45	1.40	1.7654
48	1.20	1.5574
51	0.89	1.3587
54	0.72	1.1831
57	0.64	0.9543
60	0.60	0.7810
63	0.55	0.6978
66	0.51	0.6585
69	0.48	0.6331
72	0.46	0.5915
75	0.30	0.4021
78	0.22	0.3119
81	0.20	0.2911
84	0.17	0.2357
87	0.11	0.1502

依据上述数据，用 Excel 程序进行数据分析和处理，可得图 5.1。

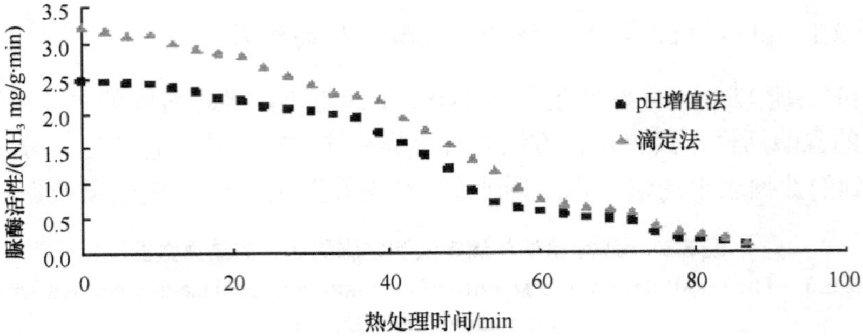

图 5.1　pH 增值法与滴定法测定脲酶活性的结果图

Fig 5.1　The measured result map of the activity of urea-amidohydrolase determined with pH value-added and titration

由图 5.1 可以容易地看出，140℃加热条件下，0～87min 内大豆粉脲酶活性随加热时间延长而降低，并呈规律性变化，而且滴定法的测定值大于 pH 增值法的测定值。从图 5.1 可知，用 pH 增值法和滴定法测定同一种大豆粉中脲酶活性时，随加热时间延长而活性降低这种规律性变化基本相同。这表明两种方法测得的脲酶活性大小在数值上虽然有所不同，但数据间存在一定的关系，可通过一定的方法进行两者间的数据代换。

在 Excel 程序中对图 5.1 中的数据点添加其变化趋势线，并运用程序拟合趋势线方程（图 5.2），可以得到图中两条曲线的方程式：

$$y = 9.655\,461\times10^{-6}x^3-1.310\,886\times10^{-3}x^2+7.174\,289\times10^{-3}x+3.142\,679$$

$$y = 9.992\,923\times10^{-3}x^3-1.365\,084\times10^{-3}x^2+1.783\,537\times10^{-2}x+2.379\,498$$

其中前式为 pH 增值法测定数据的趋势线方程，后式为滴定法测定数据的趋势线方程。

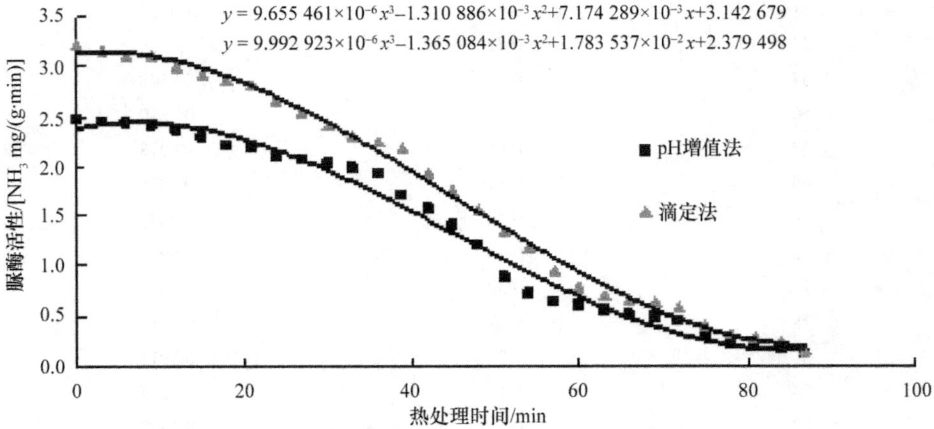

图 5.2　pH 增值法与滴定法测定脲酶活性的结果图

Fig 5.2　The measured result diagram of the activity of urea-amidohydrolase determined with pH value-added and titration

根据上述两个方程，通过在 Excel 中用 VBA 语言进行程序编辑与计算，可建立一种方便直观的对话窗口（图 5.3），通过此窗口即可方便直观地进行这两种测定方法间的数据代换，即用简单常用的 pH 增值法的测定结果可以估算出国家标准滴定法的测定结果。

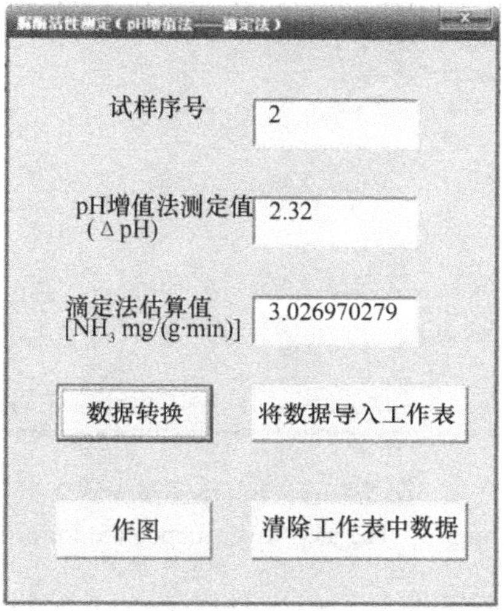

图 5.3 脲酶活性测定数据处理界面图（pH 增值法-滴定法）

Fig 5.3 The deal with interface map of determination data of the activity of urea-amidohydrolase（pH value-added and titration）

该对话窗口的使用方法为：首先打开 Excel 软件，选择“文件”菜单（图 5.4）中的“打开”选项，从显示出的对话框（图 5.5）中选择将要打开的文件，单击，然后点击“打开”按钮，即可打开相应的工作表。

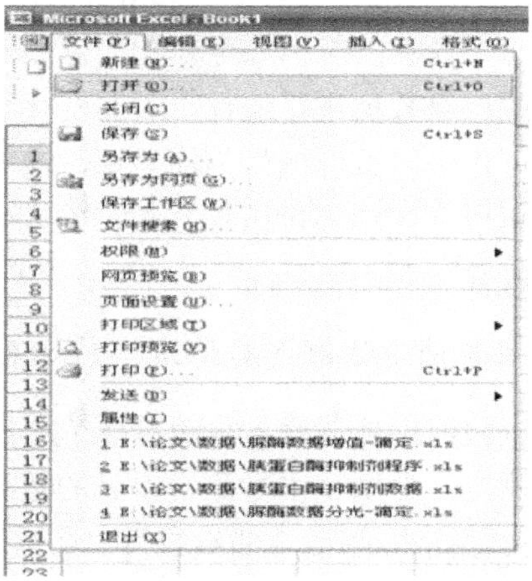

图 5.4 打开窗体文件步骤 1

Fig 5.4 The steps one to open the form file

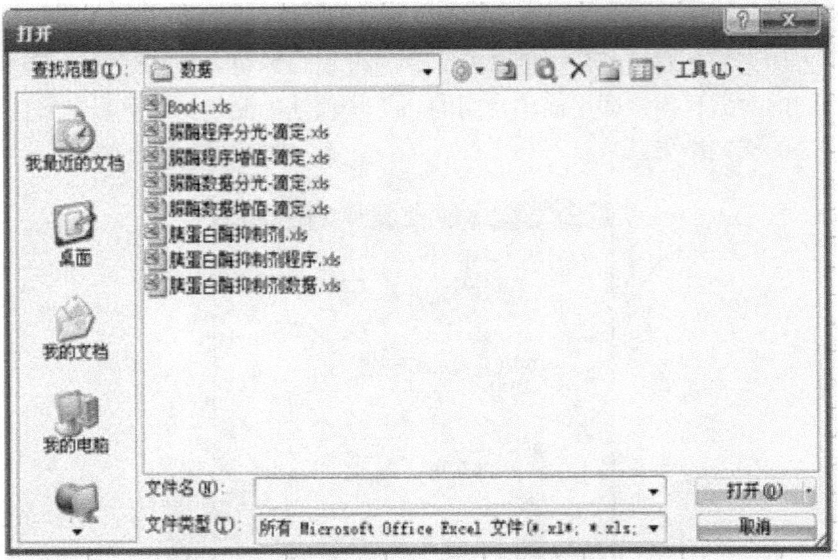

图 5.5　打开窗体文件步骤 2

Fig 5.5　The steps two to open the form file

然后点击如图 5.6 所示的 Excel 工作表 sheet1 中的“数据处理”按钮，进入 Excel 对话窗口界面（图 5.3）。在“试样序号”和“pH 增值法测定值（ΔpH）”标签所对应的文本框中用键盘输入相应试验所得的测定结果数据，然后单击“数据转换”按钮，在对话窗口中即可算出“滴定法估算值[NH_3 mg/(g·min)]”标签所对应的值，并显示在相应的文本框中，再单击“将数据导入工作表”按钮，即可把“试样序号”、“pH 增值法测定值（ΔpH）”和“滴定法估算值[NH_3 mg/(g·min)]”标签所对应的值导入到工作表 sheet1（图 5.6）中。如果需对工作表中数据进行清理，可点击窗体中“清除工作表中数据”按钮，即可将工作表中数据依行进行删除。

当需要对估算所得的一组数据进行统计，看其变化情况或趋势时，可点击窗体中“作图”按钮，即可作出以试样编号为横坐标，滴定法估算值为纵坐标的数据散点图（图 5.7），并可以在图中显示出这些数据的变化趋势线，以及其趋势线方程和趋势线的回归系数 R^2。

5.2.2.2　分光光度法与滴定法测定脲酶活性的结果

用分光光度法测定试验前期处理后大豆粉试样（共 30 个）的脲酶活性，对每个样品均进行三次平行测定，分别将平行测定得到的数据求平均值，滴定法数据采用“pH 增值法与滴定法测定脲酶活性的结果”中滴定法所得的试验数据，最后经过数据统计可得到试验结果数据 60 个，具体数据见表 5.4。

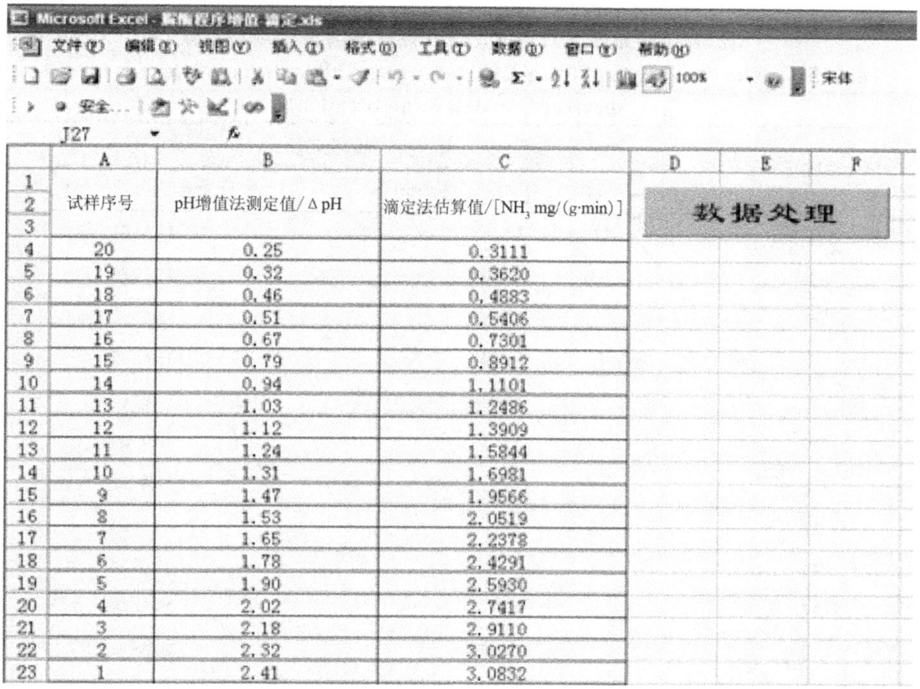

试样序号	pH增值法测定值/ΔpH	滴定法估算值/[NH_3 mg/(g·min)]
20	0.25	0.3111
19	0.32	0.3620
18	0.46	0.4883
17	0.51	0.5406
16	0.67	0.7301
15	0.79	0.8912
14	0.94	1.1101
13	1.03	1.2486
12	1.12	1.3909
11	1.24	1.5844
10	1.31	1.6981
9	1.47	1.9566
8	1.53	2.0519
7	1.65	2.2378
6	1.78	2.4291
5	1.90	2.5930
4	2.02	2.7417
3	2.18	2.9110
2	2.32	3.0270
1	2.41	3.0832

图 5.6 脲酶活性测定数据处理后记录界面图（pH 增值法-滴定法）

Fig 5.6 The record interface map after deal with determination data of the activity of urea-amidohydrolase （pH value-added and titration）

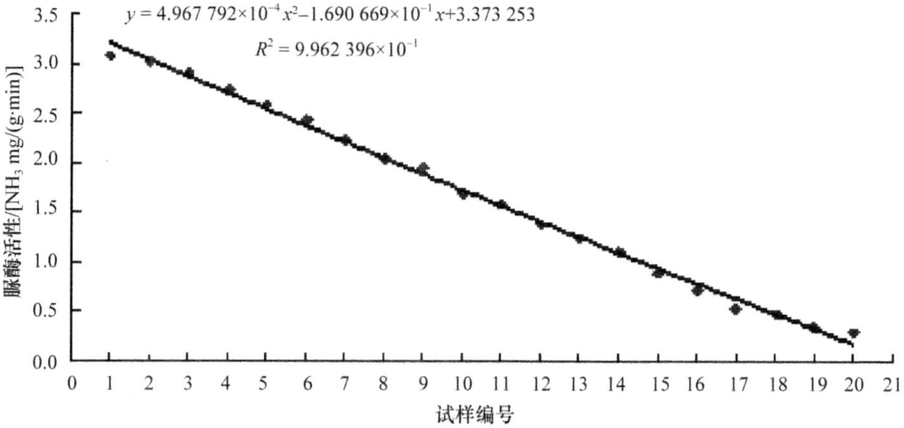

图 5.7 脲酶活性变化图

Fig 5.7 The change map of the activity of urea-amidohydrolase

依据表 5.4 中的试验数据，用 Microsoft Excel 程序进行数据分析和处理，可得图 5.8。

表 5.4　分光光度法与滴定法测定脲酶活性的结果数据

Table 5.4　The result data of the activity of urea-amidohydrolase determined with spectrophotometry and titration

热处理时间/min	脲酶含量测定	
	滴定法/[NH_3 mg/(g·min)]	分光光度法/活性单位
0	3.2165	38.4151
3	3.1703	37.2976
6	3.1056	35.8450
9	3.1148	35.6215
12	3.0039	34.6717
15	2.9115	32.7162
18	2.8653	31.4312
21	2.8098	28.3024
24	2.6619	27.0174
27	2.5510	25.5089
30	2.4077	23.5534
33	2.3015	22.2684
36	2.2368	20.8157
39	2.1813	17.6869
42	1.9317	13.7201
45	1.7654	10.9666
48	1.5574	9.8492
51	1.3587	7.0835
54	1.1831	6.2175
57	0.9543	4.5135
60	0.7810	3.7592
63	0.6978	3.4932
66	0.6585	3.0462
69	0.6331	2.5061
72	0.5915	1.6308
75	0.4021	1.4818
78	0.3119	1.3515
81	0.2911	1.3209
84	0.2357	0.9158
87	0.1502	0.3152

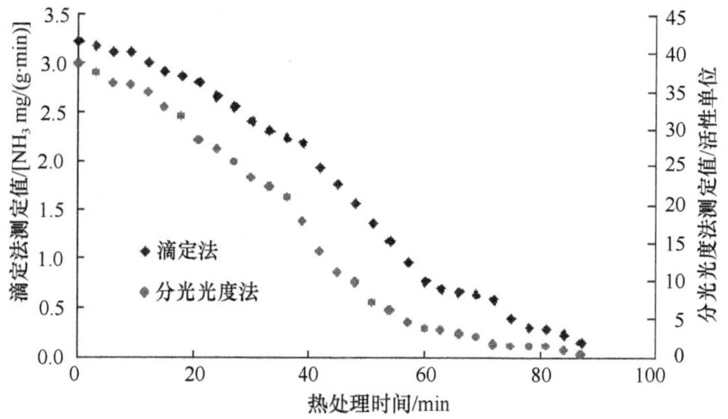

图 5.8 分光光度法与滴定法测定脲酶活性的结果图

Fig 5.8 The result map one of the activity of urea-amidohydrolase determined with spectrophotometry and titration

由图 5.8 可以看出，经不同时间热处理的大豆粉的脲酶活性随加热时间延长而降低，并呈规律性变化。虽然分光光度法与滴定法这两种试验方法测定出来的数值结果有很大差别，但同一种大豆粉中脲酶活性随加热时间延长而降低这种规律性变化基本相同。这表明两种方法测定的数据间存在一定的关系，可通过一定的方法进行两者间的数据代换。

在 Excel 程序中对图 5.8 中的数据点添加其变化趋势线，并运用程序拟合趋势线方程（图 5.9），可以得到图中两条曲线的方程式：

$$y = 1.335\,737\times10^{-4}x^3-1.392\,988\times10^{-2}x^2-2.140\,131\times10^{-1}x + 38.423\,43$$

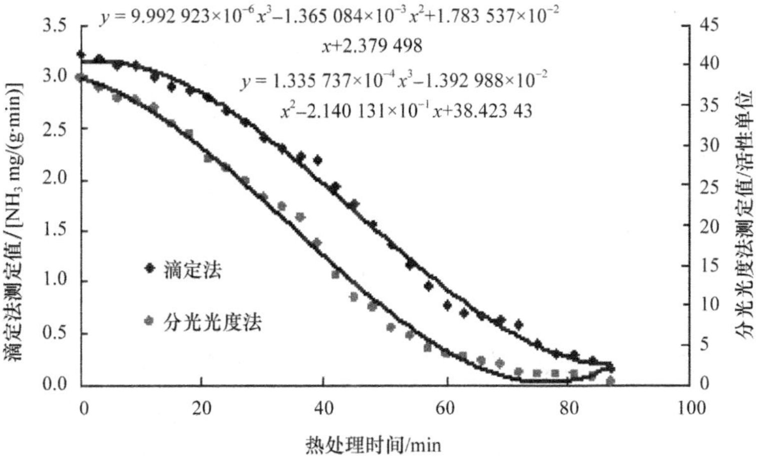

图 5.9 分光光度法与滴定法测定脲酶活性的结果图

Fig 5.9 The result map two of the activity of urea-amidohydrolase determined with spectrophotometry and titration

$$y = 9.992\ 923 \times 10^{-6}x^3 - 1.365\ 084 \times 10^{-3}x^2 + 1.783\ 537 \times 10^{-2}x + 2.379\ 498$$

其中前式为滴定法测定数据的趋势线方程，后式为分光光度法测定数据的趋势线方程。

同样，根据上述两个方程，通过在 Excel 中用 VBA 语言进行程序编辑与计算，也可建立一个对话窗口（图 5.10），通过此窗口即可方便直观地进行这两种测定方法间的数据代换，即通过比较常用的分光光度法的测定结果可以估算出国家标准滴定法的测定结果。

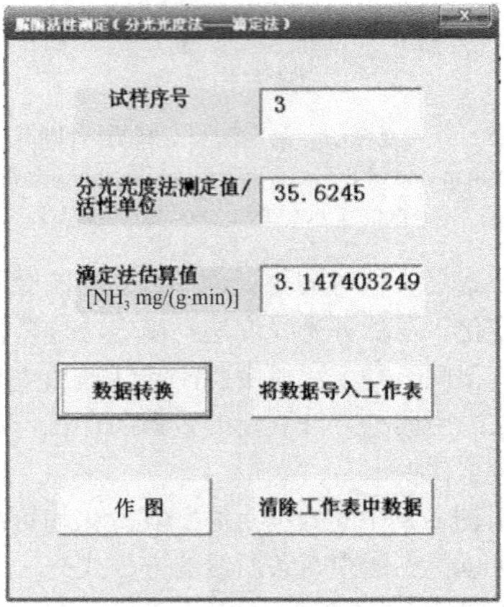

图 5.10　脲酶活性测定数据处理界面图（分光光度法-滴定法）

Fig 5.10　The deal with interface map of the determination data of the activity of urea-amidohydrolase （spectrophotometry and titration）

该对话窗口的使用方法为：首先打开相应的工作表，然后点击如图 5.11 所示的 Excel 工作表 sheet1 中的“数据处理”按钮，进入 Excel 对话窗口界面（图 5.10）。在“试样序号”和“分光光度法测定值/活性单位”标签所对应的文本框中用键盘输入相应试验所得的测定结果数据，然后单击“数据转换”按钮，在对话窗口中即可算出“滴定法估算值[NH_3 mg/(g·min)]”标签所对应的值，并显示在相应的文本框中，再单击“将数据导入工作表”按钮，即可把“试样序号”、“分光光度法测定值/活性单位”和“滴定法估算值[NH_3 mg/(g·min)]”标签所对应的值导入到工作表 sheet1（图 5.11）中。如果需对工作表中数据进行清理，可点击窗体中“清除工作表中数据”按钮，即可将工作表中数据依行进行删除。

当需要对估算所得的一组数据进行统计，看其变化情况或趋势时，可点击窗体中“作图”按钮，即可作出以试样编号为横坐标，滴定法估算值为纵坐标的数据散点图（图 5.12），并可以在图中显示出这些数据的变化趋势线，以及其趋势线方程。

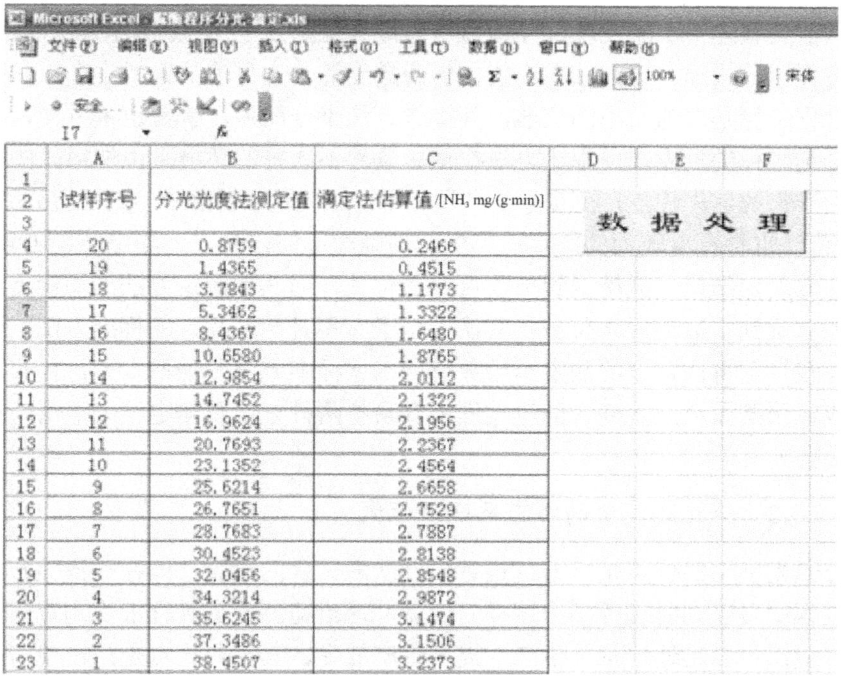

试样序号	分光光度法测定值	滴定法估算值/[NH$_3$ mg/(g·min)]
20	0.8759	0.2466
19	1.4365	0.4515
18	3.7843	1.1773
17	5.3462	1.3322
16	8.4367	1.6480
15	10.6580	1.8765
14	12.9854	2.0112
13	14.7452	2.1322
12	16.9624	2.1956
11	20.7693	2.2367
10	23.1352	2.4564
9	25.6214	2.6658
8	26.7651	2.7529
7	28.7683	2.7887
6	30.4523	2.8138
5	32.0456	2.8548
4	34.3214	2.9872
3	35.6245	3.1474
2	37.3486	3.1506
1	38.4507	3.2373

图 5.11 脲酶活性测定数据处理后记录界面图（分光光度法-滴定法）

Fig 5.11 The record interface map after deal with of determination data of the activity of urea-amidohydrolase （spectrophotometry and titration）

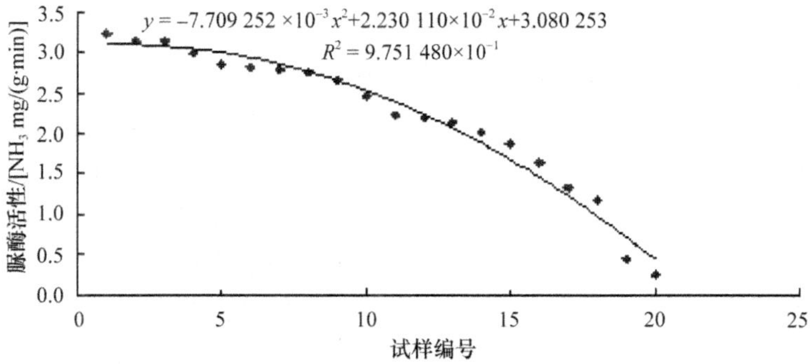

图 5.12 脲酶活性变化图

Fig 5.12 The change map of the activity of urea-amidohydrolase

5.2.3 脲酶活性分析方法小结

下面分别对测定脲酶活性的 pH 增值法、分光光度法及滴定法的特点及其适用领域加以总结。

5.2.3.1 pH 增值法的特点及适用领域

从前文叙述中不难发现，pH 增值法的最大优点在于：试验操作方法简便易行，测定过程比较快速。该方法使用的仪器为酸度计，在目前的饲料生产厂和实验室研究过程中算是普通常用的仪器，其操作方法十分简便，携带也很方便，从而降低了测定过程的难度，使得该方法在试验条件不太好的环境下也能很好的使用。正是由于它的这种优点，在实际生产过程中，pH 增值法被生产者广泛应用。但是 pH 增值法也存在着较大的缺点：首先，精确度不够，从上述测定结果可看到 pH 增值法的测定结果只能精确到小数点后 2 位数，而其他测定方法（如滴定法）一般都能精确到小数点后 4 位数；其次，由于它不是国家规定的标准方法，因此不具有仲裁性；再次，它的测定结果数值与国家标准方法差别不太大，在实际生产过程或在采购原料及签订合同等过程中容易将两种方法及测定结果混淆，造成一些不必要的麻烦。

5.2.3.2 分光光度法的特点及适用领域

分光光度法的优点是：方便进行一批次多试样的检验，即在一次完整的检测试验过程中可以同时进行多个试样的检测，这给检测人员进行批次测定带来非常大的方便，可以迅速地指导生产，提高生产效率。其主要缺点是：试验所必需的试剂——纳氏试剂，在配制过程中要用到有毒的汞盐——碘化汞（HgI_2），使试验操作的危险系数增大，而且试验所用仪器为分光光度计，仪器较大，搬运不方便，不适宜在实验室外（如饲料生产车间）进行试验。

5.2.3.3 滴定法的特点及适用领域

滴定法是我国制定的检测脲酶活性的国家标准方法，具有权威性、标准性和仲裁性。用滴定法测出的试验数据准确度和精确度都较高。但是在具体试验操作过程中，滴定法的试验步骤及试验条件要求严格（如温度和加样时间的精确控制），对检测人员的操作手法和熟练程度都有较高要求，如果某项条件稍有偏差，极有可能造成试验结果的严重失实，故而一般在生产中使用较少。

在我国，国家标准规定大豆及大豆饼、粕中脲酶活性的测定方法为滴定法。但在实际生产中，人们为达到测定方法简便易行或快速进行批次测定，可快速指导生产的目的，对大豆及其副产品中脲酶活性的测定普遍采用 pH 增值法和分光光度法。如上文所述，这三种方法在测定过程中试验原理、试验步骤、结果数值、数值单位等方面都不相同。其中，虽然滴定法和 pH 增值法两者的测定结果在数值上比较接近，但仍有一定差异，滴定法的测定结果数值较大。故而在生产实际中，几种测定方法的测定结果不能直接相互替代使用，在对大豆脲酶活性进行表述或提出具体限量要求时，应明确使用的是何种测定方法。

滴定法和 pH 增值法、分光光度法虽然存在很多差别，但也存在一定联系。在 Excel 中用 CORREL 函数计算滴定法和 pH 增值法两组测定结果数据，相关度达到 0.9960，而滴定法和分光光度法两组测定结果数据的相关度达到 0.9789，再加上分布图的相近，说明这三种方法的测定结果的变化规律基本相同，可通过计算分别对滴定法和 pH 增值法及滴定法和分光光度法两者之间数值进行代换，以达到用简易的、生产实践中常用的检测方法进行测定，就可推知用较复杂检测方法测定出的较精确的测定结果的目的，通过我们的小程序完全达到了这一预期目的。

5.3 胰蛋白酶抑制因子活性的分析测定方法

本部分内容包括常用的胰蛋白酶抑制因子活性分析方法、分析结果及小结。

5.3.1 常用的胰蛋白酶抑制因子活性分析方法

下面分别介绍测定胰蛋白酶抑制因子活性的分光光度法和脲酶代换法。

5.3.1.1 分光光度法

从试剂配制、分析测定方法及结果计算方法方面对分光光度法进行介绍。

1. 试剂配制

（1）0.05mol/L Tris-$CaCl_2$ 溶液（三羟甲基氨基甲烷缓冲溶液）（pH8.2）：溶解 6.05g 三羟甲基氨基甲烷及 2.94g $CaCl_2 \cdot H_2O$ 于约 900ml 蒸馏水中，用盐酸调节至 pH 为 8.2，并用蒸馏水稀释成 1000ml。

（2）底物溶液：称取 40mg BAPNA［苯甲酸-D(L)-精氨酸-P-硝基酸替苯胺盐酸盐］溶于 1ml 二甲基亚砜中，并用已预热到 37℃的 Tris-$CaCl_2$ 溶液稀释成 100ml。应每日配制，使用时应保持在 37℃。

（3）胰蛋白酶溶液：称取 4mg 胰蛋白酶（不含盐）溶于 200ml 0.001mol/L 的 HCl 中。

（4）乙酸溶液：用移液管吸取 30ml 乙酸，置于 100ml 容量瓶中，加蒸馏水定容至 100ml。

（5）0.01mol/L 氢氧化钠溶液：0.4g 氢氧化钠定容于 1000ml 蒸馏水中。

（6）0.001mol/L 盐酸标准溶液。

2. 测定步骤

称取 0.01g 样品（液体也以质量称取）于三角瓶中，每瓶样品加入 10ml 0.01mol/L 的氢氧化钠溶液，提取 1h。在 1h 内，不时摇动内容物，然后过滤。将滤液稀释 10 倍，分别吸取 0ml、0.5ml、1.0ml、1.5ml、2.0ml 稀释液注入 5 支试管中，每管加入 Tris-$CaCl_2$ 缓冲溶液稀释至 2ml。另用一试管加入 2ml Tris-$CaCl_2$ 缓冲溶液作空白对照。除空白对照试管外，分别加入 2ml 胰蛋白酶溶液于每支试管中，混匀。将全部试管置于 37℃水浴中，当温度平衡后，再加入 5ml 预热至 37℃的 BAPNA 溶液，并严格地于 10min 后加入 1ml 乙酸溶液并混匀，以停止反应。然后在空白试管中加入 2ml 胰蛋白酶溶液。将所有试管的溶液用滤纸过滤（滤液为反应液），用空白调分光光度计的零点，并于 410nm 波长处测定样品过滤液的吸光度。

5.3.1.2 脲酶代换法

因为生大豆中脲酶与胰蛋白酶抑制因子的含量成正比，脲酶变性失活的程度也与胰蛋白酶抑制因子相似，因此，目前饲料工业和食品工业的实际生产中常通过测定脲酶活性来间接反映蛋白酶抑制因子的活性。

所以，脲酶代换法测定胰蛋白酶抑制因子活性采用的是脲酶活性检测方法，具体试验方法参照上述脲酶活性测定方法二 pH 增值法（pH 法）。测定结果用ΔpH 表示。

5.3.2 脲酶代换法与分光光度法测定结果

用分光光度法测定试验所用大豆粉试样（共 30 个）胰蛋白酶抑制因子的活性，对每个样品均进行三次平行测定，分别将平行测定得到的数据求平均值，脲酶代换法的数据使用“pH 增值法与滴定法测定脲酶活性的结果”中 pH 增值法所得的试验数据，最后统计得到试验结果数据 60 个，测定结果数据统计见表 5.5。

表 5.5 脲酶代换法与分光光度法测定胰蛋白酶抑制因子活性的结果数据

Table 5.5 The result data of the activity of trypsin inhibitors determined with urea-amidohydrolase substitution and spectrophotometry

热处理时间/min	胰蛋白酶抑制因子含量测定	
	脲酶代换法/ΔpH	分光光度法/（mg/g）
0	2.47	47.6974
3	2.45	47.5439
6	2.42	46.5789
9	2.41	43.8377
12	2.36	41.6886
15	2.29	39.3640
18	2.21	37.7412
21	2.18	36.9298
24	2.10	35.0439

续表

热处理时间/min	胰蛋白酶抑制因子含量测定	
	脲酶代换法/ΔpH	分光光度法/（mg/g）
27	2.06	34.6930
30	2.03	33.7719
33	1.98	32.8728
36	1.92	28.4868
39	1.70	25.1754
42	1.58	25.0219
45	1.40	21.5789
48	1.20	17.8947
51	0.89	16.2061
54	0.72	14.1886
57	0.64	10.7018
60	0.60	9.8026
63	0.55	8.5965
66	0.51	6.2281
69	0.48	6.2719
72	0.46	5.3070
75	0.30	3.8158
78	0.22	2.9605
81	0.20	3.3991
84	0.17	2.3904
87	0.11	1.3377

依据表 5.5 中的试验数据，用 Microsoft Excel 程序进行数据分析和处理，可得图 5.13。

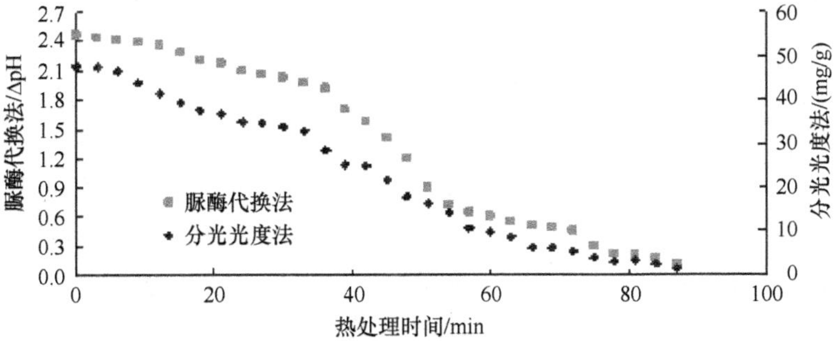

图 5.13　脲酶代换法与分光光度法测定胰蛋白酶抑制因子活性的结果图

Fig 5.13　The result map one of the activity of trypsin inhibitors determined with urea-amidohydrolase substitution and spectrophotometry

由图 5.13 可以看出，经不同时间热处理的大豆粉的胰蛋白酶抑制因子活性随加热时间延长而降低，并呈规律性变化。虽然脲酶代换法与分光光度法这两种试验方法测定出来的数值结果有很大差别，但同一种大豆粉中胰蛋白酶抑制因子的活性随加热时间延长而降低这种规律性变化差异不大。这表明两种方法测定的数据间同样存在一定的关系，可通过一定的方法进行两者间的数据代换与估测。

在 Excel 程序中对图 5.13 中的数据点添加其变化趋势线，并运用程序拟合趋势线方程（图 5.14），可以得到图中两条曲线的方程式：

$$y = 9.992\,923\times10^{-6}x^3 - 1.365\,084\times10^{-3}x^2 + 1.783\,537\times10^{-2}x + 2.379\,498$$

$$y = 1.161\,891\times10^{-4}x^3 - 1.380\,388\times10^{-2}x^2 - 1.974\,321\times10^{-1}x + 47.132\,89$$

其中前式为脲酶代换法测定数据的趋势线方程，后式为分光光度法测定数据的趋势线方程。

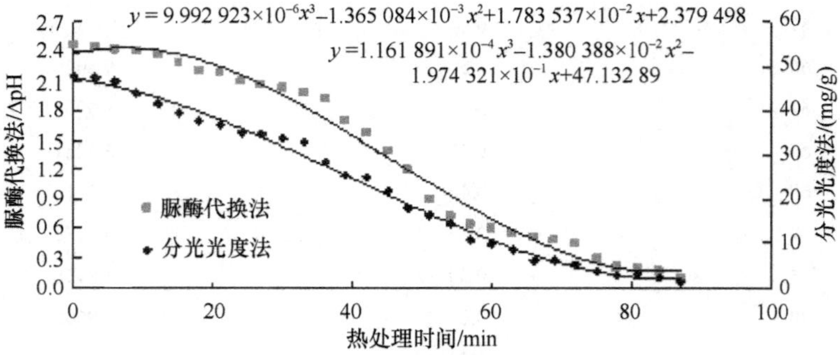

图 5.14 脲酶代换法与分光光度法测定胰蛋白酶抑制因子活性的结果图

Fig 5.14 The result map two of the activity of trypsin inhibitors determined with urea-amidohydrolase substitution and spectrophotometry

同样，根据上述两个方程，通过在 Excel 中用 VBA 语言进行程序编辑与计算，也可建立一个对话窗口（图 5.15），通过此窗口即可方便直观地进行这两种测定方法间的数据代换，即通过非常简单、常用的脲酶代换法的测定结果可以估算出较精确的分光光度法的测定结果。

该对话窗口的使用方法为：首先打开相应的工作表，然后点击如图 5.16 所示的 Excel 工作表 sheet1 中的"数据处理"按钮，进入 Excel 对话窗口界面(图 5.15)。在"试样序号"和"脲酶估测法测定值/ΔpH"标签所对应的文本框中用键盘输入相应试验所得的测定结果数据，然后单击"数据转换"按钮，在对话窗口中即可算出"分光光度法估算值/（mg/g)"标签所对应的值，并显示在相应的文本框中，再单击"将数据导入工作表"按钮，即可把"试样序号"、"脲酶估测法测定值/ΔpH"和"分光光度法估算值/（mg/g)"标签所对应的值导入到工作表 sheet1（图 5.16）中。如果需对工作表中数据进行清理，可点击窗体中"清除工作表中数据"按钮，即可将工作表中数据依行进行删除。

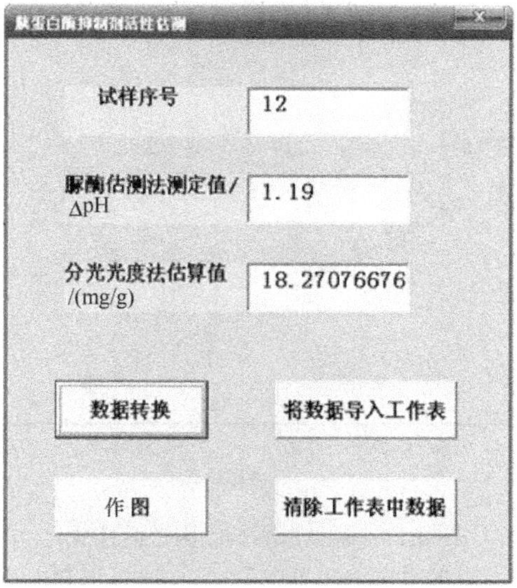

图 5.15　胰蛋白酶抑制因子活性测定数据处理后界面图

Fig 5.15　The deal with interface map of the determination data of the activity of trypsin inhibitors

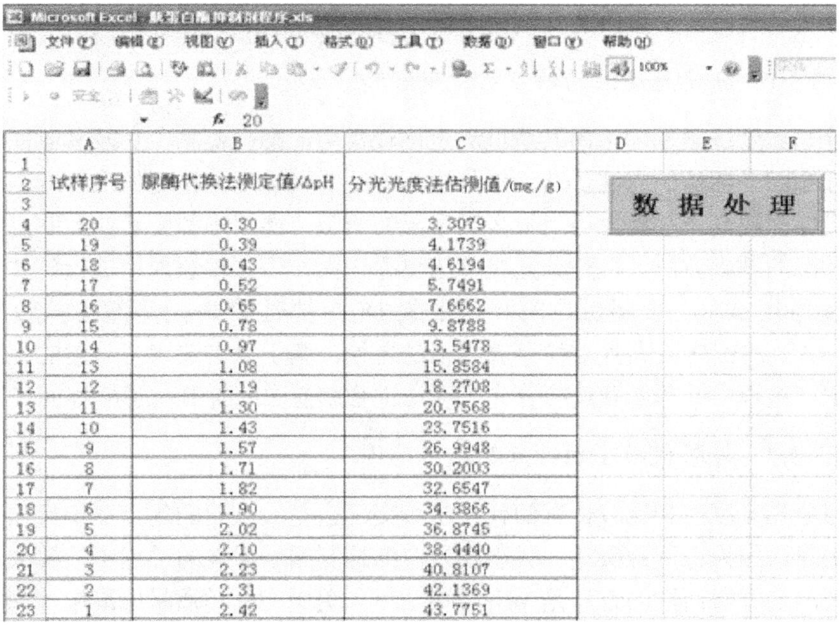

试样序号	脲酶代换法测定值/ΔpH	分光光度法估测值/(mg/g)
20	0.30	3.3079
19	0.39	4.1739
18	0.43	4.6194
17	0.52	5.7491
16	0.65	7.6662
15	0.78	9.8788
14	0.97	13.5478
13	1.08	15.8584
12	1.19	18.2708
11	1.30	20.7568
10	1.43	23.7516
9	1.57	26.9948
8	1.71	30.2003
7	1.82	32.6547
6	1.90	34.3866
5	2.02	36.8745
4	2.10	38.4440
3	2.23	40.8107
2	2.31	42.1369
1	2.42	43.7751

图 5.16　胰蛋白酶抑制因子活性测定数据处理后记录界面图

Fig 5.16　The record interface map after deal with determination data of the activity of trypsin inhibitors

当需要对估算所得的一组数据进行统计，看其变化情况或趋势时，可点击窗体中“作图”按钮，即可作出以试样编号为横坐标，分光光度法估算值为纵坐标的数据散点图（图 5.17），并可以在图 5.17 中显示出这些数据的变化趋势线及其趋势线方程。

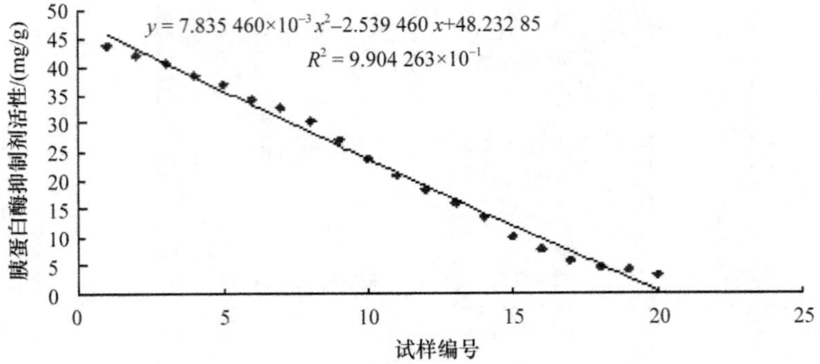

图 5.17　胰蛋白酶抑制因子活性变化

Fig 5.17　The change map of the activity of trypsin inhibitors

5.3.3　胰蛋白酶抑制因子活性分析方法小结

分析总结测定胰蛋白酶抑制因子活性的分光光度法和脲酶代换法。

5.3.3.1　分光光度法的特点及适用领域

分光光度法是目前国内乃至世界上比较常用的准确检测大豆及其制品中胰蛋白酶抑制因子活性的方法。其优点是检测方法的灵敏度，检测的准确度、精确度和重复性都较高，故而世界上很多国家，如美国、德国等都将其作为制定国家或行业标准的基础方法。但是分光光度法也存在操作步骤较烦琐、试验条件要求高和试验所用试剂——胰蛋白酶和苯甲酸-D(L)-精氨酸-P-硝基酸替苯胺盐酸盐（BAPNA）的价格较高且不易存放等不足之处。基于以上缺点，一般的生产者在实际生产过程中并不愿意选择分光光度法进行胰蛋白酶抑制因子活性的检测。

5.3.3.2　脲酶代换法的特点及应用范围

与分光光度法相比较，脲酶代换法最突出也是最重要的优点在于操作简便，测定快速。因为在用脲酶活性代表胰蛋白酶抑制因子活性的过程中，被大家广泛采用的测定脲酶活性的方法是 pH 增值法，如美国大豆粕质量标准中，脲酶活性规定为 0.05～0.2（pH 增值法检测），而 pH 增值法简便、快速的优点又在前文中充分说明，故而可以得知，脲酶代换法被广泛应用于大豆及其制品的生产过程中。

就现在常用的分光光度法和脲酶代换法这两种胰蛋白酶抑制因子活性测定方法而言，同样在测定试验原理、试验步骤、试验器材、结果数值、数值单位和表示方法等方面存在很大的差异性。就测定结果的区别而言，在数值上分光光度法的测定值远大于脲酶代换法的测定值，通常是其几倍，甚至几十倍；在数值单位方面，分光光度法一般采用“mg/g”，而脲酶代换法则常用“ΔpH”。

在比较试验的过程中发现，分光光度法和脲酶代换法两者之间也存在某种联系。在 Excel 中用 CORREL 函数计算表中分光光度法和脲酶代换法两组测定结果数据的相关度，结果表明其相关系数为 0.9901，再加上分析分布图可知，这两种方法的测定结果的变化规律非常相近，可对分光光度法和脲酶代换法进行两者之间数值上的代换，达到以简代繁、统一单位等目的。

5.4 试验方法的合理性验证

我们随机从文献中选取了一组分别用 pH 增值法和滴定法测定的大豆中脲酶活性的试验数据，见表 5.6。

表 5.6 大豆粉中脲酶活性的测定数据

Table 5.6 The determination data of the activity of urea-amidohydrolase in the soybean

处理条件	pH 增值法测定/ΔpH	滴定法测定/[NH_3 mg/(g·min)]
80℃加热 120min	2.09	2.40
80℃加热 180min	2.07	2.39
130℃加热 150min	0.0	0.0

对表 5.6 中数据采用本文所得的数据处理方法进行分析与比较，结果见表 5.7。

表 5.7 数据比较结果

Table 5.7 The data comparison results

pH 增值法测定/ΔpH	滴定法测定/[NH_3 mg/(g·min)]	滴定法估测/[NH_3 mg/(g·min)]
2.09	2.40	2.49
2.07	2.39	2.46
0.0	0.0	0.0

比较结果显示，用本试验方法估测得到的数据与文献中试验测得的数据非常接近，偏差小于 0.1，证明本试验所用数据处理方法合理可行。

5.5 本 章 小 结

下面分别介绍 pH 增值法和分光光度法对滴定法所进行的估测。

5.5.1 用测定脲酶活性的 pH 增值法对滴定法进行估测

在生产实践中，测定脲酶活性时可用比较简单的 pH 增值法对比较烦琐的滴定法这一国家标准方法进行无偏估测，同时在理论上达到了统一脲酶活性不同测定方法单位的目的。

5.5.2 用测定脲酶活性的分光光度法对滴定法进行估测

可以用分光光度法所得脲酶活性数据对国家标准方法——滴定法进行无偏估测。一方面达到了统一数据单位的目的，另一方面可以在生产过程中充分发挥分光光度法快速高效检测的优势。

5.5.3 用测定胰蛋白酶抑制因子活性的脲酶代换法对分光光度法进行估测

用脲酶代换法所得胰蛋白酶抑制因子活性数据对分光光度法进行无偏估计，达到了统一数据单位的目的，更避免了在检测过程中使用高价格检测试剂。

6　不同提异黄酮工艺产豆粕中抗营养因子

由于致甲状腺肿素这种抗营养因子的特殊生成机制，加之其降解产物超稳定的理化性质及提取异黄酮的不同生产工艺，到目前为止，还没有较理想的灭活抗营养因子的方法。本研究通过分析提异黄酮的全工艺流程，模拟其部分生产工艺，对大豆、普通豆粕和提异黄酮豆粕进行干热和湿热处理后，分析测定致甲状腺肿素中最主要的抗营养因子噁唑烷硫酮的含量变化，以确定最适合的热处理方法，为致甲状腺肿素去除提供最佳参数值。

6.1　试验材料及处理方法

分别介绍所用试验材料、仪器、试剂及试验方法和试验设计。

6.1.1　试验材料

（1）大豆：经机械粉碎，过 100 目筛。

（2）生豆粕：经粉碎机粉碎，过 100 目筛。

（3）经乙醇提取异黄酮后的大豆粕：材料来源于黑龙江省粮食研究所和黑龙江省九三油脂厂，经粉碎机粉碎，过 100 目筛。

6.1.2　试验仪器

（1）振荡器：振荡频率为 10 次/min（往复式）。

（2）恒温干燥箱：（103±20）℃。

（3）酸度计：便携式防水型酸碱度测试仪；北京哈纳科仪科技有限公司；精度 0.02pH。

（4）分光光度计。

（5）分析天平（感量 0.0001g）；样品筛（孔径 0.28mm）；样品磨；玻璃干燥器；三角瓶（25ml、100ml、250ml）；容量瓶（25ml、100ml）；烧杯（50ml）；分液漏斗（50ml）；移液管（2ml）；10mm 石英比色池；可在 200～300nm 处测量吸光度。

6.1.3　试验试剂

除特殊规定外，本试验所用试剂均为分析纯，水为蒸馏水或相应纯度的水。

乙醚为光谱纯或分析纯。

（1）去泡剂：正辛醇（C_8H_{17}-OH），pH7.0。

（2）缓冲液：取 35.3ml 0.1mol/L 柠檬酸（$C_5H_8O_7 \cdot H_2O$，HG3-1108）溶液（21.01g/L）于一个 200ml 容量瓶中，再用 0.2mol/L 磷酸氢二钠（GB1 263）溶液调节 pH 至 7.0。

6.1.4 试验方法与试验设计

分为干热处理、湿热处理和溶剂萃取处理。

6.1.4.1 干热处理试验设计

时间设 5min、10min、15min 和 20min 4 个梯度，温度设 90℃、100℃、110℃、120℃、130℃和 140℃ 6 个梯度进行处理。样品处理时，将称量好的干样品放入烘干箱内，温度达到测定温度开始计时。

6.1.4.2 湿热处理试验设计

时间设 10min、20min、30min 和 40min 4 个梯度，温度设 90℃、95℃、100℃、105℃、110℃、115℃和 120℃ 7 个梯度进行处理。样品处理时，将称量好的干样品于水中浸泡，达到过饱和状态后放入烘干箱内，温度达到测定温度开始计时。

6.1.4.3 溶剂萃取试验设计

用四号溶剂、六号溶剂和乙醇对试样进行萃取处理。本章试验结果分析方法同 4.1.3。

6.2 噁唑烷硫酮含量测定方法

噁唑烷硫酮含量测定方法如下。

6.2.1 分析测定原理

饲料中的硫代葡萄糖苷被硫代葡萄糖苷酶（芥子酶 EC 3.2.3.1）水解，再用乙醚萃取生成的噁唑烷硫酮，用紫外分光光度计测定。

6.2.2 酶源制备

用白芥（*Sinapis alba* L.）种子（72h 内发芽率必须大于 85%，保存期不得超过两年）制备。将白芥籽磨细，使 80%通过 0.28mm 孔径筛子，用正己烷或石油醚（沸程 40～60℃）提取其中脂肪，残油不大于 2%，操作温度保持在 30℃以下，放通风橱于室温下将溶剂挥发。此酶源置具塞玻璃瓶中于 4℃下保存，可用 6 周。

6.2.3　试样制备

采集具有代表性的样品至少 500g，四分法缩分至 50g，再磨细，使其 80%能通过 0.28mm 筛，装袋封存备用。

6.2.4　测定步骤

具体测定步骤如下。

6.2.4.1　称样

取样于事先干燥称重（精确到 0.001g）的烧杯中，放入恒温干燥箱，在（103±2）℃下烘烤至少 8h，取出置干燥器中冷至室温，称取试样 5.5g，精确到 0.001g。

6.2.4.2　基准试样酶解

将干燥称重的试样全部倒入一个 250ml 三角瓶中，加入 70ml 沸腾缓冲液，并用少许冲洗烧杯，冷却至 30℃，然后加入 0.5g 酶源和几滴去泡剂，于室温下振荡 2h。立即将内容物定量转移至 100ml 容量瓶中，用水洗涤三角瓶，并稀释至刻度，过滤至 100ml 三角瓶中，滤液备用。

6.2.4.3　待测试样酶解

将干燥称重的试样全部倒入一个 250ml 三角瓶中，加入 70ml 缓冲液，并用少许冲洗烧杯，然后加几滴去泡剂，于室温下振荡 2h。立即将内容物定量转移至 100ml 容量瓶中，用水洗涤三角瓶，并稀释至刻度，过滤至 100ml 三角瓶中，滤液备用。

6.2.4.4　试样测定

取上述滤液配合饲料 2.0ml 至 50ml 分液漏斗中，每次用 10ml 乙醚提取 2 次，每次小心从上面取出上层乙醚。合并乙醚层于 25ml 容量瓶中，用乙醚定容至刻度。从 200nm 至 280nm 测定其吸光度值，用最大吸光度值减去 280nm 处的吸光度值得试样吸光度值 A_E。

6.2.4.5　空白试样测定

取空白试样，即只加试样不加酶源，按 6.2.4.1、6.2.4.2、6.2.4.3 和 6.2.4.4 进行同样操作，测得值为试样空白吸光度值 A_B，如试样为菜籽饼粕，此项免去，A_0 为零。

6.2.4.6 酶源空白试样测定

取酶源空白试样，即不加试样只加酶源，按 6.2.4.1、6.2.4.2 和 6.2.4.3 进行同样操作，测得值为酶源空白试样吸光度值 A_C。

6.2.5 结果计算

测定结果分为噁唑烷硫酮含量和酶的水解率两项，计算方法如下。

6.2.5.1 噁唑烷硫酮含量计算

噁唑烷硫酮计算公式如下：

$$X=(A_E-A_B-A_C)\times C_P\times 25\times 100\times 10^{-3}\times 100\times \frac{1}{m}=\frac{(A_E-A_B-A_C)}{m}\times 2.05\times 10^3$$

式中，X 表示试样中噁唑烷硫酮的含量，以每 100g 绝干样噁唑烷硫酮的毫克数表示；A_E 表示试样吸光度值；A_B 表示空白试样吸光度值；A_C 表示酶源空白试样吸光度值；C_P 表示转换因素，吸光度值为 1 时每升溶液中噁唑烷硫酮的毫克数，其值为 8.2；m 表示试样绝干质量。

6.2.5.2 酶的水解率计算

水解率计算公式如下：

$$\text{水解率}=\frac{\text{处理后试样中可降解噁唑烷硫酮含量}}{\text{试样中噁唑烷硫酮总含量}}$$

6.3 优化提取异黄酮工艺研究结果与分析

分析测定结果如下。

6.3.1 干热处理大豆后可酶解硫代葡萄糖苷含量及蛋白质溶解度的变化

大豆低温烘干后，磨粉，再经干热处理。考虑到酶是蛋白质，具有热变性，并且通常压榨法制油工艺的压榨温度在 135℃左右，因此选用 90℃、100℃、110℃、120℃、130℃和 140℃ 6 个温度梯度和 5min、10min、15min 和 20min 4 个时间梯度在电热干燥箱中进行干热处理，其结果见表 6.1。测得生大豆中硫代葡萄糖苷（OZT 表示）含量为 4.98mg/100g。

从表 6.1 可知，低温短时间干热处理大豆粉后，可酶解的硫代葡萄糖苷含量与生大豆中含量基本相近，说明低温短时间干热处理很难达到灭活硫代葡萄糖苷酶的要求，但随着温度上升，时间延长，可降解的硫代葡萄糖苷含量急剧下降，由此反映出若有足够热量便可使硫代葡萄糖苷酶变性失活，这样硫代葡萄糖苷就

表 6.1 干热处理大豆粉后可酶解的硫代葡萄糖苷含量及水解率

Table 6.1 The enzymolysis degradation contents of thio-glucosinolates and hydrolysis rate in the soybean treated dry-heat

温度 A/℃	处理时间 B/min	可酶解的硫代葡萄糖苷含量（以 OZT 表示）/（mg/100g）	水解率/%（总含量为 4.98mg/100g）
90	5	4.79±0.185	96.1
	10	4.16±0.254	83.5
	15	0.65±0.043	13.0
	20	0.61±0.197*	12.2
100	5	4.45±0.530	89.3
	10	3.79±0.994	76.1
	15	1.14±0.939	22.3
	20	0.52±0.137*	10.4
110	5	2.25±0.288	45.2
	10	0.92±0.118*	18.5
	15	0.41±0.085*	8.2
	20	0.00±0.000**	0.0
120	5	1.18±0.166	23.6
	10	0.21±0.240*	4.1
	15	0.10±0.210*	2.0
	20	0.00±0.000**	0.0
130	5	0.72±0.110*	14.5
	10	0.20±0.250*	4.0
	15	0.00±0.000**	0.0
	20	0.00±0.000**	0.0
140	5	0.11±.0.220*	2.2
	10	0.00±0.000**	0.0
	15	0.00±0.000**	0.0
	20	0.00±0.000**	0.0

注：水解率 F_A=201.88，P=0.000；F_B=183.08，P=0.000；$F_{A\times B}$=30.85，P=0.000；**为差异极显著（P<0.01）；*为差异显著（P<0.05）；F_A 代表 A 因子（即不同的处理温度）的 F 值，F_B 代表 B 因子（即不同的处理时间）的 F 值，$F_{A\times B}$ 代表 A 因子和 B 因子交互作用（即不同的处理温度和不同处理时间之间的交互作用）的 F 值，下同；P 值为统计量，其值越小，说明其统计结果的可信度越高

不能转化成致甲状腺肿素。还可以看出：硫代葡萄糖苷酶的灭活是暴发式的，当达到某一温度，经过一定时间的处理，硫代葡萄糖苷酶几乎全部灭活。本试验表明：表 6.1 中数据为零说明硫代葡萄糖苷酶灭活效果最好，硫代葡萄糖苷酶灭活次好的处理为 90℃时 15min、20min 或 100℃时 20min 或 110℃时 10min、15min 或 120℃时 10min、15min 或 130℃时 5min、10min 及 140℃时所有时间。

原料大豆的蛋白质溶解度为（93.22±0.743）%，干热处理后大豆中蛋白质溶解度的变化见表 6.2。

表 6.2　干热处理对大豆中蛋白质溶解度的影响（平均数±标准差）（%）

Table 6.2　The influence of dry-heat treatments on the protein solubility in the soybean（mean± S.E.M.）（%）

时间/min \ 温度	90℃（A_1）	100℃（A_2）	110℃（A_3）	120℃（A_4）	130℃（A_5）	140℃（A_6）
5（B_1）	91.78±1.118	87.19±1.528	83.61±0.898	78.12±0.921	74.74±0.511	72.82±1.071
10（B_2）	83.50±0.762	81.56±3.155	76.96±1.230	71.96±1.272	70.76±0.314	67.42±1.448
15（B_3）	82.33±1.284	79.87±0.352	76.05±3.572	69.65±1.160	70.14±0.351	64.31±0.544
20（B_4）	76.32±1.657	74.13±0.457	70.88±0.953	67.38±0.935	66.36±3.206	60.33±1.397

注：$F_{A\times B}$=1.92，P=0.014<0.5

由表 6.2 可见，干热处理对大豆中蛋白质溶解度的影响效果明显，差异显著。在 90℃时 10min、15min 和 20min，100℃时 10min、15min 和 20min，110℃时 5min、10min 和 15min，120℃和 130℃时 5min 条件下，大豆中蛋白质溶解度处于最佳范围。

综合分析干热处理大豆后硫代葡萄糖苷酶的灭活情况和蛋白质溶解度的变化可知，在硫代葡萄糖苷酶完全灭活时，蛋白质的溶解度不符合要求，在蛋白质溶解度最佳范围内硫代葡萄糖苷酶灭活效果最好的处理方法是 90℃时处理 20min，100℃时处理 20min，110℃时处理 15min 和 130℃时处理 5min。其中效果最优的为 110℃时处理 15min，所以大豆经过这样的处理后再进行油脂及异黄酮的提取效果会很好。

6.3.2　干热处理豆粕后可酶解硫代葡萄糖苷含量及蛋白质溶解度的变化

文正采用六号溶剂浸提后的豆粕，其噁唑烷硫酮总含量为 4.74mg/g，经干热处理后致甲状腺肿素去除情况见表 6.3。

表 6.3　干热处理生豆粕后可酶解的硫代葡萄糖苷含量及水解率

Table 6.3　The enzymolysis degradation contents of thio-glucosinolates and hydrolysis rate in the raw soybean meal treated by dry-heat

温度 A/℃	处理时间 B/min	可酶解的硫代葡萄糖苷含量（以 OZT 表示）/（mg/100g）	水解率/%（总含量为 4.74mg/100g）
90	5	4.58±0.169	96.6
	10	4.53±0.089	95.5
	15	4.40±0.162	92.8
	20	4.28±0.055*	90.3
100	5	4.54±0.117	95.7
	10	4.41±0.059	93.0
	15	4.28±0.089	93.0
	20	4.23±0.034*	89.2

续表

温度 A/℃	处理时间 B/min	可酶解的硫代葡萄糖苷含量（以 OZT 表示）/（mg/100g）	水解率/%（总含量为 4.74mg/100g）
110	5	4.33±0.718	91.3
	10	4.29±0.608	90.5
	15	4.10±0.164*	86.4
	20	4.02±0.111*	84.8
120	5	4.22±0.079	89.0
	10	4.19±0.300*	88.3
	15	4.03±0.043*	85.0
	20	4.02±0.148*	84.8
130	5	4.06±0.100*	85.6
	10	4.02±0.025*	84.8
	15	4.01±0.394*	84.5
	20	4.00±0.574*	84.3
140	5	4.02±0.239*	2.2
	10	4.01±0.199**	84.5
	15	4.01±0.179**	84.5
	20	4.00±0.139**	84.3

注：水解率 F_A=66.67，P=0.000；F_B=25.98，P=0.000；$F_{A\times B}$=2.1，P=0.019；**为差异极显著（P<0.01）；*为差异显著（P<0.05）

如表 6.3 所示，通过不同的干热处理后，豆粕中噁唑烷硫酮含量差异极显著，说明由大豆到生豆粕的过程中，还残留一部分硫代葡萄糖苷酶，通过干热法灭活残留的硫代葡萄糖苷酶从而减少致甲状腺肿素的形成是有效的，其中带有**或*的处理效果都较好。

原料豆粕的蛋白质溶解度为（85.65±1.358）%，干热处理对豆粕中蛋白质溶解度的影响见表 6.4。

表 6.4　干热处理对生豆粕中蛋白质溶解度影响（平均数±标准差）（%）

Table 6.4　The influence of dry-heat treatments on the protein solubility in the raw soybean meal（mean± S.E.M.）（%）

时间/min	90℃（A_1）	100℃（A_2）	110℃（A_3）	120℃（A_4）	130℃（A_5）	140℃（A_6）
5（B_1）	86.86±1.314	86.03±1.370	84.96±0.836	84.73±1.531	83.02±0.666	70.54±1.128
10（B_2）	84.80±1.717	83.56±1.656	78.72±1.248	77.34±1.318	76.57±2.050	68.27±1.338
15（B_3）	83.53±0.564	80.91±0.236	74.75±1.067	74.16±1.429	73.98±1.404	65.37±0.764
20（B_4）	77.91±1.150	76.27±0.646	74.57±1.100	73.45±1.178	72.49±1.130	64.01±0.426

注：F_A=641.873**，F_B=546.291**，$F_{A\times B}$=9.489**；**为差异极显著（P<0.01）

由表 6.4 可见，干热处理对豆粕中蛋白质溶解度影响，差异极显著。根据豆粕中蛋白质溶解度最佳范围为73%和85%的指标，除了在90℃和100℃条件下处理5min，处理强度不够，豆粕过生，蛋白质溶解度过大，动物对其利用率偏低；而130℃处理20min、25min和140℃所有处理时间条件下，处理强度过大，豆粕过熟，使蛋白质溶解度过低，同样使动物对其利用率过低外，剩余其它所有的处理方法的蛋白质溶解度都较好，处于蛋白质溶解度最佳范围。

通过对豆粕进行不同的干热处理后噁唑烷硫酮含量和蛋白质溶解度的综合分析可见，在蛋白质溶解度安全范围内噁唑烷硫酮含量最低的热处理条件是 130℃下处理 15min，并且这样的处理也是脲酶、胰蛋白酶抑制因子和大豆凝集素最佳的灭活温度和时间。因此我们可以把生豆粕先进行这样的处理，再进行异黄酮的提取，可使致甲状腺肿素含量最低。

6.3.3 干热处理提异黄酮豆粕后可酶解硫代葡萄糖苷含量及蛋白质溶解度的变化

利用醇提法提取异黄酮后的豆粕，其噁唑烷硫酮总含量为3.94mg/g，经干热处理后致甲状腺肿素去除情况见表6.5。

如表6.5所示，差异不显著，且硫代葡萄糖苷水解率大于95%，所以干热处理并不能减少提取异黄酮后豆粕中致甲状腺肿素的生成。说明由生豆粕到提异黄酮豆粕的过程中，残留的硫代葡萄糖苷酶减少了，也说明大豆中与硫代葡萄糖苷相

表 6.5 干热处理提异黄酮豆粕后可酶解的硫代葡萄糖苷含量及水解率

Table 6.5 The enzymolysis degradation contents of thio-glucosinolates and hydrolysis rate in the soybean meal extracted isoflavone treated by dry-heat

温度/℃	处理时间/min	可酶解的硫代葡萄糖苷含量（以 OZT 表示）/（mg/100g）	水解率/%（总含量为 3.94mg/g）
90	5	3.85±0.047	97.7
	10	3.84±0.114	97.4
	15	3.78±0.011	95.9
	20	3.86±0.067	97.9
100	5	3.81±0.013	97.2
	10	3.71±0.028	94.1
	15	3.83±0.074	97.2
	20	3.76±0.117	95.4
110	5	3.73±0.054	94.6
	10	3.74±0.062	94.9
	15	3.72±0.355	94.4
	20	3.78±0067	95.9
120	5	3.77±0.079	95.6
	10	3.83±0.035	97.2
	15	3.81±0.130	97.2
	20	3.86±0.065	97.9

续表

温度/℃	处理时间/min	可酶解的硫代葡萄糖苷含量（以 OZT 表示）/（mg/100g）	水解率/%（总含量为 3.94mg/g）
130	5	3.86±0.088	97.9
	10	3.82±0.092	96.9
	15	3.74±0.043	94.9
	20	3.81±0.231	97.2
140	5	3.81±0.042	97.2
	10	3.79±0.073	96.1
	15	3.79±0.134	96.1
	20	3.81±0.076	97.2

注：水解率 F_A=0.73，P=0.537；F_B=0.65，P=0.664；$F_{A\times B}$=0.56，P=0.892>0.5

伴但相互分离的硫代葡萄糖苷酶是内源性的，在灭活酶前严禁破碎大豆组织，以及保持它与水共同存在，但从大豆到提异黄酮豆粕的全套工艺流程恰恰不能避免这种情况的发生。因此，钝化（杀灭）未起酶解作用的硫代葡萄糖苷酶是阻止致甲状腺肿素产生的最有效办法之一。

提取异黄酮后的豆粕中蛋白质溶解度为（89.37±1.560）%，干热处理对提取异黄酮后豆粕中蛋白质溶解度的影响见表 6.6。

表 6.6　干热处理对提取异黄酮豆粕中蛋白质溶解度影响（平均数±标准差）（%）

Table 6.6　The influence of dry-heat treatments on the protein solubility in the soybean meal extracted isoflavone（mean± S.E.M.）（%）

时间/min	90℃（A_1）	100℃（A_2）	110℃（A_3）	120℃（A_4）	130℃（A_5）	140℃（A_6）
5（B_1）	82.52±1.175	80.64±2.969	79.61±0.870	79.72±0.943	74.02±1.301	68.00±0.977
10（B_2）	78.91±1.328	73.70±0.719	71.94±0.818	70.85±0.713	70.05±1.040	64.11±4.157
15（B_3）	78.12±1.103	73.20±1.130	70.38±2.549	69.58±1.269	69.86±0.367	60.29±0.909
20（B_4）	72.10±1.579	71.56±1.687	69.41±2.347	67.64±1.337	67.74±0.618	59.64±0.529

注：F_A=848.611**，F_B=723.313**，$F_{A\times B}$=15.521**；**为差异极显著（P<0.01）

从表 6.6 可看到，不同的干热处理温度、时间及这二个因素的交互作用对提取异黄酮豆粕中蛋白质的溶解度都具有极其显著的影响，通过干热处理后提取异黄酮豆粕中蛋白质溶解度在安全范围内的干热处理条件是 90℃和 100℃二个处理温度中的 5min、10min 和 15min，110℃、120℃和 130℃三个处理温度中的 5min，并且这些组合与其他组合之间的差异极显著。

通过对经不同干热处理后提异黄酮豆粕中可酶解硫代葡萄糖苷含量和蛋白质溶解度的综合分析可知，效果最好的处理为 100℃时处理 10min，但是它与其他组合间差异不显著，说明对已经提完异黄酮的豆粕进行不同的干热处理来控制致甲状腺肿素的形成是没有意义的。

6.3.4 湿热处理大豆后可酶解硫代葡萄糖苷含量的变化

分别设时间为10min、20min、30min和40min 4个梯度，温度为80℃、100℃、120℃和140℃ 4个梯度对样品进行湿热处理，致甲状腺肿素去除情况见表6.7。

表6.7 湿热处理后大豆中可酶解的硫代葡萄糖苷量

Table 6.7 The enzymolysis degradation contents of thio-glucosinolates in the soybean treated by humid-heat

温度/℃	处理时间/min	大豆中可酶解的硫代葡萄糖苷含量（以OZT表示）/（mg/100g）	生豆粕中可酶解的硫代葡萄糖苷含量（以OZT表示）/（mg/100g）	提异黄酮豆粕中可酶解的硫代葡萄糖苷含量（以OZT表示）/（mg/100g）
80	10	4.68±0.041	4.64±0.096	3.88±0.027
	20	4.67±0.071	4.65±0.066	3.88±0.022
	30	4.68±0.024	4.65±0.023	3.88±0.189
	40	4.66±0.065	4.64±0.019	3.88±0.026
100	10	4.64±0.034	4.62±0.022	3.87±0.078
	20	4.65±0.067	4.62±0.031	3.84±0.023.
	30	4.68±0.041	4.64±0.051	3.87±0.037
	40	4.67±0.039	4.62±0.048	3.89±0.058
120	10	4.66±0.045	4.63±0.021	3.85±0.063
	20	4.65±0.049	4.61±0.045	3.89±0.023
	30	4.64±0.063	4.63±0.029	3.83±0.050
	40	4.65±0.068	4.61±0.021	3.85±0.042
140	10	4.68±0.033	4.63±0.057	3.85±0.062
	20	4.67±0.071	4.62±0.054	3.86±0.033
	30	4.68±0.071	4.63±0.031	3.84±0.062
	40	4.66±0.071	4.62±0.082	3.87±0.045

注：F_A=0.27，P=0.997；F_B=0.20，P=0.999；$F_{A\times B}$=0.43，P=0.965

由表6.7可看到，各处理之间差异不显著，处理无效。虽然硫代葡萄糖苷具有水溶性，用水浸泡法去毒简便易行，并且湿热更易杀灭酶类，但硫代葡萄糖苷酶在有水条件下效率极高，灭活酶前致甲状腺肿素已产生，而且不同种类植物所含硫代葡萄糖苷的种类和数量不同，以及其内部结构环境不同，所以硫代葡萄糖苷的最佳酶解条件也不同。我国学者近年来对辣根中硫代葡萄糖苷水解条件、雪菜中芥子苷酶解特性、菜籽中硫代葡萄糖苷酶解条件等进行了研究，姜子涛认为辣根中硫代葡萄糖苷的最佳水解条件为温度 69℃，时间 120min，pH4.12，VC

2mg/g；赵大云等（1998）认为在20℃下芥子苷酶解的最佳条件为pH6.56，NaCl浓度3.47%；郭兴凤（1998）认为菜籽中硫代葡萄糖苷的最佳酶解条件为温度80℃，时间50min，水分含量30%；顾振宇认为大豆中硫代葡萄糖苷的最佳酶解条件为温度80℃，时间10min，水分含量30%。所以传统的湿热灭酶法已无意义，硫代葡萄糖苷水解率都在85%以上，不论低温还是高温，湿热处理都不能阻止致甲状腺肿素的产生。但是本项目组在试验过程中发现，把原含水量小于10%的全脂大豆粉迅速投入沸水中，全脂豆粉中致甲状腺肿素（以OZT表示）含量急剧下降（水解率＜20%），这表明沸水可迅速灭活内源性的硫代葡萄糖苷酶，而普通的热处理方法通常是试样与水一起从室温开始加热，当加热至规定温度后开始恒温计时，而在加温过程中酶在有水条件下大量水解硫代葡萄糖苷生成致甲状腺肿素。所以可以采用瞬时高温法对硫代葡萄糖苷酶灭活，但在大规模生产条件下，必须保证大量的沸水以备灭活硫代葡萄糖苷酶之用，而这样必然大幅增加生产成本。

6.3.5　大豆经不同溶剂萃取后噁唑烷硫酮含量的变化

由部分文献证明，以噁唑烷硫酮为代表的致甲状腺肿素有易溶于部分有机溶剂的特点，而先前的试验也部分印证了该观点。所以，在豆粕生产工艺中采用目前较为流行的三种溶剂（丁烷、戊烷和己烷）萃取试样，6h后其噁唑烷硫酮含量见表6.8。

表6.8　大豆经溶剂萃取处理后噁唑烷硫酮的含量

Table 6.8　The oxazolidine thione contents in the soybean extracted by different solvents

试样 溶剂	己烷（六号溶剂）/（mg/100g）	戊烷/（mg/100g）	丁烷（四号溶剂）/（mg/100g）	乙醇（分析纯）
大豆	4.67±0.143 （水解率93.7%）	3.75±0.079 （水解率75.3%）	3.13±0.165 （水解率62.8%）	2.22±0.150 （水解率75.7%）
生豆粕	4.35±0.153 （水解率91.8%）	4.27±0.187 （水解率90%）	4.02±0.241 （水解率84.8%）	4.28±0.112 （水解率90.1%）
提异黄酮豆粕	3.88±0.156 （水解率98.4%）	3.69±0.100 （水解率93.6%）	3.75±0.119 （水解率95.1%）	3.46±0.115 （水解率87.8%）

注：$F_{A\times B}$=59.70，P=0.000＜0.01，差异极显著

从表6.8可知，利用不同有机溶剂对减少致甲状腺肿素生成有非常显著的效果，其中对大豆用有机溶剂进行清洗的效果要远远好于对生豆粕和提异黄酮豆粕进行同样的处理；同时四号溶剂平均效果最好；而乙醇对大豆的清洗能力也比较强，这可能是由于硫代葡萄糖苷易溶于乙醇，因此用乙醇清洗大豆粉效果特别明显，且醇的水溶液能抑制内源性硫代葡萄糖苷酶的活性，印证了提异黄酮豆粕中噁唑烷硫酮含量远低于大豆的结论。但是由于豆粕和提异黄酮豆粕在加工过程中已有大量以噁唑烷硫酮为代表的致甲状腺肿素产生，而致甲状腺肿素作为一类小

分子有机物质，不易溶于水和乙醇等极性溶剂，而较易溶于已烷等非极性溶剂，所以通过有机溶剂对豆粕和提异黄酮豆粕进行清洗是可行的。

6.3.6 不同提取异黄酮工艺生产的豆粕中噁唑烷硫酮含量的变化

在实验室中我们对样本的噁唑烷硫酮含量进行了分析，其分析数据如表 6.9 所示。

表 6.9 普通生豆粕和不同提取异黄酮工艺产豆粕噁唑烷硫酮（OZT）含量

Table 6.9 The oxazolidine thione contents in the normal raw soybean meal and the soybean meal produced by different processes to extract isoflavones

项目 样品	OZT 含量/（mg/100g）				平均值/（mg/100g）	残存率/%	OZT 降低率/%
	重复 1	重复 2	重复 3	重复 4			
普通生豆粕	4.79	3.64	3.43	3.15	3.75±0.72	100	0
乙醇提取异黄酮后豆粕	2.80	2.76	2.99	3.45	3.00±0.55	80	20
微波处理再经乙醇提取异黄酮后豆粕	2.43	1.62	3.02	2.97	2.51±0.65	67	33

注：表中残留率以普通生豆粕为对比算得；F=4.51，$F>F_{0.05}$，$P<0.05$，差异显著

从表 6.9 中可看到，各组之间差异显著，说明不同提取异黄酮工艺所产豆粕与普通生豆粕之间噁唑烷硫酮含量存在着显著的不同，各组之间的多重比较如表 6.10 所示。

表 6.10 三种不同豆粕中噁唑烷硫酮含量的多重比较

Table 6.8 The multi-contrast of the oxazolidine thione contents in three different soybean meals

组别	平均数	X-2.51	X-3.00
普通生豆粕	3.7 525	1.2 425*	0.7 525
乙醇提取异黄酮后豆粕	3.00	0.49	
微波处理再经乙醇提取异黄酮后豆粕	2.51		

注：$LSD_{0.05}$= 0.877 266；$LSD_{0.01}$=1.694 479；*为差异显著

从表 6.8 中可以看出，经乙醇提取异黄酮后或是经微波处理再经乙醇提取异黄酮后的豆粕中噁唑烷硫酮的含量比原生豆粕都有所减少。比较结果可以看出，经乙醇提取后噁唑烷硫酮残存率为 80%，而经微波处理后再提取时噁唑烷硫酮残存率为 67%，F=4.51，$F>F_{0.05}$，$P<0.05$，差异显著。从表 6.9 中可以看出，经微波处理再经乙醇提取异黄酮后的豆粕与普通生豆粕中噁唑烷硫酮含量差异较大。这是因为经微波预处理后再提取异黄酮会使生豆粕中硫代葡萄糖苷酶（芥子酶）受到更大的破坏，不能使硫代葡萄糖苷在提取过程中水解生成大量的噁唑烷硫酮这一抗营养因子。

6.4 本章小结

由于致甲状腺肿素在组织细胞中在无水状态下并没有毒性，但在一定温度和pH条件下，生大豆细胞组织破损后其细胞内硫代葡萄糖苷酶遇水迅速水解硫代葡萄糖苷形成噁唑烷硫酮这一抗营养因子而引起中毒。所以对这类物质进行灭活最好的方法就是在细胞破碎前或在无水状态下对相关酶进行高温灭活处理。通过系列试验证明，硫代葡萄糖苷酶在110℃时干热处理15min即可灭活，并且此时蛋白质的溶解度也较好，利用率较高。

但是对大豆、豆粕和提异黄酮豆粕中噁唑烷硫酮进行检测时，发现三种试样中噁唑烷硫酮原始含量差别很大，这也印证了致甲状腺肿素易溶于有机溶剂的特性。所以采用目前在国内外食品领域使用的几种主要有机溶剂对大豆进行处理，通过比较发现，用四号溶剂和乙醇能明显地清洗掉试样中的致甲状腺肿素。四号溶剂毒性远小于国内普遍使用的六号溶剂，在油和粕中的残溶低，能耗小，在一定范围内取代六号溶剂是可行的。但目前国内缺乏相关国家标准，四号溶剂在油脂行业使用案例很少。

对取油后的生豆粕进行130℃时15min干热处理可进一步灭活其中残留的硫代葡萄糖苷酶，从而进一步抑制致甲状腺肿素的形成。

就不同的提取异黄酮工艺来说，经过试验及系列分析可得出：乙醇提取法或经过微波处理后再经乙醇提取法、高压浸提法和热水浸提法是比较适用于工业化大生产的提取工艺，而大孔树脂分离法是最具发展潜力的方法。从提取异黄酮后噁唑烷硫的酮残留量来看，最好不要单独使用乙醇提取法，而是结合其他分离技术来提取。

总之，大豆经过破碎后一部分组织细胞破碎，还有一部分没有破碎，其中破碎组织细胞中的酶在有水的情况下可迅速酶解大豆中硫代葡萄糖苷形成噁唑烷硫酮等抗营养因子，因此破碎后在大豆接触到水之前经110℃时15min干热处理灭活硫代葡萄糖苷酶，可显著地减少致甲状腺肿素的形成。经过软化和轧坯后，在挤压膨化过程中尽量达到温度110～127℃，持续10～30s这样的膨化条件，可破坏一部分残余的硫代葡萄糖苷酶，然后用四号溶剂浸提，会除去部分已形成的噁唑烷硫酮等致甲状腺肿素。对形成的生豆粕进行130℃时15min干热处理，进一步灭活残留的极少量的硫代葡萄糖苷酶，然后在提异黄酮前用微波处理豆粕，再用乙醇提异黄酮，可最大限度地洗涤残存的致甲状腺肿素，从而获得优质的提异黄酮豆粕。

综合考虑从大豆到提异黄酮豆粕的加工全工艺流程，对现有的工艺提出的改进建议如图6.1所示。

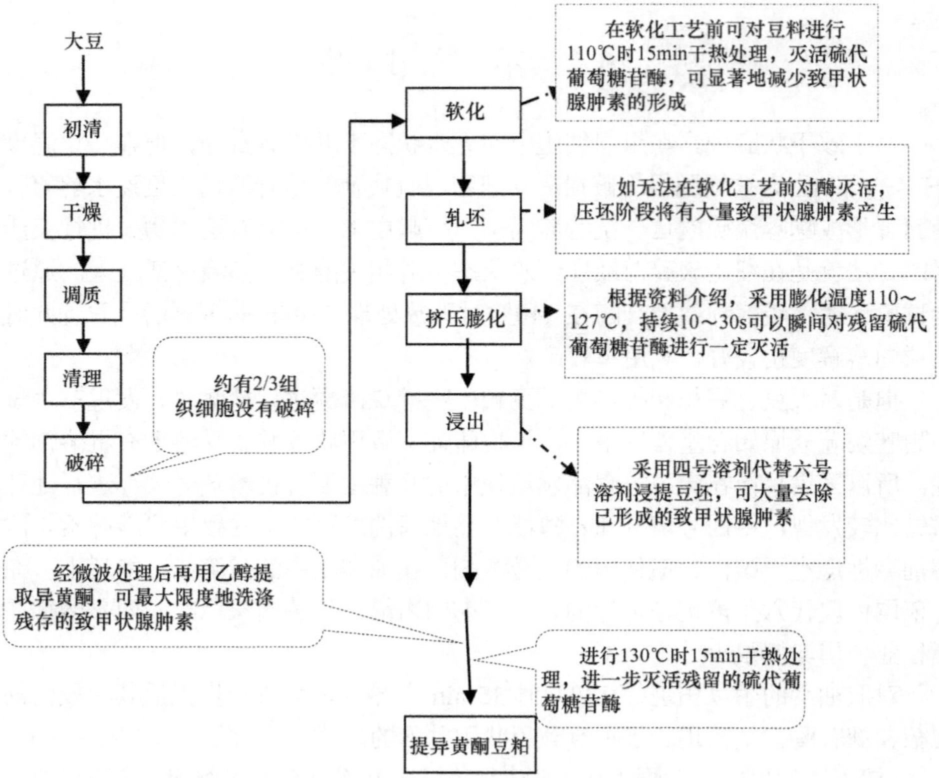

图 6.1 优化工艺图

Fig 6.1 Optimization process map

7　动物饲养试验

用通过上述系列试验优选出的灭活了抗营养因子的豆粕饲喂鸡，观察饲养试验结果，以期对优选豆粕实际应用效果进行验证。

7.1　试验材料及处理

试验材料及试验设计内容如下。

7.1.1　试验材料

本试验用动物为 10 周龄滨白蛋种鸡，购于哈尔滨原种鸡场；试验用基础饲料原料购于哈尔滨华隆饲料厂，基础饲料自行配制；试验场地为东北林业大学野生动物资源学院。

7.1.2　试验设计

试验用动物为滨白蛋种鸡 10 周龄育成公鸡，于东北农业大学实习基地哈尔滨原种鸡场购入，从 2010 年 4 月 23 日正式进入予试期。把试验动物随机分成 6 个组，每组 5 只，设 5 个重复试验，进行代谢试验。首先进行 3 天予试试验，此时记录采食量，为后期正式试验做准备，不收集粪样。正式试验 3 天，记录每次添加的料重，同时收集粪尿，密封后保存于冰箱中，于试验开始和结束时称鸡体体重，用于体重增重计算，于试验结束时统计采食量及粪重，冰箱保存材料用于分析干物质含量，以便计算干物质采食量和干物质代谢率。

其中对照组为基础日粮加普通市售豆粕组，试验组为经实验室分析比较优秀的豆粕处理组别：生豆粕经 130℃时 15min 干热处理，生豆粕经 115℃时 10min 湿热处理，提异黄酮豆粕经 130℃时 5min 干热处理，提异黄酮豆粕经 105℃时 20min 湿热处理，提异黄酮豆粕经 115℃时 30min 湿热处理（表 7.1）。

表 7.1　动物验证试验设计表

Table 7.1　The experiment design table of animal verification test

组别			饲料成分组成
对照组	A 组	5 只	基础料+普通豆粕（9%）
试验组	B_1 组	5 只	基础料+130℃干热 15min 处理的生豆粕（9%）

续表

组别	饲料成分组成
试验组　B_2组 5 只	基础料+115℃湿热 10min 处理的生豆粕（9%）
试验组　B_3组 5 只	基础料+130℃干热 5min 处理的提异黄酮豆粕（9%）
试验组　B_4组 5 只	基础料+105℃湿热 20min 处理的提异黄酮豆粕（9%）
试验组　B_5组 5 只	基础料+115℃湿热 30min 处理的提异黄酮豆粕（9%）

注：基础日粮组成为玉米 63.7%，麦麸 21%，鱼粉 2%，石粉 0.5%，磷酸氢钙 3%，胆碱 0.1%，益生素 0.3%，食盐 0.3%，种鸡多种维生素 0.03%，鸡微量元素 0.02%，复合酶 0.02%

7.2　粪样和料样分析方法

试验基本原理及方法如下。

7.2.1　基本原理

为使各组之间采食量和排粪量之间具有可比性，我们采用风干料重或绝干料重来表示采食量和排粪量，采用恒温烘干的方法进行测定。

7.2.2　基本方法

干物质含量测定采用恒温烘箱进行。

7.3　试验结果与分析

试验结果及分析内容如下。

7.3.1　经不同处理豆粕对鸡体增重的影响

体增重是以代谢试验正式试验前体重与正式试验结束时体重的差值来表示的，用克来表示，由于鸡为活体动物，称重时我们采用了机械称来进行称量，其结果见表 7.2。

由表 7.2 说明对照组与试验组各组之间存在着显著的差异，也就是说，试验组豆粕经不同处理对公鸡体增重是有效的，各组之间的多重比较见表 7.3。

从表 7.3 可看到，生豆粕 115℃湿热 10min 组和提异黄酮豆粕 105℃湿热 20min 组极显著地好于对照组，比对照组体增重分别提高 20%和 17.14%；提异黄酮豆粕 115℃湿热 30min 组显著好于对照组，体增重提高 14.29%；提异黄酮豆粕 130℃干热 5min 组和生豆粕 130℃干热 15min 组与对照组差异不显著，体增重分别提高

8.57%和 5.71%，其变化趋势如图 7.1 所示。

表 7.2 经不同处理豆粕对鸡体增重的影响（g）

Table 7.2 The influence of different treatment soybean meal on the weight gain of rooster（g）

组别		重复				
普通豆粕	A	60	80	70	70	70
生豆粕 130℃干热 15min	B_1	70	80	70	80	70
生豆粕 115℃湿热 10min	B_2	80	90	80	80	90
提异黄酮豆粕 130℃干热 5min	B_3	80	70	70	80	80
提异黄酮豆粕 105℃湿热 20min	B_4	90	80	80	80	80
提异黄酮豆粕 115℃湿热 30min	B_5	90	70	80	80	80

注：F=3.980952*，$F_{0.05}$（5,24）=3.4，$F_{0.01}$（5,24）=5.61，*为差异显著（P<0.05）

表 7.3 经不同处理豆粕对鸡体增重影响的多重比较

Table 7.3 The multi-contrast of the influence of different treatment soybean meal on the weight gain of rooster

组别	平均数	X-A	X-B_1	X-B_3	X-B_5	X-B_4
B_2	84	14**	10*	8	4	2
B_4	82	12**	8	6	2	
B_5	80	10*	6	4		
B_3	76	6	2			
B_1	74	4				
A	70					

注：$LSD_{0.05}$= 7.719 36；$LSD_{0.01}$= 10.460 78；**为差异极显著（P<0.01）；*为差异显著（P<0.05）

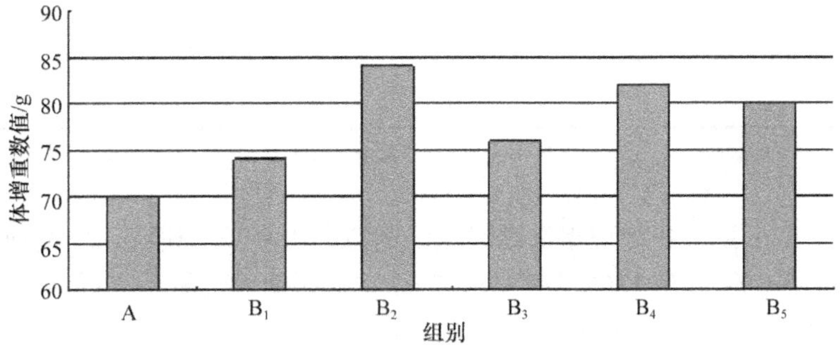

图 7.1 经不同处理豆粕对鸡体增重的影响

Fig 7.1 The influence of different treatment soybean meal on the weight gain of rooster

7.3.2 经不同处理豆粕对鸡体增重与风干料重之比的影响

我们以鸡的体增重与所采食的风干料样量之比来表示饲料利用率，之所以用风干料样，是因为我们在处理豆粕时有些组用湿热处理，这样饲料中要带入一些水分，因此我们把它们都制成风干样再应用，以减少水分造成的误差，各组试验结果见表 7.4。

表 7.4　经不同处理豆粕对鸡体增重与风干料重之比的影响

Table 7.4　The influence of different treatment soybean meal on the ratios of rooster weight gain to air-dry feed weight

组别		重复				
普通豆粕	A	0.206	0.205	0.189	0.208	0.209
生豆粕 130℃干热 15min	B_1	0.212	0.212	0.207	0.215	0.215
生豆粕 115℃湿热 10min	B_2	0.234	0.291	0.252	0.239	0.205
提异黄酮豆粕 130℃干热 5min	B_3	0.215	0.218	0.220	0.212	0.224
提异黄酮豆粕 105℃湿热 20min	B_4	0.229	0.224	0.236	0.234	0.223
提异黄酮豆粕 115℃湿热 30min	B_5	0.234	0.236	0.208	0.216	0.211

注：F= 4.681831*，$F_{0.05}$（5,24）=3.4，$F_{0.01}$（5,24）=5.61，*为差异显著（P<0.05）

说明对豆粕进行不同的处理可显著地改善鸡对饲料的利用率，各组之间的多重比较见表 7.5。

表 7.5　经不同处理豆粕对鸡体增重与采食风干料重之比影响的多重比较

Table 7.5　The multi-contrast of the influence of different treatment soybean meal on the ratios of rooster weight gain to air-dry feed weight

组别	平均数	X-A	X-B_1	X-B_3	X-B_5	X-B_4
B_2	0.2442	0.0408 **	0.0320 **	0.0264 **	0.0231 **	0.0150 **
B_4	0.2292	0.0258 **	0.0170 **	0.0114 **	0.0081 *	
B_5	0.2210	0.0176 **	0.0088 **	0.0032		
B_3	0.2178	0.0144 **	0.0056			
B_1	0.2122	0.0088 **				
A	0.2034					

注：$LSD_{0.05}$= 0.005 986；$LSD_{0.01}$= 0.008 111；**为差异极显著（P<0.01）；*为差异显著（P<0.05）

从表 7.5 可见，各处理组都比对照组饲料利用率高，说明这样的处理都是行之有效的，其中生豆粕 115℃湿热 10min 组比对照组饲料利用率提高 20.06%；提异黄酮豆粕 105℃湿热 20min 组提高 12.68%；提异黄酮豆粕 115℃湿热 30min 组提高 8.65%；提异黄酮豆粕 130℃干热 5min 组提高 7.08%；生豆粕 130℃干热 15min 组提高 4.33%。不同处理组的变化趋势如图 7.2 所示。

7.3.3　经不同处理豆粕对鸡干物质采食量的影响

为分析鸡代谢试验期间的采食量，我们采用绝干饲料量来表示，之所以不用鲜样及风干样是为了减少饲料中水分的影响。各组数据见表 7.6，数值为 3 天总采食量。

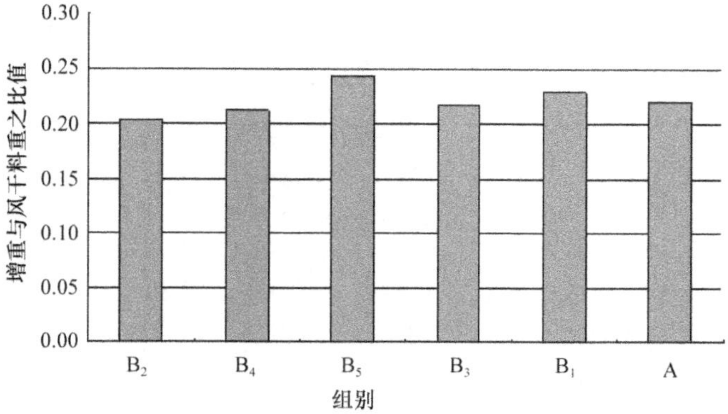

图 7.2　经不同处理豆粕对鸡体增重与采食风干料重之比的影响

Fig 7.2　The influence of different treatment soybean meal on ratios of rooster weight gain to air-dry feed weight

表 7.6　经不同处理豆粕对鸡采食干物质量的影响（g）

Table 7.6　The influence of different treatment soybean meal on the dry feed intake of rooster（g）

组别		重复				
普通豆粕	A	256.31	343.41	325.93	296.15	294.74
生豆粕 130℃干热 15min	B_1	290.57	332.08	297.58	327.44	286.51
生豆粕 115℃湿热 10min	B_2	300.85	272.17	279.36	294.56	386.34
提异黄酮豆粕 130℃干热 5min	B_3	327.44	282.57	280.00	332.08	314.28
提异黄酮豆粕 105℃湿热 20min	B_4	345.85	314.28	298.30	300.85	315.69
提异黄酮豆粕 115℃湿热 30min	B_5	338.47	261.02	336.85	325.93	333.65

注：F= 0.190 756，$F_{0.05}$（5,24）=3.4，$F_{0.01}$（5,24）=5.61

从表 7.6 可看到，各组之间差异不显著，说明经过不同处理的豆粕与普通豆粕组相比，对鸡采食量没有明显的影响。其中生豆粕 115℃湿热 10min 组采食量比普通豆粕组提高 1.1%；提异黄酮豆粕 130℃干热 5min 组提高 1.31%；提异黄酮豆粕 105℃湿热 20min 组提高 3.85%；提异黄酮豆粕 115℃湿热 30min 组提高 5.23%；生豆粕 130℃干热 15min 组提高 1.16%。

7.3.4　经不同处理豆粕对鸡干物质代谢率的影响

干物质代谢率是最能直接反映鸡对饲料利用率的指标，它是以干物质采食量减去绝干粪样重再除干物质采食量而得的数值，具体数据见表 7.7。

从表 7.7 可见，各组之间差异显著，说明对豆粕所进行的不同处理对鸡干物质代谢率的影响是明显的，处理是有效的。不同组别之间的多重比较见表 7.8。

可见，生豆粕 115℃湿热 10min 组、提异黄酮豆粕 130℃干热 5min 组和提异黄酮豆粕 105℃湿热 20min 组与普通豆粕组相比差异达到了极显著水平，其干物质代谢

表 7.7　经不同处理豆粕对鸡干物质代谢率的影响

Table 7.7　The influence of different treatment soybean meal on the metabolic rate of the dry material

组　　别		重　　复				
普通豆粕	A	68.13	67.91	60.51	69.14	57.03
生豆粕 130℃干热 15min	B_1	71.46	75.52	75.30	74.54	73.53
生豆粕 115℃湿热 10min	B_2	75.90	74.57	75.14	72.21	84.05
提异黄酮豆粕 130℃干热 5min	B_3	73.40	79.16	77.53	75.54	74.74
提异黄酮豆粕 105℃湿热 20min	B_4	73.93	77.04	73.22	83.85	69.90
提异黄酮豆粕 115℃湿热 30min	B_5	72.20	77.56	53.93	76.10	73.58

注：F= 3.565 777*，$F_{0.05}$（5,24）=3.4，$F_{0.01}$（5,24）=5.61，*为差异显著（P<0.05）

表 7.8　经不同处理豆粕对干物质代谢率影响的多重比较

Table 7.8　The multi-contrast of the influence of different treatment soybean meal on the metabolic rate of dry material

组别	平均数	X-A	X-B_5	X-B_1	X-B_4	X-B_3
B_2	76.374	11.830**	5.700	2.304	0.786	0.300
B_3	76.074	11.530**	5.400	2.004	0.486	
B_4	75.588	11.044**	4.914	1.518		
B_1	74.070	9.526*	3.396			
B_5	70.674	6.130				
A	64.544					

注：$LSD_{0.05}$= 7.10 016；$LSD_{0.01}$= 9.62 168；**为差异极显著（P<0.01）；*为差异显著（P<0.05）

率分别提高了 18.33%、17.86%和 17.11%；生豆粕 130℃干热 15min 组显著好于普通豆粕组，干物质代谢率提高了 14.76%；而提异黄酮豆粕 115℃湿热 30min 组与普通豆粕组相比差异不显著，其干物质代谢率提高 9.50%。各组之间变化如图 7.3 所示。

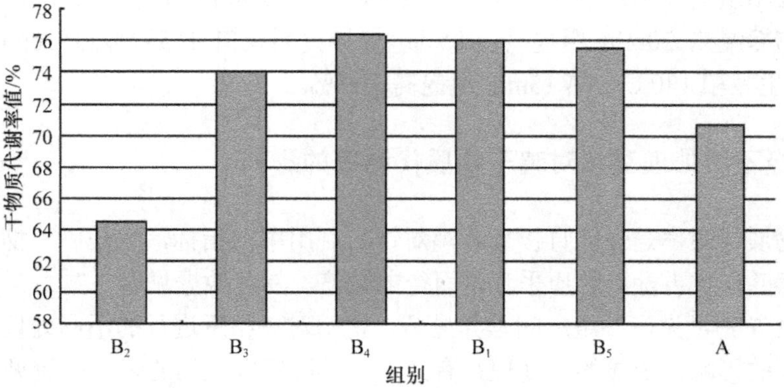

图 7.3　经不同处理豆粕对鸡干物质代谢率的影响

Fig 7.3　The influence of different treatment soybean meal on the metabolic rate of dry material

7.4 本章小结

生豆粕 130℃干热 15min 组比普通豆粕组体增重提高 5.71%、饲料利用率提高 4.33%、采食量提高 1.16%、干物质代谢率提高 14.76%；生豆粕 115℃湿热 10min 组比普通豆粕对照组体增重提高 20%、饲料利用率提高 20.06%、提高采食量提高 1.1%、干物质代谢率提高 18.33%；提异黄酮豆粕 130℃干热 5min 组比普通豆粕组体增重提高 8.57%、饲料利用率提高 7.08%、采食量提高 1.31%、干物质代谢率提高 17.86%；提异黄酮豆粕 105℃湿热 20min 组比普通豆粕组体增重提高 17.14%、饲料利用率提高 12.68%、采食量提高 3.85%、干物质代谢率提高 17.11%；提异黄酮豆粕 115℃湿热 30min 组比普通豆粕组体增重提高 14.29%、饲料利用率提高 8.65%、采食量提高 5.23%、干物质代谢率提高 9.50%。

参 考 文 献

白晓婷. 2004. 饲料抗营养因子及其灭活. 广东饲料, 12(4): 12-15.

蔡立. 2009. 大豆异黄酮提取纯化工艺及药理作用研究. 贵阳: 贵州大学硕士学位论文.

曹钰, 蔡国林, 陆健. 2007. 提高豆粕营养价值的研究进展. 新饲料, 6: 13-15.

陈吉红. 2004. 抗营养因子的抗营养作用及消除. 营养与饲料, 9(1): 21-23.

陈建欣. 2005. 大豆粕中尿素酶活性及测定方法的探讨. 吉林粮食高等专科学校学报, 20(4): 1-4.

陈婧宜. 2008. 刀豆凝集素提取分离纯化及性质研究. 昆明: 云南大学硕士学位论文.

陈秋东, 项雷文, 郑建兵. 2002. 大豆中抗营养因子-致甲状腺肿素、凝血素、胰蛋白酶抑制剂去除方法初探. 食品研究与开发, 23(3): 35-36.

陈星, 刘蕾, 刘辉. 2004. 固定化酶法分离纯化大豆胰蛋白酶抑制剂. 食品科技, 2: 12-15.

陈星, 刘蕾, 刘玉. 2005. 大豆抗营养因子钝化失活速度的研究. 粮油食品科技, 13(5): 37-38.

陈秀云, 李湘鸣. 2002. 豆浆中脲酶活性的测定. 江苏预防医学, 13(3): 63-65.

陈彦国. 2004. 含镍配合物的合成、表征及其对尿素水解的影响. 应用化工, 2: 42-45.

陈彦国. 2005. 单核镍配合物 $Ni(IDB)_2(CH_2COO)Cl \cdot 2H_2O$ 的合成、表征和性质. 化学世界, 46(3): 131-132.

程进. 1993. 菜籽饼硫代葡萄糖苷降解产物对猪、鸡、鸭甲状腺的影响. 浙江农业大学学报, 19(2): 209-214.

程志斌. 2004. 酶法检测大豆蛋白酶抑制因子的实验探讨. 畜牧业, 9: 59-61.

戴大章. 2003. 饲料中植物凝集素的检测方法与灭活技术研究. 杭州: 浙江大学出版社.

邓君明. 2006. 动植物蛋白源对牙鲆摄食、生长和蛋白质及脂肪代谢的影响. 青岛: 中国海洋大学博士学位论文.

刁恩杰, 丁晓雯. 2003. 大豆抗营养因子的研究概况. 粮油加工与食品机械, 8: 40-42.

冯定远. 2000. 饲料中的抗营养因子. 广东饲料, 9(5): 23-25.

冯琳. 2003. 大豆凝集素对鲤鱼肠道上皮细胞增殖分化及其功能的影响. 成都: 四川农业大学硕士学位论文.

冯琳, 周小秋. 2006. 大豆凝集素(SBA)对动物的抗营养作用. 饲料工业, 27(1): 19-24.

付弘赟. 2008. 微生物固态发酵豆粕的研究. 合肥: 安徽农业大学硕士学位论文.

付蕾. 2007. 豆制品中胰蛋白酶抑制剂活性测定方法的研究. 长春: 吉林大学硕士学位论文: 16-17.

高俊涛, 赵春燕, 宫丹. 2005. 大豆异黄酮的研究进展. 第四军医大学吉林军医学院学报, 26(1): 56-58.

高荣海, 赵秀红, 刘长江. 2008. 大豆异黄酮提取工艺的比较研究. 粮食加工, 33(4): 41.

高相宇. 2008. 氮、硫和水供应水平对芜菁生长和硫苷含量影响. 哈尔滨: 东北农业大学硕士学位论文.

谷岩. 2009. 高效液相色谱法测定大豆异黄酮的方法研究. 沈阳: 东北大学硕士学位论文.

顾振宇, 励建荣. 2000. 大豆致甲状腺肿素去除的研究. 中国粮油学报, 15(1): 33-36.

管敏强. 2001. 抗营养因子及其消除方法. 饲料与营养, 6: 35-37.

郭睿, 姚占静, 李宁. 2008. 一种大豆异黄酮提取工艺研究. 食品科技, 33(11): 140-142.

郭睿, 姚占静, 张春生, 等. 2008. 大豆异黄酮提取工艺研究. 陕西科技大学学报, 26(2): 68-70.

郭兴凤. 1998. 硫葡萄糖甙酶解条件的研究. 郑州粮食学院学报, 19 (2): 73-75.

韩立德, 盖钧镒, 张文明. 2003. 大豆营养成分研究现状. 种子, 5: 57-59.
郝涤非. 2007. 大豆抗营养因子及其在食品加工中的消除. 食品科技, 1(22): 21-23.
何学军, 齐德生. 2006. 大豆抗营养因子及豆粕的质量评价. 科技动态, 5: 32-34.
何玉华, 严昌国. 2009. 豆粕中抗营养因子及其钝化方法. 吉林农业科技学院学报, 18(1): 20-21.
贺英, 曹旺斌, 杨丽杰, 等. 1998. 大豆抗营养因子对生长蛋鸡生产性能、氮代谢和小肠内胰蛋白酶活性的影响. 中国畜牧杂志, 34(5): 5-8.
胡海霞. 2008. 大豆凝集素与不同种属动物肠壁结合规律的比较研究. 长春: 吉林农业大学硕士学位论文.
胡健华, 赵国志. 1997. 油脂浸出工艺. 北京: 中国商业出版社.
胡婷, 陆文清, 王翔, 等. 2008. 豆粕中抗营养因子及其消除方法. 饲料与畜牧, 10: 29-30.
华蕾. 2006. 豆制品中胰蛋白酶抑制剂活性测定方法的研究. 长春: 吉林大学出版社.
季宇彬, 武晓丹, 邹翔. 2005. 硫代葡萄糖苷的研究. 哈尔滨市商业大学学报(自然科学版). 21(5): 550-554.
江英, 邓辉. 2004. 大豆异黄酮提取条件的研究. 食品研究与开发, 25(3): 67-68.
姜子涛, 张清峰, 李荣. 2005. 异硫氰酸酯的产生、化学性质及测定方法. 中国调味品, 4(4): 9-13.
鞠兴荣, 袁建, 汪海峰. 2001. 大豆异黄酮提取工艺的优化. 中国粮油学报, 16(6): 17-20.
李长彪, 赵秀红, 刘长江. 2005. 高压湿法萃取大豆异黄酮的工艺研究. 食品科学, 26(9): 207.
李广兴, 张学勇, 贺英, 等. 1999. 大豆抗营养因子对鸡胸腺、胰腺和小肠影响的研究. 畜牧兽医学报, 30(2): 121-126.
李疆. 2006. 大豆生物活性物质的综合开发. 粮食与食品工业, 1: 34-38
李里特. 2002. 大豆加工与利用. 北京: 化学工业出版社.
李素芬, 杨丽杰, 霍贵成. 1999. 大豆抗营养因子对肉仔鸡器官重的影响. 东北农业大学学报, 30(3): 265-272.
李向果. 2013. 兰花叶中硫代葡萄糖苷和原花青素的生物学效价评定. 兰州: 甘肃农业大学硕士学位论文.
李振田, 谯仕彦, 李德发, 等. 2004. 间接抑制酶联免疫吸附法测定大豆凝集素方法的建立. 中国畜牧杂志, 40(8): 9-11.
励建荣, 顾振宇, 于平. 1998. 去除大豆致甲状腺肿素的研究. 中国食品学报, 2(1): 64-69.
励建荣, 顾振宇, 于平. 1999. 大豆凝血素的灭活研究. 中国粮油学报, 14(2): 48-51.
廖小军, 胡小松, 辛力. 1999. 食品和饲料中硫甙葡萄糖苷及其降解产物. 食品科学, 12: 19-21.
刘福柱, 牛竹叶, 陈新科, 等. 2001. 膨化条件参数对大豆中脲酶活性的影响. 畜牧兽医杂志, 20(4): 3-5.
刘剑飞. 2011. 高活性发酵豆粕生产菌株筛选及其最佳发酵条件的研究. 南昌: 南昌大学硕士学位论文.
刘兰英, 赵建国. 1996. 对大豆粕中尿素酶活性测定的一种快速方法探讨. 黑龙江粮油科技, 4: 10-11.
刘林娜. 2006. 不同种属动物对大豆凝集素敏感性的比较研究. 长春: 吉林农业大学硕士学位论文.
刘瑞玲, 王丽辉, 李世良. 2011. 大豆抗营养因子的危害及消除. 饲料博览, 12: 15-17.
刘欣, 冯杰. 2005. 大豆胰蛋白酶抑制因子 STI 的研究进展. 广东饲料, 14(6): 39-40.
龙玲, 吴达. 2001. 饲料抗营养因子概述. 饲料博览, 7: 12-16.
卢晓凌. 2008. 大豆中抗营养因子脲酶和胰蛋白酶抑制剂不同测定方法的比较. 哈尔滨: 东北林

业大学硕士学位论文.
吕辉. 2003. 玉帘凝集素的分离纯化、部分性质研究及分子克隆. 成都: 四川大学硕士学位论文.
罗丽娜. 2007. 硫代葡萄糖苷水解产物抗肿瘤作用的研究. 武汉: 华中科技大学硕士学位论文.
马得莹, 谢幼梅, 曲强. 2000. 湿热处理对全脂大豆抗营养因子的影响. 山东农业大学学报(自然科学版), 31(2): 166-168.
马秋枝. 2007. 大豆凝集素糖配体的筛选及其对体内结合率的影响. 南京: 南京农业大学硕士学位论文.
马亚军. 2002. 大豆异黄酮类化合物提取工艺研究. 延安大学学报(自然科学版), 21(1): 43-45.
闵嘉霖, 曾爱武, 袁希钢, 等. 2006. 大豆异黄酮提取. 粮油加工, 1: 4-6.
欧阳平, 张高勇, 康保安. 2003. 类黄酮的新兴提取技术原理、应用及前景. 天然产物研究与开发, 6: 563-566.
潘洪彬, 秦贵信, 孙泽威. 2005. 大豆凝集素抗营养的研究进展. 大豆科学, 24(3): 210-215.
彭江平. 2004. 基于 VBA 的 Excel 上下文敏感菜单的设计. 计算机系统应用, 3: 62-63.
齐玉堂, 车忠明. 2004. 豆粕生产工艺的选择及大豆皮的利用. 饲料博览. 8: 28-29.
邱业先. 2000. 红壤稻田脲酶研究. 长沙: 湖南农业大学博士学位论文.
邱业先, 汪金莲, 陈宏伟. 2007. 土壤脲酶与稻根和细菌脲酶性质比较研究. 江苏农业科学, 2: 197-199.
权静, 卢定强, 张筱, 等. 2004. 大豆功能性成分的研究现状. 大豆通报, 3: 27-29.
石慧, 张俊红. 2006. 大豆抗营养因子的研究进展. 孝感学院学报, 26(3): 18-21.
宋冰, 王丕武, 张秀艳, 等. 2008. 大豆异黄酮提取工艺的优化. 大豆科学, 27(2): 343-345.
孙爱龙, 庄苏星, 彭士明. 1997. 人尿胰蛋白酶抑制剂中间品的纯化. 镇江医学院学报, 7(3): 268-270.
谭宝玲, 冯建文, 陈丽. 2007. 豆粕中尿素酶活性检测方法的应用推广. 饲料工业, 28(9): 48-49.
谭竹钧, 沈明才, 张峰, 等. 2007. 胰蛋白酶抑制剂的研究进展. 广东工业大学学, 24(3): 6-10.
汪炬, 洪岸, 孙奋勇, 等. 2003. 人尿激肽原酶的纯化与鉴定. 生物化学与生物物理进展, 30(5): 772-777.
王斌. 1994. 浅议大豆饼粕尿素酶活性检测的重要性. 江西饲料, 3: 14.
王春林, 陈喜斌. 2000. 大豆中抗营养因子及其处理方法. 饲料工业, 21(9): 12-14.
王葭. 2002. 大豆异黄酮的研究进展. 河北师范大学学报, 26(1): 74-77.
王婧瑶. 2013. 高蛋白酶解及抗营养因子降解菌株的诱变选育. 哈尔滨: 东北农业大学硕士学位论文.
王梅. 1999. 大豆产品脲酶活力定性测定研究. 安徽农业科学, 27(1): 89-90.
王米, 杨宴霞. 2007. 脲酶抑制剂在反刍动物生产中的应用. 江西饲料, 5: 20-24.
王幸. 2006. 大豆凝集素的分离纯化和细胞凝集活性的研究. 南京: 南京农业大学硕士学位论文.
王英男, 修建成, 富校轶, 等. 2006. 豆制品中胰蛋白酶抑制剂活性测定方法研究. 大豆通报, 2: 31-32.
王增禄, 茹炳根, 张英起, 等. 1996. 胰蛋白酶抑制剂亲和层析柱的制备及猪胰脏中胰蛋白酶抑制剂的实验研究. 药物生物技术, 3(4): 197-201.
吴道银, 罗红林. 2004. 谈大豆异黄酮的提取和分离. 粮食加工, 2: 45-46.
吴非. 2003. 外源蛋白酶失活大豆胰蛋白酶抑制剂的研究. 哈尔滨: 东北农业大学博士学位论文: 27-28.

吴胜华. 2009. 豆粕饲用品质生物改良技术研究. 合肥: 安徽农业大学硕士学位论文.
吴新民, 丁巧丽. 2004. 豆粕中抗营养因子及抗营养机制的研究进展. 浙江畜牧兽医, 4: 14-16.
吴新民, 傅仕洪. 2004. 豆粕中抗营养因子处理技术研究进展. 中国牧业通讯, 18: 68-69.
武汉大学, 吉林大学, 中山大学, 等. 2002. 分析化学实验. 北京: 高等教育出版社: 164-165.
席鹏彬, 张宏福. 2000. 不同温度湿法挤压膨化加工对全脂大豆化学成分及抗营养因子的影响. 饲料工业, 21(11): 32-34.
谢可方, 董爱武, 忻华, 等. 2002. 大豆 Kunitz 型胰蛋白酶抑制剂的稳定性及抗虫性研究. 复旦学报(自然科学版), 41(6): 235-238.
谢明杰, 路敏, 卢明春, 等. 2004. 脱脂豆粕中提取大豆异黄酮的工艺条件研究. 辽宁师范大学学报(自然科学版), 27(2): 193-194.
忻骅, 曹凯鸣, 谢可方, 等. 1999. 大豆 Kunitz 型胰蛋白酶抑制剂新类型 Ti4 的全序列分析. 中国生物化学与分子生物学报, 15(4): 671-673.
熊涛, 唐晓星, 黄巧芬, 等. 2013. 白酶耐酸细菌的筛选鉴定及混菌固态发酵豆粕的初步试验. 食品与发酵工业, 8: 96-101.
徐茂军, 郑凯. 1993. 氨气敏电极法定量测定大豆及其制品中的脲酶活性. 中国调味品, 12: 26-30.
许巧丽. 2007. 植物血凝素的药效学研究及安全性评价. 南京: 南京农业大学硕士学位论文.
杨宴霞, 王米. 2007. 脲酶抑制剂在动物生产中的应用. 饲料博览(技术版), 2: 20-21.
杨志刚, 王宝维, 王雷. 2005. 大豆胰蛋白酶抑制因子的研究进展. 饲料博览, 12: 31-33.
殷红, 程志斌. 2004. 大豆胰蛋白酶抑制因子检测方法的研究. 饲料工业, 25(4): 53-55.
游金明, 李德发. 2006. 大豆抗营养因子研究进展. 新饲料, 9: 40-43.
余云雷, 齐德生, 张妮娅. 2005. 大豆脲酶活性测定方法比较研究. 养殖与饲料, 6: 19-21.
郁章琦. 2007. 染料木素含磷衍生物的合成及性质研究. 郑州: 郑州大学硕士学位论文.
曾爱武, 袁希钢, 左玉帮. 2006. 大豆异黄酮提取. 油脂工程, 1: 47-49.
詹吉昌. 2008. 关于大豆异黄酮的研究综述. 民营科技, 9: 45.
展昕. 2008. 热处理灭活豆粕中抗营养因子适宜条件的研究. 哈尔滨: 东北林业大学硕士学位论文.
张柏林, 秦贵信, 刘宁, 等. 2009. 大豆凝集素结构及其活性测定方法的研究进展. 大豆科学, 28(1): 160-163.
张国龙, 李德发. 1997. 大豆胰蛋白酶抑制因子酶联免疫吸附测定方法的研究. 动物营养学报, 9(1): 12-20.
张海生. 2012. 大豆的营养价值及功效. 大豆科技, 1: 51-53.
张立伟. 2009. 生产提异黄酮后豆粕工艺中营养与抗营养因子规律分析. 哈尔滨: 东北林业大学硕士学位论文.
张玲玲. 2007. 大豆凝集素在不同种属动物小肠中吸收特点的比较研究. 长春: 吉林农业大学硕士学位论文.
张祥, 程秀花, 赵国琦. 2000. 不同挤压条件对大豆中脲酶活性的影响. 江西饲料, 1: 20-24.
张政, 王转花, 林汝法, 等. 1999. 苦荞种子胰蛋白酶抑制剂的分离纯化及部分性质研究. 中国生物化学与分子生物学报, 15(2): 247-251.
赵大云, 杨方琪, 郇延军. 1998. 雪菜中芥子苷酶解特性的研究. 食品与发酵工业, 24(3): 40-46.
赵洪锟, 李启云, 王玉民, 等. 2002. 大豆 Kunitz 型胰蛋白酶抑制剂(SKTI)研究进展. 大豆科学, 21 (3): 218-222.

赵丽琴. 2004. 浅谈 VBA 在 Excel 2000 中的应用. 成都教育学院学报, 18(7): 59-59.

郑裴. 2009. 乳酸菌固态生料发酵豆粕产 CLA 及其消除抗营养因子的研究. 合肥: 安徽农业大学硕士学位论文.

周风珍, 张玲华, 邝哲师, 等. 2005. 不同处理方法对豆粕抗营养因子的消除效果研究. 广东饲料, 14(5): 35-36.

周红蕾, 李春玲, 王贵平, 等. 2006. 大豆中抗营养因子及其去除方法概述. 饲料工业, 27(3): 23-26.

周建芹. 2007. 大豆异黄酮提取工艺优化及其活性研究. 大豆科学, 26(2): 276-278.

周锦兰, 胡健华. 2003. 硫代葡萄糖苷的结构及降解特性. 武汉工业学院学报, 22(1): 58-61.

朱燕, 夏玉宇. 2003. 饲料品质检验. 北京: 化学工业出版社: 300-303.

邹翔, 季宇彬, 武晓丹. 2006. 十字花科植物中硫代葡萄糖苷的研究. In: 中国科学技术协会学会学术部. 提高全民科学素质、建设创新型国家——2006 中国科协年会论文集.

GB/T 8622—2006. 饲料用大豆制品中尿素酶活性的测定. 北京: 中国标准出版社.

GB/T 13089—1991. 饲料中恶唑烷硫酮的测定方法. 北京: 中国标准出版社.

An J, Bacon J R, Fenwick G R. 1991. Standardisation of the extraction procedure for the analysis of trypsin inhibitors in pea seeds. *In*: Van der Poel A F B, Huisman J, Saini H S. Recent Advances of Research in Antinutritional Factors in Legume Seeds. Wageningen, The Netherlands: EAAP Publication: 30-33.

Becker J W, Reeke G N, Wang J L, et al. 1975. The covalent and three-dimensional structure of Concanavalin A. J. Biol. Chem., 250: 1513−1524.

Bell J M. 1984. Nutrients and toxicants in rapeseed meal: a review. J. Anim. Sei. , 58(4): 1004.

Belzile R J, Bell J M. 1996. Growth-depressing factors in rape-seed oilmeal VI, effect of myrosinase activity on toxicity following treatment with buffered solutions. Can. J. Anim. Sci. , 46: 165.

Brandon D L, Bates A H, Friedman M. 1989. Monoclonal antibody-based enzyme immunoassay of teBowman-Birk protease inhibitor of soybeans. J. Agric. Food Chem. , 37: 1192-1196.

Burrells C, Williams P D, Southgate P J, et al. 1999. Immunological, physiological and pathological responses of rainbow trout (*Oncorhynchus mykiss*) to increasing dietary concentrations of soybean proteins. Vet. Immunol. Immunopathol, 72: 277-288.

Buttle L G, Burrells A C, Good J E. 2001. The binding of soybean agglutinin (SBA) to the intestinal epithelium of Atlantic salmon salar and rainbow trout, *Oncorhynchus mykiss*, fed high levels of soybean meal. Vet. Immunol. Immunopathol. , 80: 237-244.

Culder A M, Barca L, Vazquea Moreno A R, et al. 1991. Active soybean lectin in food: isolation and quantitation. Food Chemistry, 39: 321-327.

Dale N M, Arabra M. 1987. Protein solubility as an indicator of optimum processing of soybean meal georgia nutrition conference for the feed Industry. Atlanta, Georgia, (18-20): 88-95.

DeBoedck H, Lis H, van Tibeurgh H, et al. 1984. Binding of simple carbohydrate and some chromophoric derivatives to soybean agglutinin as followed by titrimetric procedures and stopped-flow kinetics. J. Biol. Chem. , 259: 7067-7074.

Dessen A, Gupta D, Sabesan S, et al. 1995. X-ray crystal structure of the soybean agglutinin cross-linked with a biantennary analog of the blood group-I carbohydrate antigen. Biochemistry, 34: 4933-4942.

Dorland L, Van-Halbcek H, Vliegenthart J F G, et al. 1981. Primary structure of the carbohydrate chain of soybean agglutinin. J. Biol. Chen. , 256: 7708-7717.

Douglas M W, Parsons C M, Hymowitz T. 1999. Nutritional evaluation of lectin-free soybeans for poultry. Poultry Science, 78: 91-95.

Etzler M E. 1979. Lectins as probes in studies of intestinal glycoproteins and glycolipids. Am. J. Clinical Nutrition, 32: 133-137.

Gaborit T, Quillien L, Gueguen J. 1993. Determination of trypsin inhibitor activity in seeds by a microtitre plate methods. *In*: Vander Poel A F B, Huisman J, Sainied HS. Recent Advances of Research in Antinutritional Factorsin Legume Seeds. Wageningen, The Netherlands: EAAP Publication: 9-30.

Goldstein I J, Hughes R C, Monsigny M, et al. 1980. What should be called a lectin? Nature, 285: 66.

Hajos G Y, Gelencser E, Pusztai A, et al. 1995. Biological effects and survival of trpsin inhibitors and the agglutinin from soybean in the small intestine of the rat. J. Agric. Chem. , 43: 165-170.

Han Y, Parsons C M, Hymowitz T. 1991. Nutritional evaluation of soybean varying in trypsin inhibitor content. Poultry Science, 70(4): 896-906.

Hendriks H G C J M, Van den lngh T S G A M, Krogdahl A, et al. 1990. Binging of soybean agglutinin to small intestinal brush border membranes and bruch border membrane enzyme activities in Atlantic salmon (Salmo salar). Aquac. , 91: 163-170.

Herman E M, Hankins C N, Shannon L M. 1988. Bark and leaf lectins of *Sophora japonica* are sequestered in protein-storage vacuoles. Plant Physiol. , 86(4): 1027-1031.

Huisman J, Van der Poes A F, Van Leeuwen P, et al. 1990. Comparison of growth nitrogen metabolism and organ weights in piglets and rat feed on diets containing phaseolus vulgaris beans. Bri. J. Nutri. , 64: 743-753.

Jabri E, Carr M B, Hausinger R P, et al. 1995. The crystal structure of urease from *Klebsiella aerogenes*. Science, 268: 998-1003.

Jaeger L A, Lammer C H, Turek J J. 1989. Lectin binding to small intestinal goblet cells of newborn, suckling and weaned pigs. Am. J. Vet. RES. , 50: 1984-1987.

Jermyn M A, Yeow Y M. 1975. A class of lectins present in the tissues of seed plants. Aust. J. Plant Physiol. , 2: 501-531.

Junk-Ho C, Pyo-Jam P, Se-Kuon K. 2002. Purification and characterization of a trypsin inhibitor from the egg of *Skipjack tuna* katsuunus. Fish Sci., 68: 1367-1373.

Kishinura H, Saeki H, Hayashi K. 2001. Isolation and characteristics of trysin inhibitor from the hepatopancreas of a squid (*Todarades pacificus*). Comp. Biochem. Physiol. , part B: 117-123.

Kunitz M. 1945. Crystallization of a trysin inhibitor from soybeans. Science, 101: 668-669.

Lalles F P, Tukur H M, Toullec R, et al. 1996. Analytical criteria for predicting apparent digestibility of soybean protein in preruminant calves. J. Dairy Sci. , 79: 1475-1482.

Liener I E. 1996. Effects of processing on antinutritional factors in legumes: the soybean case. J. Arch. Latinoam. Nutr. , 44(Suppl. l): 48-54.

Liener I E, Sharon N, Oriando L J. 1986. The lectins: properties, functions and applications in biology and mesicine. Salt Lake City: Academic Press: 235-247.

Liu K S, Markakis P. 1989. Trypsin inhibition assay as related to limited hydrolysis of inbitors. Anal. Biochem. , 178: 159-165.

Lotan R, Siegelman H W, Lis H, et al. 1974. Subunit structrue of soybean agglutinin. J. Biol. Chen. , 249: 1219-1224.

Makind M O, Umapathy E, Akingbemi B T, et al. 1996. Effects of dietary soybean and cowpea on gut morphology and faecal composition in creep and non creep fed pigs. J. Vet. Med. , 43: 75-85.

Marsh R E, Waser J. 1970. Refinement of the crystal structure of sinigrin. Acta Crystallow Graphics Section B, 26: 1030-1037.

Miller B G, Thorpe J, Patel D, et al. 1998. Technique to determine levels of soybean lectin in feed samples and digest samples collected *in vivo*. *In*: Fansman A J M, Hill G D, Huisman J, et al.

Recentad-Vances of Research in Antinutritional Factors in Legume Seeds and Rapeseed. Wagenningen: Wagenningen Press.

Ovtscharoff W, Ichev K. 1984. Localization of lectin binding sites on the rat intestinal microvillus membrance. Acta Histochem. , 74: 21-24.

Pusztai. 1991. A comprehensive scheme for the isolation of trypsin inhibitors and the agglutinin from soybean seeds. J. Agric. Food Chem. , 39: 862-866.

Sharon N, Lis H, Lis H. 1990. Legume lectins-a large family of homologous proteins. FASEB J. , 4: 3198-3208.

Sisson J W, Churchman D, Heppel L M J, et al. 1989. Growth and systemic immune responses in early weaned piglets fed soybean meal varying in lectin, trypsin inhibitor and undenatured globulins. *In*: Huisman J, van der Poes A F, Liener I E. Recent Advances of Research in Antinutritional Factors in Legume Seeds. Wageningen: EAAP Publication: 73-76.

Sisson J W, Tolman H. 1991. Antinutritional Properties of Soybean Antigens in Calves. Toxic Factors in Crop Plants. Proc. 2nd ed. Edinburgh: Scottish Agricultural Colleges Publication: 62-85.

Smith R J, Gallon J R. 1993. Nitrogen fixation. *In*: Lea P J, Leegooded R C. Plant Biochemistry and Molecular Biology. New York:John Wiley & Sons Ltd. Publication: 129-153.

Sumner J B, Howell S F. 1926. Identification of hemagglutinin of jack bean with concanavalin A. J. Bacteriol. , 32(2): 227-237.

Valdebouze P, Bergeron E, Gaborit T, et al. 1980. Content & distribution of trysin inhibitors and haemegglutinins in some egume seeds. J. Canadian Joumal of Plant Seienee, 60: 695-701.

Van Driessche W, Erlij D. 1988. Activation of K+conductance in basolateral membrane of toad urinary bladder by oxytocin and camp. Am. J. Physiol. Cell Physiol. , 254: 816-821.

Wada S, Pallansch M J, Linener I E. 1958. Chenical composition and end groups of the soybean hemagglutinin. Biol. Chem., 233: 395-400.

编 后 记

《博士后文库》（以下简称《文库》）是汇集自然科学领域博士后研究人员优秀学术成果的系列丛书。《文库》致力于打造专属于博士后学术创新的旗舰品牌，营造博士后百花齐放的学术氛围，提升博士后优秀成果的学术和社会影响力。

《文库》出版资助工作开展以来，得到了全国博士后管委会办公室、中国博士后科学基金会、中国科学院、科学出版社等有关单位领导的大力支持，众多热心博士后事业的专家学者给予积极的建议，工作人员做了大量艰苦细致的工作。在此，我们一并表示感谢！

《博士后文库》编委会